矿物加工工程卓越工程师人才培养项目系列教材

钨资源开发项目驱动实践教学教程

主　编　吴彩斌
副主编　石贵明　夏　青　余新阳

北　京
冶　金　工　业　出　版　社
2016

内 容 提 要

本书以钨矿资源开发为例，围绕“钨矿石→钨矿物组成→钨矿物加工原理和方法→实践与应用”这条主线，结合矿物加工工程专业中“矿石学”、“粉体工程”、“矿物加工学”、“研究方法实验”、“矿物加工工程设计”等核心课程，构建了以钨矿资源开发项目驱动为背景的课程教学、实验教学、专业实践等方面的实践教学体系，并提供了实践教学案例。

本书适合作为高等院校矿物加工工程本科生和研究生类的实践教学教材，也可供从事矿物加工技术人员和管理人员参考。

图书在版编目(CIP)数据

钨资源开发项目驱动实践教学教程/吴彩斌主编．—北京：冶金工业出版社，2016.8

矿物加工工程卓越工程师人才培养项目系列教材

ISBN 978-7-5024-7306-8

Ⅰ.①钨…　Ⅱ.①吴…　Ⅲ.①钨矿床—矿产资源开发—高等学校—教材　Ⅳ.①P618.67

中国版本图书馆 CIP 数据核字（2016）第 208029 号

出 版 人　谭学余

地　　址　北京市东城区嵩祝院北巷 39 号　邮编　100009　电话　(010)64027926

网　　址　www.cnmip.com.cn　电子信箱　yjcbs@cnmip.com.cn

责任编辑　杨盈园　美术编辑　杨　帆　版式设计　杨　帆

责任校对　卿文春　责任印制　牛晓波

ISBN 978-7-5024-7306-8

冶金工业出版社出版发行；各地新华书店经销；固安华明印业有限公司印刷

2016 年 8 月第 1 版，2016 年 8 月第 1 次印刷

787mm×1092mm　1/16；14.5 印张；350 千字；221 页

36.00 元

冶金工业出版社　投稿电话　(010)64027932　投稿信箱　tougao@cnmip.com.cn

冶金工业出版社营销中心　电话　(010)64044283　传真　(010)64027893

冶金书店　地址　北京市东四西大街46号(100010)　电话　(010)65289081(兼传真)

冶金工业出版社天猫旗舰店　yjgycbs.tmall.com

（本书如有印装质量问题，本社营销中心负责退换）

矿物加工工程卓越工程师人才培养项目系列教材

前 言

钨是1781年由瑞典化学家舍勒（C. W. Scheele）从白钨矿中发现的。钨是一种银白色或钢灰色的有色金属，密度高达$19.3g/cm^3$，熔点为3410℃，沸点约为5900℃，是金属元素中熔点最高、线膨胀系数最低的元素。由于钨具有密度大、硬度大、导热导电性能好、耐磨、耐热、耐腐蚀以及化学性能稳定等一系列优异特性，是重要的战略稀有金属，广泛应用于民用、工业、军事、航天等各个领域。

我国是世界上钨资源最丰富的国家之一，其储量和基础储量均居世界第一，主要集中在湖南、江西、广东、河南和福建等省份。钨的赋存矿物有20多种，但具有开采价值的仅有黑钨矿和白钨矿两种。江西赣南地区是我国黑钨矿的主产地，湖南郴州地区是我国白钨矿的主产地。

黑钨矿经过近百年的开采，很多矿山资源接近枯竭。近年来转向大规模开采白钨矿。但无论是黑钨矿还是白钨矿，入选品位越来越低。如何合理开发与利用钨资源及其伴生资源，实现矿山与环境、生态的可持续发展，是现代矿业开发的发展趋势和必由之路。在这个过程中，高校培养具有现代矿业开发精神的矿物加工卓越工程师人才非常关键。基于这个思想，本书以钨矿资源开发为例，围绕“钨矿石→钨矿物组成→钨矿物加工原理和方法→实践与应用”这条主线，结合矿物加工工程专业中“矿石学”、“粉体工程”、“矿物加工学”、“研究方法实验”、“矿物加工工程设计”等核心课程，构建了以钨矿资源开发项目驱动为背景的课程教学、实验教学、专业实践等方面的实践教学体系，并提供了实践教学案例。

本书撰写分工如下：吴彩斌撰写第1章、第4章的第4.2节和4.3节；余新阳撰写第2章的第2.2节、2.3节、2.5节，第3章的第3.3节、3.7节、3.8

节、3.9 节；艾光华撰写第 2 章的第 2.5 节和 2.6 节，第 3 章的第 3.4 节和 3.10 节；夏青撰写第 2 章的第 2.4 节，第 3 章的第 3.3 节；石贵明撰写第 2 章的第 2.1 节、2.2 节，第 3 章的第 3.2 节，第 4 章的第 4.1 节；周贺鹏撰写第 2 章的第 2.2 节、2.4 节，第 3 章的第 3.1 节和 3.5 节。全书由吴彩斌统稿，邱廷省审核。研究生赵汝全和周意超参与了资料的整理和归纳。

本书的出版，得到了教育部江西省矿物加工工程卓越工程师试点专业和江西理工大学教务处的立项资助。在此，向对本书的编写工作给予支持和帮助的单位、个人和有关参考文献作者表示衷心的感谢！

由于编者第一次编写这方面的教程，水平有限，书中不足之处在所难免，衷心希望读者提出批评和修改意见。

编　者

2016 年 5 月

目　　录

1 钨资源概况

本章介绍了全球钨资源储量和钨产量分布情况，我国钨资源中钨矿床、黑钨矿和白钨矿的分布情况，钨矿物基本性质，黑白钨选矿方法、钨矿选矿工艺流程及其选矿药剂，钨矿伴生硫化矿资源和伴生萤石矿资源回收方法。

1.1 世界钨资源分布

1.1.1 全球钨资源储量分布

世界钨矿资源主要集中在阿尔卑斯—喜马拉雅山脉和环太平洋地质带。中国处在这两个地质带上，所以钨储量丰富，位居世界前列。中国的钨矿主要分布在中国南岭山地两侧的广东东部沿海一带，江西南部的储量最多，约占全世界钨矿的一半以上。

俄罗斯的钨矿资源主要集中在北高加索、东西伯利亚和远东地区的锡霍特—阿林山脉中段。美国的钨矿资源主要集中在加利福尼亚州和科罗拉多州。加拿大钨矿主要集中在塞汶钨矿带上。

根据美国地质调查局 2015 年发布的数据，全球钨资源储量约 330 万吨，中国钨资源储量最多，为 190 万吨，约占全球总量的 58%。随后为加拿大 29 万吨、俄罗斯 25 万吨和美国 14 万吨。世界其他钨储量较丰富的国家包括玻利维亚 5. 3 万吨、澳大利亚 16 万吨和葡萄牙 0. 42 万吨，2015 年世界钨储量分布情况见表 1-1。

表 1-1　2015 年世界钨储量分布情况　（万吨）

国家或地区	储　量	国家或地区	储　量
中国	190. 0	玻利维亚	5. 3
加拿大	29. 0	奥地利	1. 0
俄罗斯	25. 0	葡萄牙	0. 42
澳大利亚	16. 0	其他国家	36. 0
美国	14. 0	总　计	330. 0
越南	8. 7		

1.1.2 全球钨产量分布

根据美国地质调查局 2015 年发布的数据，2014 年全球钨产量约为 8. 24 万吨，比 2013 年的 8. 14 万吨微涨 1%。中国为钨主产国，2014 年钨矿产量为 6. 8 万吨，约占全球总产量的 84%。随后的有俄罗斯（3600t）、加拿大（2200t）。其他钨矿产量较多国家包括越南（2000t）、玻利维亚（1300t）、奥地利（850t）、刚果（金）（800t）、葡萄牙（700t）、卢旺达（700t）和澳大利亚（600t）。

1.2 我国钨资源分布

根据我国国土资源部2015年发布的数据，截止2013年年底，我国钨矿查明资源储量为701.4万吨（WO_3含量）。2014年，我国钨矿新增查明资源储量33.7万吨（WO_3含量）。所以截止2014年，我国钨矿查明资源储量为735.1万吨（WO_3含量）。

我国是世界上钨资源最丰富的国家，其储量和基础储量均居世界前列。但是钨资源分布不均匀，主要集中在江西、湖南、河南、广西、福建、广东、甘肃和云南等地。其中江西的钨储量为216.09万吨，湖南为179.89万吨，河南为62.85万吨，广西为34.92万吨，福建为30.67万吨，广东为23.02万吨，甘肃为22.29万吨，云南为21.66万吨。江西和湖南是我国钨资源储量最多的两个省，合计储量占全国的54%。

1.2.1 我国钨矿床分布

我国主要钨矿床类型有以下几种：

（1）石英脉型黑钨矿床。此类型矿床是我国钨矿主要类型之一，主要分布在赣南、粤北、湘南成矿区带里。矿石主要由石英和黑钨矿所组成，并含有锡石、辉钼矿、辉铋矿、白钨矿、毒砂、磁黄铁矿、黄铁矿、闪锌矿和黄铜矿等。具有代表性的矿床有江西西华山、大吉山，广东锯板坑、梅子窝、石人嶂等石英脉型黑钨矿床。

（2）矽卡岩型钨矿床。该类型矿床也是我国钨矿主要类型之一。主要开采白钨矿，矿石多以浸染粒状发育于细脉或裂隙以及花岗岩接触带中的碳酸盐岩中。矿石矿物主要是白钨矿、辉钼矿、辉铋矿、锡石、方铅矿、闪锌矿、黄铜矿、黄铁矿、磁黄铁矿、毒砂和磁铁矿等。具有代表性的矿床有湖南瑶岗仙、新田岭、柿竹园、江西香炉山和甘肃塔儿沟等矽卡岩型白钨矿床。

（3）斑岩型钨矿床。该类型钨矿床由近地表矿物层到次火山石英质花岗岩矿物层之间的侵入体，黑钨矿和白钨矿可能会混合出现。少量的钨矿物也可能混在斑岩型铜矿和斑岩型锡矿床中。矿化呈细脉浸染状，品位低，规模大，常有辉钼矿伴生，矿体产出浅，围岩蚀变具有分带现象。矿石矿物主要有白钨矿、黑钨矿、辉钼矿，其次有黄铜矿、闪锌矿、辉铋矿、黄铁矿等。代表性矿床为广东莲花山钨矿床、江西阳储岭钨矿床等。

（4）爆破角砾岩型钨矿床。在斑岩型钨矿区内，常伴生有含钨爆破角砾岩，其矿石成分主要是黑钨矿、辉钼矿，其次有黄铁矿、黄铜矿、闪锌矿等，主要以胶结构形式存在。矿体主要产在爆破砾岩体内，也有的产在角砾岩体围岩构造裂隙中，形成钨矿脉。角砾岩体内的矿常分布在角砾岩体上部及接触带附近。这类矿床品位较富，但规模较小，多为中小型富矿。

我国钨矿矿床具有以下特点：

（1）我国钨矿矿床类型较全，成矿作用具有多样性。目前，除现代热泉沉积矿床和含钨卤水-蒸发岩矿床外，已存在世界上所有已知的钨矿矿床成因类型。

（2）我国钨矿矿床伴生组分多，具有较大的综合利用价值。我国钨矿床的伴共生有益组分多达30多种，主要有金、银、锡、钼、铋、铜、铅和锌等。可以在采、选、冶过程中对这些有益组分进行综合回收，这样不仅合理地开发利用了矿产资源，同时也提高了矿山开采经济效益。

(3) 伴生在其他矿床中的钨储量可观。全国伴生钨储量约占总储量的25%，大部分随主矿产开发而综合回收。

(4) 我国钨矿中富矿比例较少，而贫矿比例多，钨品位较低。在我国钨存储的保有储量中，钨品位大于0.5%的仅占有20%（主要是石英脉型的黑钨矿）；而在白钨矿的工业储量中，品位大于0.5%的仅有2%左右。同比国外，中国白钨矿质量处于劣势，而黑钨矿具有品位较富、矿床较大、易采易选处理等优势。

另外，我国单一的钨矿床仅占8.0%，而以钨为主，共生或伴生几种可利用元素的矿床占45.0%。从矿石类型来看，黑钨矿一般与重稀土、稀有元素和分散元素共伴生，而白钨矿则主要与有色金属和贵金属共伴生。

1.2.2 我国黑钨矿分布

我国有单一黑钨和以黑钨为主、白钨为辅的黑钨矿区154个，钨储量1447.2kt，其中工业储量592kt，远景储量855kt。已在开采的矿区124个，储量为1311kt，占黑钨总储量的90.6%，尚有30个矿区的136kt储量未被开采利用。黑钨矿区以万吨储量规模为主，主要集中在27个万吨级储量规模矿区中。大吉山等十大黑钨矿山共有储量945kt，占黑钨总储量的65.2%，其中工业储量仅有372kt，占39.4%。我国黑钨矿床只有5个矿区的矿石品位在0.5%以上，储量约399kt，其余储量的矿石品位均在0.24%以下。我国黑钨矿及黑白钨混合矿资源储量的分布矿区情况见表1-2。

表1-2 我国黑钨矿及黑白钨混合矿资源储量分布情况

矿 区	资源储量/t	矿石品位/%	矿产特征
广西武鸣大明山钨矿区	152187	0.236	单一矿
江西全南大吉山钨矿区	50481	1.898	黑钨为主
江西阳储岭钨钼矿区	49721	0.2	黑钨为主
江西下桐岭钨矿区	119801	0.225	黑钨为主
湖南宜章瑶岗仙钨矿区	35579	1.269	黑钨为主
广东锯板坑钨矿区	95239	0.63	黑钨为主
广西珊瑚钨锡钼矿区	66703	1.09	黑钨为主
福建行洛坑钨矿区	143853	0.233	黑白钨
甘肃肃北塔尔沟钨矿区	129075	0.736	黑白钨
江西漂塘钨锡钼矿区	81206	0.203	共生
江西武宁大湖塘钨矿区	39354	0.163	共生
江西崇义新安子钨矿区	30169	1.037	共生

1.2.3 我国白钨矿分布

在我国钨资源储量中，白钨矿占70%，黑钨矿占30%。矿石主要是来自矽卡岩型白钨矿床，大多数都是贫矿。其中白钨矿石 WO_3 含量大于0.5%的储量仅占6.5%，WO_3 含量在0.5%以下的占白钨储量的90%以上，这些低品位钨矿不具单独开采的条件，只能与其共生有用组分一起综合开发和利用。我国白钨矿储量分布主要集中在中部地区，占全国白钨矿总储量的81.6%；西部地区占全国白钨矿总储量的12.2%；东部地区占全国白钨矿总储量的6.2%。全国探明白钨矿储量的有16个省区，储量多的依次为湖南、江西、河南等省。

我国不同地区的白钨矿矿床形成过程差异较大，导致了我国白钨矿矿床种类较多。以钨矿床的成因类型为基础，结合矿体的结构构造、形态、规模、产出、矿石物质组分和围岩性质和采矿及选矿技术条件限制等因素，可以将钨矿床分为四种类别，分别为斑岩型钨矿、矽卡岩型白钨矿床、层控型钨矿床和石英脉型白钨矿床。我国大型、超大型白钨矿床分布情况见表1-3。

表1-3 我国大型、超大型白钨矿床概况

矿床产地	矿床类型	规 模	品位/%
湖南郴州柿竹园	层控叠加矽卡岩型钨锡铋钼矿	超大型	0.344
湖南郴州新田岭	矽卡岩型锡铋钼矿（白钨矿为主）	超大型	0.370
河南栾川县南泥湖	斑岩—矽卡岩型钨钼矿	超大型	0.117
福建清流县行洛坑	花岗岩细脉浸染型黑、白钨共生矿	超大型	0.233
云南个旧锡钨矿多金属矿田	矽卡型白钨矿大型	超大型	0.11~0.29
江西修水县香炉山	矽卡岩型似层状白钨矿	特大型	0.741
湖南宜章县瑶岗仙	似矽卡型钨铅锌矿（白钨矿为主）	特大型	0.270
湖南衡阳县杨林坳	细脉带型黑、白钨矿共生	特大型	0.460
江西都昌杨储	斑岩型钨钼矿	大型	0.200
江西分宜县下桐岭	花岗岩细脉浸染型黑、白钨共生矿	大型	0.225
江西铅山县永平	似矽卡型铜硫钨伴生矿	大型	0.230
江西丰城市徐山	矽卡岩型、斑岩型、石英脉型黑白钨共生矿	大型	0.826
湖南桂阳黄沙坪南区	矽卡型钨铅锌矿（白钨矿为主）	大型	0.254
湖南汝城白云仙钨矿	矽卡型白钨矿与浸染型黑钨矿共生	大型	0.617
湖南汝城砖头坳	矽卡型白钨矿	大型	0.26~2.00
河南栾川县三道庄	斑岩—矽卡岩型钨钼矿	大型	0.103
甘肃肃北县塔儿沟	似矽卡岩型白钨矿石英脉型黑钨	大型	0.730
甘肃肃南县小柳沟	层控叠加矽卡岩型白钨矿	大型	0.60~0.93
黑龙江逊克县翠宏山	矽卡型铁钨多金属矿	大型	0.329

注：矿床规模划分为：5万吨以上为大型，15万~25万吨为特大型，25万吨以上为超大型。

1.3 钨矿选矿方法

1.3.1 钨矿物基本性质

钨在地壳中的含量约为0.001%，已发现含钨矿物有20多种，但具有开采价值的仅有黑钨矿（$(Mn,Fe)WO_4$）和白钨矿（$CaWO_4$）两种。其他如钨铅矿（$PbWO_3$）、钨钼铅矿（$(Pb,Mo)WO_3$）、铜钨华（$CuWO_4 \cdot H_2O$）和钨华（WO_3-H_2O）等无太大工业价值。

黑钨矿是铁、锰的钨酸盐矿物，主要有钨锰铁矿［$(Mn, Fe)WO_4$］、钨锰矿（$MnWO_4$）及钨铁矿（$FeWO_4$）三种矿物类型。其中，钨锰铁矿是钨铁矿和钨锰矿的类质同象混合物。黑钨矿为褐色至黑色，具有金属或半金属光泽。黑钨矿含 WO_3 为 76%左右，密度为 7.2~7.5g/cm^3，硬度为 4~4.5，一般具有弱磁性。它一般与锡矿石同产于花岗岩和石英矿中。黑钨矿和钨锰矿主要产于高温热液石英脉内及其云英岩化围岩中。矿脉常存在于花岗岩侵入体顶部或近接触带围岩中，共生矿物有锡石（SnO_2）、辉钼矿（MoS_2）、辉铋矿（Bi_2S_3）、毒砂（As_2S_3）、黄铁矿（FeS_2）、黄铜矿（$CuFeS_2$）、黄玉、绿柱石和电气石等。钨锰矿亦可产于中低温热液脉中。江西赣南地区是世界著名的黑钨矿产区，钨精矿曾经是我国解放初期最主要出口外汇来源之一。黑钨矿经过长时间开采，其保有储量日渐消减。目前，我国已从传统大规模开发黑钨矿资源转向大规模开发白钨矿资源。

白钨矿是钨酸钙矿物，旧名钙钨矿或钨酸钙矿。白钨矿中钨可部分被钼成类质同象替代，会形成白钨矿—钼钨矿系列，其密度随着钼含量的增加而减小。高纯度白钨矿大部分为白色，有时微带浅绿或浅黄，有时还带有点红色，有脂肪光泽。白钨矿含 WO_3 为 80.6%，硬度为 4.5~5，密度为 5.8~6.2g/cm^3，无磁性，但具有发光性，在阴极射线和紫外线照射下发出淡蓝色荧光。白钨矿主要产于接触交代矿床中，通常呈不规则粒状或致密矿状集合体。同萤石、透辉石、辉钼矿、石榴子石等紧密共生，或产于高温汽化热液矿床中，与黑钨矿、锡石等共生。湖南瑶岗仙是世界著名的白钨矿产地。

钨矿资源开发的工业品位要求含 WO_3 为 0.12%~0.20%，通过选矿富集后精矿品位达到：

（1）黑钨精矿品位：含 WO_3 为 50%~68%。

（2）白钨精矿品位：含 WO_3 为 50%~68%。

（3）黑、白钨混合钨精矿品位：含 WO_3 为 65%以上。

（4）钨细泥品位：含 WO_3 为 30%以上。

钨矿资源选矿的基本思想是先硫化物选矿，后氧化物选矿；粗粒钨矿采用重选，细粒钨矿采用浮选。

1.3.2 黑钨矿选矿方法

1.3.2.1 黑钨矿选矿处理原则

若钨矿中的钨价值远大于伴生硫化矿物价值时，可采用以钨为主的选矿工艺。反之，则采用以回收硫化矿物为主的选矿工艺。常用选矿工艺包括：重选、浮选、电选、磁选、化学选矿或它们的联合工艺。

对黑钨矿或以黑钨矿为主的矿石，其选矿工艺一般由以下几个部分组成：

（1）破碎预先丢废得到合格矿。

（2）重选丢尾矿得到钨粗精矿。

（3）钨粗精矿再进行精选分离和综合回收，得到最终钨精矿。

（4）钨细泥处理和回收，得到钨细泥精矿。

常见的黑钨矿选矿原则流程如图 1-1 所示。

1.3.2.2 黑钨矿预先丢废方法

黑钨矿预先丢废方法包括有：人工手选、光电选矿、重介质选矿、动筛跳汰机丢废、辐射法丢废和多种方法联合丢废。人工手选又分为正手选和反手选。一般将黑钨矿物洗矿后经多层振动筛分成不同的粒级，然后在传输带上人工将黑钨矿从脉石中分拣开来，称为正手选。利用脉石与黑白钨矿的颜色差异进行预先选矿，称为光电选矿。在重介质液中，借助重选设备如重介质旋流器、重介质涡流分选器、跳汰、摇床、螺旋选矿机将脉石分离开来的方法称为重介质选矿。联合方法丢废包括光选—手选；手选—重介质旋流器等多种类型。

1.3.2.3 黑钨矿重选

重选是我国黑钨选矿最主要的回收工艺，将原矿先用筛分成不同粒级，然后用不同的重选设备选别。一般用跳汰选粒度较粗的，再用摇床选细的，形成了黑钨矿跳汰早收、摇床丢尾的重选核心工艺。长期以来，黑钨矿以多级跳汰、多级摇床、中矿再磨和细泥单独处理为主要工艺进行分选。黑钨重选流程结构多年以来基本没有变化，只是一些分选效率高、节能设备在重选的应用中有所发展。

（1）跳汰选矿。利用强烈振动造成的垂直交变介质流，使矿粒按相对密度分层并通过适当方法分别收取轻、重矿物，以达到分选目的的选矿过程，是处理密度差较大的粗粒矿石最有效的重选方法之一。若分选介质是水，称为水力跳汰；若分选介质为空气，称风力跳汰；若分选介质为重介质，则称重介质跳汰。跳汰选矿法在粗粒级黑钨选矿中居主要地位。

金属选矿厂多用水力跳汰。早期采用隔膜跳汰机，现在普遍采用动筛跳汰机。动筛跳汰机由于跳汰室床层的筛网上下振动与水介质运动相结合，因此，同普通隔膜跳汰机相比，它能获得更大的冲程，所以它具有选别粒度大（选别上限可达40mm），选别效率高，处理能力大以及耗水量小等特点。针对粗、中粒钨矿石的重选，动筛跳汰有其独特的优势。图1-2所示为黑钨矿山常见的动筛跳汰机。

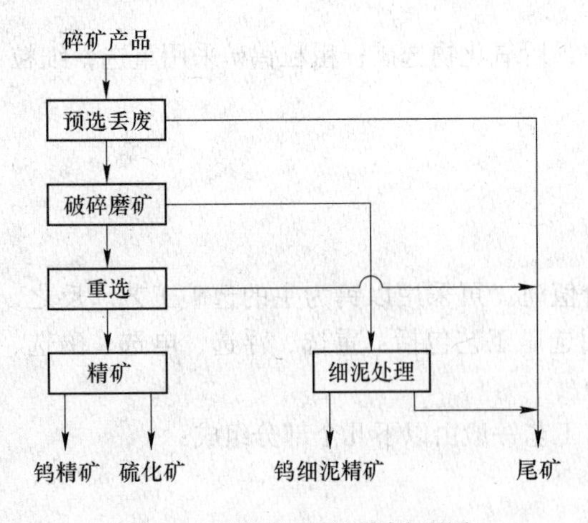

图1-1 黑钨矿选矿原则流程图

图1-2 黑钨矿山常用的动筛跳汰机

（2）摇床。摇床的选矿过程是在具有复杂的倾斜床面上进行的，矿粒群从床面上角的给矿槽送入，同时由给水槽供给横向冲洗水，于是矿粒在重力、横向流水冲力和床面作往复不对称运动所产生的惯性和摩擦力的作用下，按密度和粒度分层，并沿床面作纵向运动和沿倾斜床面作横向运动。因此，密度和粒度不同的矿粒沿着各自的运动方向逐渐由给矿端一边向精矿端一边呈扇形流下，分别从精矿端和尾矿侧的不同区排出，最后被分成精矿、中矿和尾矿。

摇床是钨矿山用于选别细粒钨矿最主要的选矿回收设备，有效选别粒度范围为0.037~3mm。摇床床面从最初的直条床面发展到单曲波床面和双曲波床面摇床，使摇床的处理量、回收率和富集比都有大幅度提高。摇床种类也较多，常用的有云锡摇床、6-S摇床、CC-2摇床和弹簧摇床。云锡摇床采用凸轮杠杆床头，床面涂刷生漆，抗腐蚀性强，床面平整，不易变形。矿物在沟槽内向精矿端移动时，要爬坡，有利于良好的分选。该摇床分为粗砂摇床、细砂摇床和矿泥摇床3种。6-S摇床采用偏心连杆式床头，床面铺设薄橡胶板，易变形，床面横向坡度调节范围大（0°~10°），有矿砂摇床和矿泥摇床两种。CC-2摇床为凸轮杠杆式床头，床面铺设薄橡胶板，床面易变形。许多选矿厂已使用环氧树脂和水泥床面。弹簧摇床的床头结构简单、重量轻、能耗少，选别指标比矿泥摇床高，但工作噪声大。

为提高摇床单位面积生产能力，有的摇床可悬挂两层、三层、四层甚至六层床面。图1-3所示为黑钨矿山常见的6-S摇床。

（3）螺旋溜槽。螺旋溜槽是一种矿砂分选重选设备。其分选原理是：矿浆流沿着垂直的中心轴向下作旋转运动和横向的环流运动，在此过程中，矿石按密度和粒度的差异分层、分带，最终实现各矿物的分离。它具有结构简单、单台设备占地面积小、无传动部件、处理量大、耗水耗电相对更小、过程更稳定以及指标可靠等一系列优点。另外螺旋溜槽在分选过程中兼有分级和脱泥作用，可实现粗选丢尾。螺旋溜槽的有效回收粒级下限与摇床相同，可以达到0.037mm。近年来，螺旋溜槽代替部分摇床在很多钨矿山得到了广泛的应用。图1-4所示为黑钨矿山常见的螺旋溜槽。

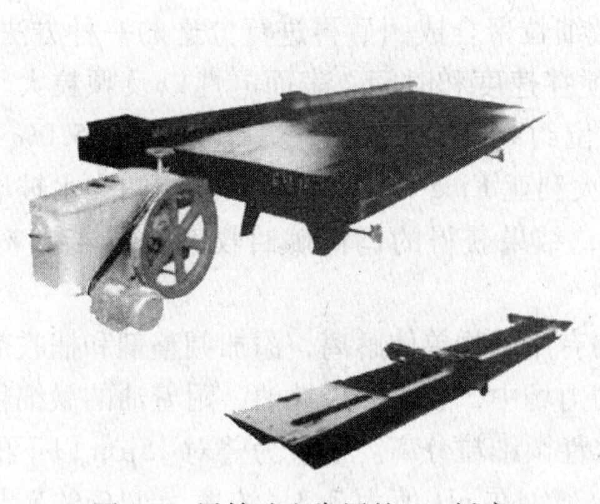

图1-3 黑钨矿山常用的6-S摇床

图1-4 黑钨矿山常用的螺旋溜槽

（4）枱浮。枱浮全称为枱浮摇床。枱浮是在摇床上同时实施重选和浮选两种分选作业的设备。枱浮较其他浮选设备容易操作，可产出多种产品，选别指标稳定，分选效率高，能耗少，广泛用于分离0.2~5mm的多金属硫化矿物。枱浮摇床在黑钨矿山也得到了应用。图 1-5 所示为黑钨矿山常见的枱浮摇床示意图。

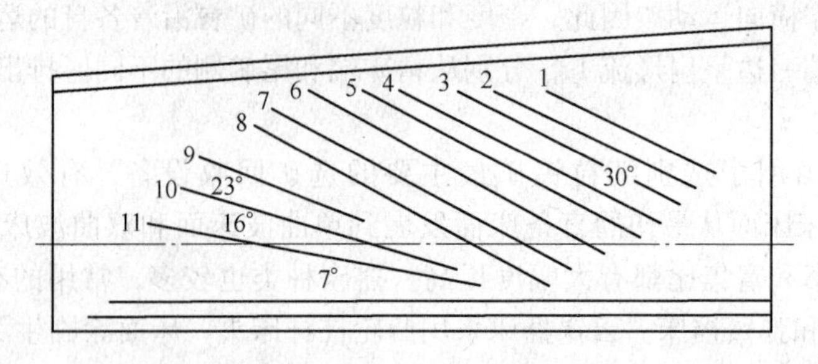

图 1-5 黑钨矿山常用的枱浮摇床

（1~11 为不同角度的床条）

1.3.2.4 黑钨矿浮选

黑钨矿在洗矿、碎矿和磨矿过程中会产生大量的粒度小于 0.037mm 的钨细泥。在我国很多钨选矿厂，细粒黑钨矿采取集中归队、单独处理的重选工艺，如铺布溜槽、离心选矿机，但获得钨精矿品位不到 30%，回收率不到 40%。随着黑钨矿浮选理论研究的不断深入和浮选生产实践的不断改进与完善，浮选法已经逐渐成为黑钨细泥的主要回收方法。

黑钨细泥浮选，捕收剂的选择是关键。过去常用捕收剂有脂肪酸、膦酸和胂酸等。这些捕收剂用于钨细泥的浮选也能取得一定的效果，但是由于脂肪酸类捕收剂选择性太差，而膦酸、胂酸类捕收剂本身有毒性，所以都没有得到很好的应用。目前，水杨羟肟酸、苯甲羟肟酸、萘羟肟酸等羟肟酸类螯合捕收剂的研制和实际应用都获得很好的效果。

细粒黑钨矿浮选包括载体浮选、剪切絮凝浮选和油团聚分选等浮选新工艺。载体浮选是以粗粒矿物作为载体，在选择性捕收剂和搅拌的作用下，使微细粒矿物吸附于载体矿物表面，然后采用常规的浮选方法进行分离。如用−50μm 粒级黑钨矿充当载体进行浮选，并和常规浮选方法对比可知，加入大于 10μm 的载体为不同粒级的黑钨矿，试验结果表明：提高−5μm 细粒黑钨矿的上浮速度，能很大程度地改善微细粒黑钨矿的选别指标。

剪切絮凝浮选是通过添加外力，使悬浮的微细粒聚合成团后再进行分选的一种方法。该浮选工艺的影响因素很多，包括矿浆浓度、搅拌速度和时间、表面电性以及颗粒大小等。瑞典 Yxsjoberg 选厂使用该工艺，从原矿品位约 0.3%的矿石中获得了含钨 65.0%~69.9%，钨回收率 78.2%~79.9%的钨精矿。澳大利亚 King Island 钨矿以碳酸钠和水玻璃为调整剂，油酸钠为捕收剂进行剪切絮凝浮选，结果获得的钨精矿回收率达到 47.7%，比原来提高了 16 个百分点。

油团聚分选的过程是通过磨矿，使矿石中的有用矿物单体解离，添加调整剂和捕收剂处理矿浆，让目的矿物选择性疏水，然后在剪切力场中，加入非极性油，附着油的微细粒絮凝并形成球团，最后用浮选方法将絮团与亲水性微细粒分离。韦大为曾对 15μm 以下的黑钨矿和石英组成的人工混合矿进行了油团聚分离。在 pH 值为 7.3，浓度为 11%的矿浆中，分别添加 $FeCl_3$、燃烧油和捕收剂 NaOH 来进行油团聚分离试验。在原矿品位含钨 6.83%的条件，可以获得含钨 70.65%，钨回收率 91.62%的黑钨精矿。

浮选设备除了常用的浮选机外，浮选柱在细粒、微细粒钨矿物浮选中得到了广泛的应用。浮选柱具有结构简单，容积大，能耗低，操作简便，药剂省，成本低，浮选效率高，流程简单和容易实现自动化控制等优势和特点。此外还具有浮选机无法比拟的精选区泡沫层厚，富集比高的特点。图 1-6 所示为钨矿山常用的浮选柱。

1.3.2.5 黑钨矿磁选

黑钨矿具有弱磁性，利用这一点可通过强磁选将其与脉石矿物分离。磁选工艺流程简单、成本较低、操作方便，是一种比较经济的选矿方法。如采用干式永磁强磁选机，在钨锡精选段进行钨锡分离，得到了理想的分选指标。在给矿品位含钨约 30%时，经过选别可以获得含钨 65.0%，钨回收率 80.0%的黑钨精矿。柿竹园钨矿针对含钨 62.41%黑白钨混合精矿，采用高梯度强磁选工艺进行黑白钨分离，最终得到了含钨 66.16%，钨回收率 81.06%的黑钨精矿。

我国自主研发的 SQC、SLon、SHP 等一系列强磁选机在黑钨选矿中都有着广泛的应用。广泛的高梯度强磁选机，由于其分选效率高、选矿指标好等特点，已经在钨矿山得到了工业应用。图 1-7 所示为黑钨矿山常用的 SLon-立环脉动高梯度强磁选机。

图 1-6 钨矿山常用的浮选柱

图 1-7 黑钨矿山常用的 SLon-立环脉动高梯度强磁选机

1.3.3 白钨矿选矿方法

白钨矿的主要选矿方法有重选、浮选、化学分选，以及这几种方法的组合。

1.3.3.1 白钨矿重选

对于石英脉类型、粗粒浸染的白钨矿，可以采用重选方法回收。采用重选回收白钨矿，工艺流程简单，生产成本低，对环境的影响较小，经济效益较好，尤其适合于矿藏储量不大，但对环境保护要求严格的地区。

白钨重选设备常用螺旋溜槽、细砂（细泥）刻槽摇床等。

1.3.3.2 白钨矿浮选

细粒浸染的白钨和黑、白钨细泥均可用浮选法回收。由于白钨矿性脆，易过粉碎，故浮选是目前回收白钨矿最常用的选别方法。白钨矿可浮性较好，但是常常呈细粒浸染，原矿品位较低，且与可浮性较好的含钙脉石矿物共生，如方解石、萤石、磷灰石等，增加了其分选回收难度。白钨矿浮选回收可分为：粗选段和精选段。粗选段的目的就是最大限度地丢弃脉石矿物，从而提高粗选富集比；精选段被看作是整个白钨矿浮选的关键所在。精选工艺目前主要有：

（1）加温浮选法。加温法又称彼得诺夫法，是将白钨矿磨矿后用碳酸钠和水玻璃为调整剂，油酸为捕收剂调浆先进行常温粗选，将粗选白钨粗精矿浓缩至60%~70%固体，然后加入水玻璃在高温下长时间强烈搅拌，利用矿物间表面吸附的捕收剂膜解析速度的不同，使脉石矿物受到强烈抑制，水玻璃抑制顺序是：石英>硅酸盐>方解石>磷灰石>钼酸盐>重晶石>白钨矿，抑制后白钨矿的可浮性依然很好，最后稀释常温精选。该方法对矿石的适应性较强，选别指标稳定，但需要加温设备，选矿成本高，时间消耗多，劳动条件差。此法在白钨—方解石、萤石型的白钨矿山得到广泛应用。

湖南某白钨矿石属于斑岩型白钨矿，伴生少量锡石，进行白钨常温粗选—粗精矿加温精选的工艺流程，对于含 WO_3 0.41%的原矿，获得了白钨精矿含 WO_3 为66.02%、回收率为81.27%的选矿技术指标，使白钨矿得到了较好的回收；江西某大型白钨矿，采用优先浮铜脱硫—白钨粗选，粗精矿加温搅拌不脱药精选的浮选工艺，用 GY 作为白钨矿捕收剂，碳酸钠+水玻璃、EL+水玻璃两组组合调整剂，经一粗一精，获得了含 WO_3 为65.37%，回收率为86.31%的白钨精矿。

（2）常温浮选法。常温浮选法与加温浮选法相比，更注重粗选作业，强调碳酸钠和水玻璃的协同作用，通过控制矿浆 pH 值使矿浆中的 $HSiO_3^-$ 保持在一个有利于氧化控制的浓度范围，抑制脉石矿物，并配以选择性较强的捕收剂来达到较高的粗选比，粗精矿在添加大量水玻璃（10~20kg/t）的条件下，长时间（>30min）搅拌后稀释精选。此法操作简单，选矿成本也比较低，但对矿石的适应性不及加温法。常温法在以石英为主的矽卡岩型白钨矿山得到广泛的应用。

目前，白钨常温浮选有两种具有代表性的方法。一种是以碱性介质（氢氧化钠、碳酸钠）、金属盐、水玻璃作为脉石抑制剂，混合捕收剂浮选方法；另一种是以碱性介质（氢氧化钠、碳酸钠）、水玻璃、栲胶、单宁、淀粉等大分子有机抑制剂，混合捕收剂浮选方法。这两种方法特点是用碱性介质使矿粒充分分散，组合抑制剂选择性抑制方解石、萤石和硅酸盐类脉石，再用混合捕收剂捕收白钨矿。

白钨矿在常温下与脉石矿物的浮选分离，不仅需要高效抑制剂，也需要选择性好的捕收剂。安徽某含磷灰石矽卡岩白钨矿，采用氧化石蜡皂和妥尔油为捕收剂，水玻璃+偏磷酸盐为组合抑制剂，经一次粗选、二次扫选、六次精选的闭路流程试验，从原矿含 WO_3 0.37%、含 P_2O_5 0.12%，获得含 WO_3 70.18%、含 P 0.03%的白钨精矿，钨回收率为85.35%。

（3）剪切絮凝浮选。在我国的白钨矿储量中，贫、细、杂的矿床占多数。目前开采的白钨矿石品位越来越低。如何提高微细粒低品位白钨矿的浮选指标对白钨矿的回收利用意义重大。剪切絮凝是处理细粒白钨矿的有效方法。该方法是使悬浮于油酸钠溶液中的高负荷钨矿粒，在高速剪切力的作用下搅拌可以形成絮团，絮团可浮性比细粒钨矿好得多。白钨矿形成絮团后，其浮游速度比分散的颗粒快20倍，在精矿品位不降低的条件下，回收率大幅提高。伊克斯约贝格选厂针对原矿品位含 WO_3 0.289%~0.348%的矿石，使用剪切絮凝浮选法可以得到品位含 WO_3 65%，回收率将近80%的白钨精矿。

1.3.3.3 白钨矿化学分选

20世纪80年代，化学选矿新工艺开始应用到钨选矿之中。化学选矿主要是指化学浸出，用于处理低品位钨精矿、中矿除杂和细粒浸染型难选矿石。该方法的优点是回收率高，最终产品附加值高。

白钨矿化学分选方法主要包括：盐酸分解法、苛性钠浸出法、苏打烧结—水浸法和氟盐分解法。

盐酸分解法（盐酸、硝酸、硫酸均可）的化学反应式为：

$$CaWO_4(s) + 2HCl(l) = H_2WO_4(s) + CaCl_2(l)$$

苛性钠浸出法的化学反应式为：

$$CaWO_4(s) + 2NaOH(l) = Na_2WO_4(l) + Ca(OH)_2(s)$$

苏打烧结—水浸法的化学反应式为：

$$CaWO_4(s) + Na_2CO_3(l) = Na_2WO_4(l) + CaCO_3(s)$$

氟盐（氟化钠或氟化铵）分解法的化学反应式为：

$$CaWO_4(s) + 2NaF(l) = Na_2WO_4(l) + CaF_2(s)$$

工业上最常用的是盐酸分解法和苏打溶液压煮法。

若钨精矿中含有有害杂质SiO_2、P、As、Mo、S、Cu等，可用5%~8%稀盐酸浸，可溶去钙质碳酸盐、磷灰石等。

1.3.4 钨矿选矿工艺流程

1.3.4.1 典型黑钨选矿工艺流程

我国赣南黑钨矿山典型的选矿工艺流程包括：分级破碎、人工手选、多级跳汰早收、枱浮脱硫、多级摇床富集、中矿再磨再选和细泥归队单独处理。若黑钨精矿中含有白钨和锡石，则采用磁选可以使黑钨与白钨、锡石分离，采用电选使白钨与锡石分离。图1-8所示为赣南某钨矿山典型的黑钨矿回收工艺流程图。

1.3.4.2 典型白钨选矿工艺流程

白钨矿主要采用浮选工艺—彼得诺夫法进行回收。图1-9是湖南某钨矿山典型的白钨矿回收工艺流程图。

1.3.4.3 典型黑白钨选矿工艺流程

黑白钨选矿工艺流程主要是先采用一粗一精一扫混合浮选，将黑白钨全部浮出，然后进入强磁选机，利用黑钨矿的磁性先回收黑钨，得到黑钨精矿。强磁选尾矿进入加温搅拌后，采用彼得诺夫法浮选得到白钨精矿，白钨扫选尾矿再进入悬振锥面选矿机重选，得到钨细泥精矿。图1-10所示为湖南柿竹园多金属选矿厂典型的黑白钨选矿工艺流程图。

1.3.4.4 钨细泥选矿工艺流程

无论黑钨还是白钨，都是性脆易碎矿物，极易形成细泥。我国在钨细泥选矿已经形成了具有自己特色的钨细泥分选工艺，主要有以下几种：

（1）全摇床选矿工艺流程。这类流程就是使用单一摇床对钨细泥进行回收。细泥经过浓缩后，用摇床选别，所获得的精矿即为钨细泥精矿。早期很多矿山为了降低成本，都采用该流程。有的矿山为了提高精矿品位，将获得的钨细泥精矿用摇床进行再次精选。但是，该工艺获得的钨精矿回收率一般为27%~35%，小于37μm的钨几乎不能回收。

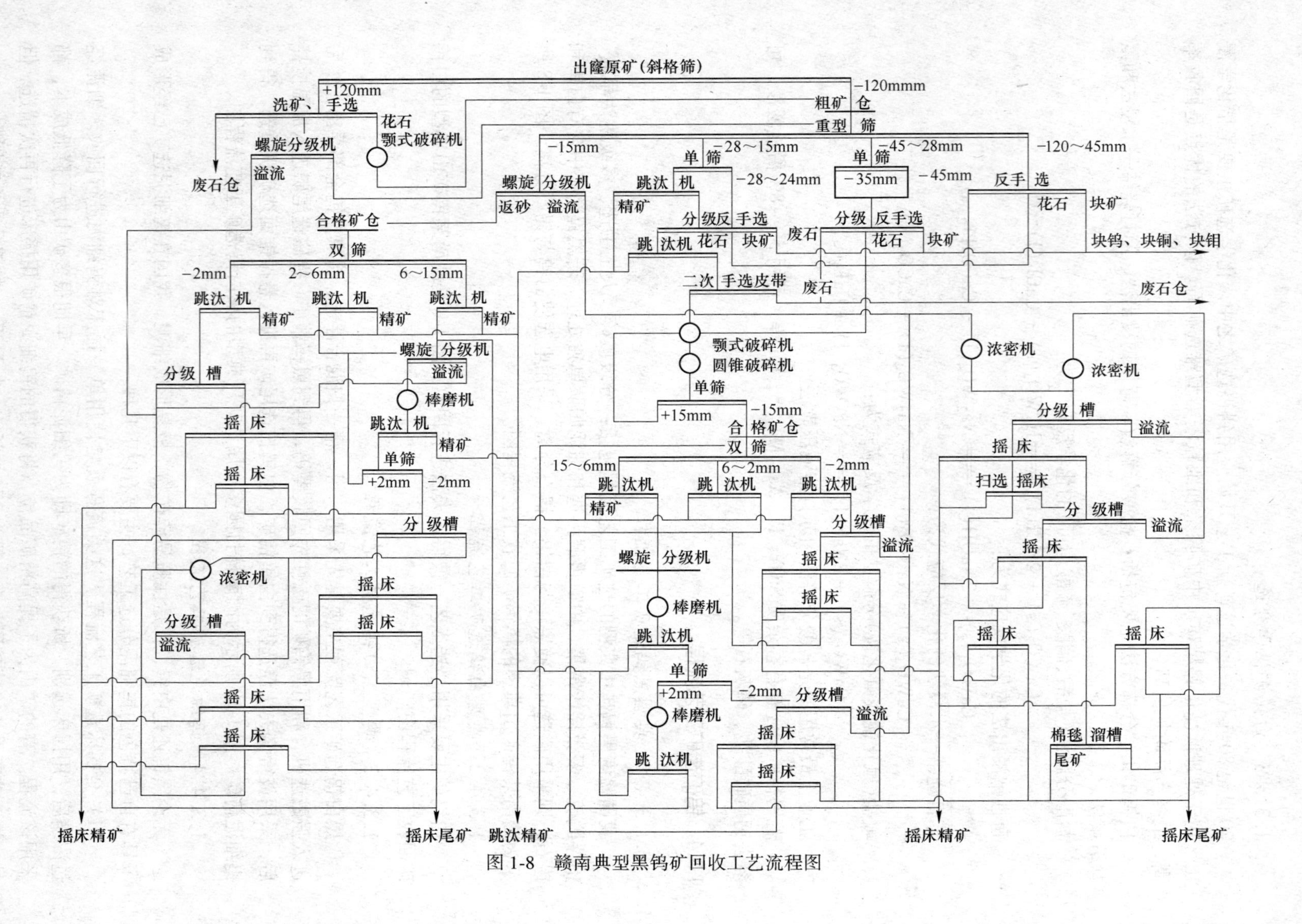

图 1-8 赣南典型黑钨矿回收工艺流程图

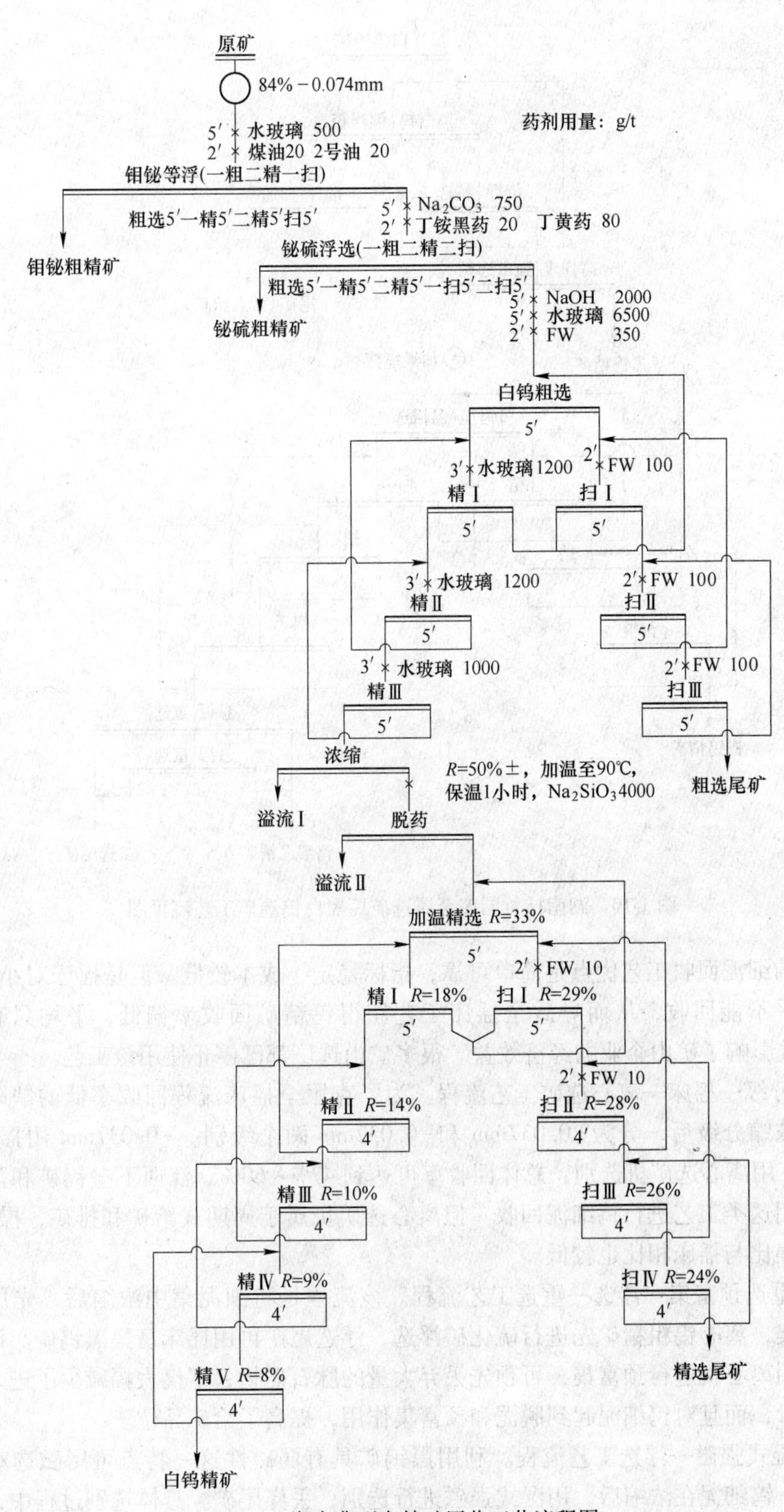

图 1-9 湖南典型白钨矿回收工艺流程图

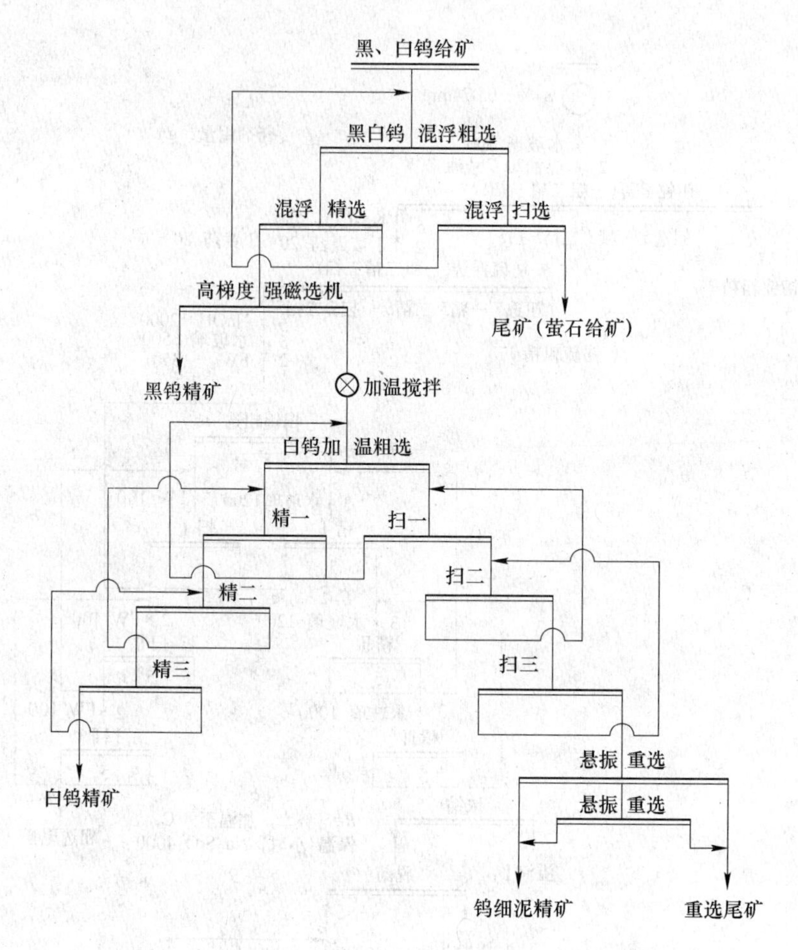

图 1-10 湖南柿竹园多金属选矿厂黑白钨选矿工艺流程图

单一的细泥回收工艺优点是简单可靠，指标稳定，成本较低。但是摇床对小于 37μm 的细泥几乎不能回收，从而导致全摇床工艺获得钨精矿回收率偏低，平均只有 27%～35%，严重影响了矿山企业的经济效益。很多矿山选厂都已停止使用该工艺。

（2）分级—摇床—离心选矿工艺流程。为了克服全摇床流程回收率低的缺陷，将钨细泥经过浓缩分级后，分为+0. 037mm 和-0. 037mm 两个级别。+0. 037mm 用摇床回收，-0. 037mm 用离心选矿机选别，总体回收率可达到 47%～60%。江西下垄钨矿和盘古山钨矿都曾采用这类工艺进行钨细泥回收。但离心选矿机属于周期式给矿和排矿，操作不便，且选矿富集比与摇床相比也较低。

（3）重选预富集—浮选—重选工艺流程。该流程是将细泥集中浓缩后，先用离心机进行预富集，离心钨粗精矿先进行硫化矿浮选，浮选尾矿再用摇床富集黑钨矿。该工艺的优点是使用离心机进行预富集，可预先丢弃大量的脉石矿物，不仅大幅减少了进入后续作业的给矿量，而且对钨细泥起到脱泥和预富集作用，提高了给矿品位。

（4）湿式强磁—浮选工艺流程。利用黑钨矿具有弱磁性这一特点可用磁选对钨细泥进行回收。钨细泥在浓缩后，用湿式强磁进行选别，丢弃尾矿。具体选别过程中，可以增加一次扫选。强磁粗精矿先浮选脱硫，然后用脂肪酸、羟肟酸、水玻璃等药剂浮选钨细泥。该工艺可获得品位较高的钨细泥精矿（WO_3>50%），黑钨细泥回收率为54%~65%。

近年来，湿式强磁—浮选工艺流程在江西漂塘钨矿等赣南钨选厂得到了广泛的应用。同全浮选流程工艺相比，湿式强磁选机能有效回收10μm以上的钨矿物，而且浮选工艺不仅能大幅度地减少药剂用量，而且具有流程短、操作简单等优点。缺点是绝大部分硫化矿进入磁选尾矿丢弃，不适宜富含硫化矿和白钨矿高的矿石。

(5) 脱硫—离心选矿机—脱硫—浮选（磁选）流程。该流程首先对钨细泥原矿进行脱硫，脱硫尾矿经离心选矿机选别，得到的钨粗精矿经再次脱硫后，进入钨浮选或湿式磁选，最终得到的钨细泥回收率一般在65%左右。但此流程对离心选矿机的操作参数要求高，对浮选工艺要求较高。

目前，只有江西铁山垅钨矿采用脱硫—离心选矿机—脱硫—浮选—磁选工艺流程。该选厂钨细泥作业回收率达到66.87%，钨回收率达到国内领先水平。

1.4 钨矿选矿药剂

1.4.1 钨矿捕收剂

1.4.1.1 黑钨矿捕收剂

常用的黑钨矿捕收剂可分为两类：脂肪酸类捕收剂和羟肟酸类螯合捕收剂。

(1) 脂肪酸类捕收剂。这类捕收剂，如油酸、芳香酸、胂酸和膦酸，各有优缺点。油酸捕收能力好，但选择性差；芳香酸类在国内应用实践不多；胂酸和膦酸类捕收剂如甲苯胂酸、混合甲苯胂酸、苄基胂酸、甲苄胂酸乙烯膦酸等在黑钨细泥浮选中曾取得较广泛应用，但此类药剂有毒，对污染环境大，限制了其应用。如周晓彤等人采用Na_2CO_3、改性Na_2SiO_3和$Pb(NO_3)_2$作调整剂，改性脂肪酸TA-4作捕收剂，对黑白钨细泥进行粗选，然后加温精选分离，其泡沫经酸浸获得白钨精矿。加温精选尾矿经摇床选别获得黑钨精矿。当钨细泥给矿品位WO_3为0.2%时，获得品位含WO_3为59.55%、回收率为47.21%的白钨精矿，品位含WO_3为36.62%、回收率为19.53%的黑钨精矿。其中采用新型选钨捕收剂TA-4是提高钨选别指标的关键。

(2) 羟肟酸类螯合捕收剂。这类捕收剂包括水杨羟肟酸、萘羟肟酸、苯甲羟肟酸等螯合捕收剂，近年来都获得很好的工业应用效果。新型羟肟基螯合捕收剂COBA对黑钨矿有良好的捕收性能，但单独使用COBA时，黑钨矿基本不浮，只有与油酸钠和2号油混合使用时才能发挥其捕收性能。−75+38μm黑钨矿单矿物浮选试验表明：单独使用油酸钠8×10^{-5}mol/L时钨的回收率才达90%，而采COBA与油酸钠的混合捕收剂用量只需3×10^{-5}mol/L并辅加2号油50mg/L（以改善起泡效果）时，钨的回收率就可达到90%；当混合捕收剂用量增大至5×10^{-5} mol/L时，钨回收率可达到99.1%，说明使用COBA可以大大减少药剂的用量，COBA对黑钨矿细泥有很好的捕收性能。

苯甲羟肟酸和萘羟肟酸已成功地应用于湖南某黑钨细泥回收。当采用萘羟肟酸为捕收剂，硝酸铅为活化剂，水玻璃为抑制剂，硫酸为pH值调整剂浮选时，经一粗、一扫、一精闭路流程试验。从含WO_3为1.34%的给矿中获得钨粗精矿品位含WO_3为19.91%、钨回收率87.19%的指标。采用以苯甲羟肟酸为主的混合捕收剂BH、硝酸铅为活化剂、AD为抑制剂浮选这种黑钨细泥时，经过一粗、三扫、五精的闭路流程，从含WO_3为1.94%的给矿中获得钨精矿品位含 WO_3 为 52.77%、回收率 68.32%的工业试验指标。

北京矿冶研究总院采用 CF（亚硝基苯胲铵盐）作捕收剂，在矿浆自然 pH 值条件下，对柿竹园钨细泥进行浮选，经一粗、二扫、五精浮选闭路流程，获得了品位含 WO_3 为 62.40%，回收率为 84.77%的黑白钨混合精矿。

广州有色金属研究院采用 GY 系列螯合捕收剂（苯甲羟肟酸与脂肪酸类捕收剂组合）混合浮选黑钨矿和白钨矿，然后将所得混合粗精矿进行加温分选，当原矿品位含钨 0.59%，小型试验可以获得品位含 WO_3 为 73.26%，回收率为 73.20%的白钨精矿和品位含 WO_3 为 66.25%，回收率为 13.55%的黑钨精矿。

（3）组合类药剂。研究发现，大多数螯合捕收剂和两性捕收剂选择性较脂肪酸要好，但捕收能力偏弱。因此采用多种类型捕收剂混合添加，在钨的浮选时起到协同作用，不但可以提高药剂的浮选效果，还可以降低药剂的用量。方夕辉等用苯甲羟肟酸与 731 氧化石蜡皂组合捕收剂对某钨矿钨细泥进行全浮选试验，在 pH 值为 7~8 的弱碱性条件下，钨的回收率达到 86.01%，比常规的重选方法高 20 个百分点以上。两种捕收剂联合使用提高了钨的综合回收率。余军等人将 CKY 与油酸钠混用，并配以组合抑制剂，在常温下较好地实现钨矿物与萤石、方解石等脉石矿物的浮选分离。对于含 WO_3 为 0.53%的原矿，采用 CKY 和油酸钠作捕收剂，硝酸铅作活化剂，在闭路试验中可获得品位含 WO_3 为 54.36%，回收率为 60.72%的钨精矿。

1.4.1.2 白钨矿捕收剂

常用的白钨捕收剂可分为四类：阴离子捕收剂、阳离子捕收剂、两性捕收剂和非极性捕收剂。

（1）阴离子捕收剂。阴离子捕收剂主要是键合原子为氧原子而非二价硫的化合物，是浮选白钨矿最常用的捕收剂。主要包括脂肪酸类、磺酸类、磷酸类和螯合类捕收剂。其中脂肪酸及其皂类应用最广，比较常用的有：油酸、油酸钠、油酸和亚油酸的混合物、塔尔油、环烷酸、棉子油皂、氧化石蜡皂（731）及癸酯等。最常用的是油酸、油酸钠及其氧化皂。黑龙江某白钨矿在碱性介质中，采用改性水玻璃做调整剂，采用 733 进行白钨浮选，闭路试验可以获得含 WO_3 为 67.87%，回收率为 85.99%的白钨精矿。

油酸类浮选捕收能力较强，但选择性较差；而 731 或 733 氧化石蜡皂虽然选择性比油酸好，但是捕收能力较弱，所以脂肪酸类捕收剂大都采用混合用药，这是提高捕收剂捕收能力和选择性的一个有效途径。磺酸类捕收剂主要是配合脂肪酸使用。日本八茎选厂采用 24 号油酸与 AP830 磺酸盐 1∶1 比例混合使用处理含 WO_3 为 0.031%的原矿，获得品位为 WO_3 为 38.22%，回收率为 42%，富集比大于 100 的钨精矿，比单用油酸所产精矿品位高 12 倍以上。Fukazawa 用磺酸盐和脂肪酸混合捕收剂从含 WO_3 为 3.32%原矿中，优先浮选出品位含 WO_3 为 47.80%的精矿，回收率为 97.01%。

（2）阳离子捕收剂。阳离子捕收剂主要是指胺类捕收剂，用于白钨矿浮选证明比用油酸钠效果更好。研究表明醋酸十二胺效果最佳。Noborit 采用丁烷二胺作为白钨颗粒的捕收剂，成功地抛弃了尾矿中的方解石。

（3）两性捕收剂。两性捕收剂是指氨基酸类捕收剂，如 RO-12（N-十四酰基氨基己酸）、RO-14（N-十六酰基氨基己酸）、4RO-12（N-十四酰基氨基丁酸）、4RO-14（N-十六酰基氨基丁酸）都对白钨矿有较好的捕收能力。研究表明，两性捕收剂几乎可以在整个矿浆 pH 值范围内使用，捕收能力与脂肪酸相当，但选择性好得多，还可以很好地与许多其他捕收剂和起泡剂配合使用，与油酸相比，它受水的硬度影响也较小。

（4）非极性捕收剂。非极性捕收剂难溶于水，不能解离为离子。包括煤油、柴油、燃料油和焦油等。主要是作为辅助捕收剂配合其他捕收剂使用，它的主要作用是调节泡沫结构，强化疏水作用，促进疏水团聚，进而提高钨精矿品位和回收率。

1.4.2 钨矿活化剂

硝酸铅对钨矿浮选有着显著的活化作用，陈万雄采用硝酸铅作活化剂对原矿 WO_3 品位 1.62%的黑钨细泥进行浮选试验，获得含 WO_3 为 66.04%，回收率为 90.86%的黑钨精矿，并从浮选溶液化学角度对硝酸铅水解后的各成分进行分析计算表明，在 pH 值小于 9.5 时，Pb^{2+} 和 $Pb(OH)^+$ 是起活化作用的主要成分，硝酸铅可使黑钨矿表面的电位 ζ 由负变正，Pb^{2+} 在黑钨矿表面的特性吸附促进了捕收剂的作用。

余军、薛玉兰认为 $Pb(NO_3)_2$ 对黑钨矿和白钨矿有较强的活化能力，将 CKY 与油酸钠混用，并配以组合抑制剂，可在常温下较好地实现钨矿物与萤石、方解石等脉石矿物的浮选分离。并且对于 WO_3 品位 0.53%的实际矿石，采用 CKY 和油酸钠作捕收剂，硝酸铅作活化剂，在开路实验中可获得 WO_3 为 54.36%的钨精矿，回收率为 60.72%。药剂作用机理研究表明，CKY 捕收剂在黑钨矿表面形成了化学吸附，而 $Pb(NO_3)_2$ 的存在可增强 CKY 捕收剂的吸附。

1.4.3 钨矿抑制剂

钨矿浮选抑制剂可分为有机和无机抑制剂两大类。无机抑制剂有水玻璃、铵盐+水玻璃、金属离子+水玻璃、硅氟酸钠、焦磷酸盐、六偏磷酸钠和亚磷酸，用于抑制石英、方解石、萤石、石榴子石，其中金属离子、水玻璃效果是最好的且最经济。

有机抑制剂又可分为大分子抑制剂和小分子抑制剂。大分子抑制剂包括单宁、淀粉、CMC、腐殖酸钠、木质素磺酸钠、白雀树皮汁，用于抑制石英、方解石、萤石、石榴子石，其中单宁、CMC、白雀树皮汁已应用到实际生产中；小分子抑制剂包括草酸、柠檬酸、酒石酸、苹果酸、乳酸、琥珀酸等，可用于抑制方解石、萤石。

以水玻璃和改性水玻璃为代表的混合抑制剂对石英、硅酸盐和方解石均有抑制作用，同时也是矿泥的分散剂，能有效分散矿泥、降低矿泥对黑钨矿物的罩盖，改善黑钨细泥的浮选效果，是黑钨细泥浮选非常有效的抑制剂。在某钨矿黑白钨混合浮选中使用改性水玻璃，对提高钨浮选粗选指标起了很好的作用，当用普通水玻璃粗选时，获得钨精矿品位含 WO_3 为 1.48%、回收率为 78.69%，用同量的改性水玻璃时，钨精矿品位提高到含 WO_3 为 4%，回收率提高到 93%。程新潮采用水玻璃和 BLR 作组合抑制剂，CF 作捕收剂浮选上述黑、白钨混合矿时，从含 WO_3 为 0.57%的原矿中，获得品位为 62.41%的混合钨精矿，经分离精选后，得到白钨精矿品位为 71.83%。

对于成分较复杂的矿石，单加水玻璃并不能充分地抑制脉石矿物，还需加入一些金属离子，如 Al^{3+}、Mg^{2+}、Cu^{2+}、Fe^{2+}、Co^{2+}、Pb^{2+} 和 Ca^{2+} 等，或其他药剂来强化水玻璃的抑制作用，因为这些药剂本身不能抑制脉石矿物，但添加之后，抑制效果明显增强，所以可以把这些药剂称作助抑剂。有关助抑剂的研究报道很多，美国的石灰法是典型的案例。

J. F. Oliveira 在回收巴西白钨矿重选厂细粒尾矿时，添加 $FeSO_4 \cdot 7H_2O$ 来协同水玻璃的抑制作用，结果表明，这种组合显著改善了浮选效果。

1.4.4 钨矿 pH 值调整剂

钨矿浮选一般在弱碱性（pH 为 8.5~10）环境下中进行，NaOH 和 Na_2CO_3是调整矿浆 pH 值最常用的调整剂，至于采用哪一种药剂效果更佳说法不一，一种认为 Na_2CO_3既可以消除种矿浆中“难免离子”的影响，又可调节矿浆 pH 值，因此可替代 NaOH。另一种认为 Na_2CO_3不能把矿浆调到足够高的碱度，而不能完全替代 NaOH。朱英超研究了 NaOH 和 Na_2CO_3作为调整剂对分离白钨矿与萤石和方解石人工混合矿的影响，认为 Na_2CO_3调 pH 值的效果优于 NaOH 调 pH 值。叶雪均对我国皖南某地矽卡岩白钨矿石浮选研究表明，用 Na_2CO_3取得较好浮选指标。

实际上，针对不同类型钨矿石以及不同的钨选矿工艺而言，对于含可溶性或微溶性矿物较多的矿石来说，用 Na_2CO_3为佳，反之可用 NaOH。

目前还出现了用石灰+碳酸钠作为 pH 值调浆的新方法。叶雪均还对两种不同类型白钨矿即白钨—方解石、萤石型和白钨—石英进行了粗选试验研究。试验结果表明，石灰+碳酸钠法适合于白钨—方解石、萤石型矿的粗选，而碳酸钠法适合于白钨—石英型矿石的粗选。

1.5 钨矿伴生资源综合回收

1.5.1 伴生硫化矿综合回收

1.5.1.1 伴生硫化矿类型

钨矿床常与铜、钼、铋等硫化矿物伴生密切。虽然它们在矿石中的含量相当低，通常为百分之零点几，但这些硫化矿物可以在钨矿分选过程中统一作为混合硫化矿物而与钨矿分离，是钨选厂中综合回收伴生金属的主要原料。

伴生硫化铜矿类型主要有黄铜矿（$CuFeS_2$）、辉铜矿（Cu_2S）、斑铜矿（Cu_5FeS_4）、铜蓝（$Cu_2S \cdot CuS_2$）、砷黝铜矿（$Cu_2S \cdot As_2S_3$）等，其中最主要的是黄铜矿，其次是辉铜矿。黄铜矿在较宽的 pH 值范围内（pH 值为 4~12）具有良好的可浮性，最常用的捕收剂是黄药、黑药和硫氮类捕收剂，在碱性介质中易受氰化物和石灰的抑制。对于过氧化的黄铜矿，可用苏打和磺化油改善它的可浮性。

伴生硫化钼矿以辉钼矿（MoS_2）为主，是典型的具有天然可浮性的矿物之一，加入起泡剂就能上浮，加入黄药类捕收剂同样能有效浮选辉钼矿。

伴生硫化铋矿以辉铋矿（Bi_2S_3）为主，具有像辉铜矿那样的天然可浮性，易被黄药、黑药和硫氮类捕收剂捕收。辉铋矿不受氰化物抑制，在与硫化铁、铜、砷等矿物分离时，可用氰化物抑制其他硫化矿而浮铋。

伴生硫化铅矿以方铅矿（PbS）为主，也具有较好的天然可浮性。方铅矿在很宽的 pH 值范围内，能与黄药、黑药及白药等大多数捕收剂作用。柴油等中性油对细粒方铅矿也具有良好的捕收作用，常作辅助捕收剂添加。

伴生硫化锌矿以闪锌矿（ZnS）为主，该矿表面对水和空气的亲和力几乎相等，可浮性偏差，在浮选时必须加入活化剂。闪锌矿能被多种金属阳离子所活化，如 Cu^{2+}、Ag^{+}、Ca^{2+}、Pb^{2+}、Hg^{2+}等离子。在实践中广泛使用硫酸铜作为闪锌矿的活化剂。

1.5.1.2 伴生硫化矿选矿工艺

钨矿伴生硫化矿矿石中共生有用矿物种类多，矿石性质复杂，各种硫化矿物均有一定的可浮性，常采用浮选方法分离。硫化矿浮选原则流程主要有：（1）优先浮选；（2）混合—优先浮选；（3）部分混合浮选；（4）等可浮浮选。

如湖南柿竹园公司多金属选矿厂，该钨矿伴生硫化矿有钼、铋、硫，其原则工艺流程为：先进行钼铋等可浮选，然后再进行钼铋分离；钼铋等可浮尾矿进行铋硫混浮和铋硫分离。铋硫混浮尾矿最后进行黑白钨矿混合浮选。

1.5.1.3 伴生硫化矿选矿药剂

（1）捕收剂。多金属硫化矿浮选分离的捕收剂种类较多，主要有下列几种：

1）黄药：主要有乙基黄药和丁基黄药，通常两者配合使用；

2）黑药：捕收能力比黄药较弱，对方铅矿有较好的选择性，并具有起泡性能；

3）丁铵黑药：对方铅矿、自然金有较好的捕收作用，对辉锑矿捕收能力强，具有起泡性能；

4）乙硫氮：对铜、铅、锑等硫化矿有较强的捕收能力，对黄铁矿、磁黄铁矿捕收能力弱。常用于铅硫、铋硫等硫化矿物的浮选分离；

5）柴油：对铜铅锌等硫化矿物均具有捕收性能及选择性，对黄铁矿捕收性能弱，有利于锌硫分选。

此外，新型捕收剂，如有机硫羧铵、异硫脲、巯基羧酸酯、对称黄原酸酐、二硫代磷酸盐和巯基乙基衍生苯胺，也应用于铜铅锌及钼等硫化矿物的分离中。

（2）抑制剂。多金属硫化矿浮选分离的抑制剂种类也较多，主要药剂如下：

1）石灰：调节矿浆的 pH 值，抑制黄铁矿、磁黄铁矿、镍黄铁矿、钴黄铁矿、方铅矿以及金、银等矿物。常与硫酸锌、二氧化硫配合抑制闪锌矿和黄铁矿；

2）氰化物：抑制黄铜矿、闪锌矿、黄铁矿、磁黄铁矿、镍黄铁矿等硫化矿物。但氰化物有剧毒，严重污染环境，应少用或不用；

3）硫酸锌：是闪锌矿最主要的抑制剂。配合石灰、亚硫酸（二氧化硫）及其盐、氰化物可抑制闪锌矿和黄铁矿等；

4）硫化钠：是方铅矿、黄铜矿、闪锌矿、黄铁矿、辉铋矿等矿物的抑制剂。它与亚硫酸配合来抑制被铜离子活化的闪锌矿与黄铁矿的效果较好。也常用硫化钠抑铜浮钼矿；

5）亚硫酸及其盐：常与其他药剂配合来抑制方铅矿、闪锌矿、黄铁矿等矿物；

6）重铬酸盐：是抑制方铅矿、辉锑矿较好的药剂。有时为了减少重铬酸盐的用量，常与亚硫酸、硅酸钠配合抑制方铅矿；

7）羧甲基纤维素（CMC）：主要抑制含镁的矿物、磁黄铁矿和方铅矿。在铜铅浮选分离中，CMC 配合硅酸钠来强化对方铅矿的抑制；

8）硅酸钠：能抑制石英、硅酸盐、锡石、方铅矿、辰砂等矿物，对石英、硅酸盐的抑制效果较好。也是一种较好的分散剂；

9）六偏磷酸钠：抑制方解石、白云石较好的抑制剂。也是一种良好的分散剂。

（3）活化剂。多金属硫化矿浮选分离的活化剂种类主要有以下几种：

1）碳酸钠：调节矿浆 pH 值，活化黄铁矿，分散矿泥。配合硫酸锌抑制闪锌矿；

2）硫化钠：是铜、铅、锌等氧化矿物的活化剂；

3）硫酸铜：常用来活化闪锌矿、黄铁矿、辉锑矿、辰砂等矿物；

4）硝酸铅：主要用来活化辉锑矿及黄铁矿等。

1.5.2 伴生萤石矿综合回收

1.5.2.1 伴生萤石矿类型

伴生萤石矿石类型因钨矿体中矿物成分的不同，可分为石英—萤石型、方解石—萤石型、碳酸盐—萤石型、硫化物—萤石型、重晶石—萤石型、硅质岩—萤石型。萤石中含有卤族元素氟，是制取含氟化合物的主要原料，又由于熔点低而广泛用于炼钢、有色金属冶炼、水泥、玻璃和陶瓷。纯度较高的萤石为无色透明，纯度不高的萤石依据其纯度的高低呈绿色和紫色，亦有黄色、蓝色及紫黑色等。而无色透明的大块萤石晶体可作光学萤石和工艺萤石。

1.5.2.2 伴生萤石矿选矿工艺

钨矿伴生萤石矿采用浮选方法回收。萤石保持良好可浮性的 pH 值范围一般为 8~10，高碱度条件下（pH 值大于 10）萤石的可浮性随着矿浆 pH 值的升高下降较快。萤石与其他含钙矿物的分离一直是选矿难题，是萤石回收率非常低的主要原因。如何在提高萤石浮游活性的同时，有效地抑制白钨矿、方解石、石英等矿物，是伴生萤石矿选矿工艺的努力方向。

1.5.2.3 伴生萤石矿选矿药剂

与伴生含钙矿物的浮选分离是萤石浮选的重点和难点。萤石浮选时，常用的 pH 值调整剂为 Na_2CO_3 和 Na_2SiO_3，抑制剂为水玻璃（常与硫酸铝配用）和改性水玻璃或它们的复合剂，活化剂为硫酸，捕收剂为油酸（兼起泡剂）、脂肪酸皂和 733。

湖南某选钨尾矿浮选综合回收萤石，采用硫酸为活化剂、水玻璃为抑制剂、733 为捕收剂，采用一次粗选、两次扫选和五次精选工艺流程，可获得品位 94.31%、回收率 70.06%的萤石精矿。也有采用碳酸钠、水玻璃（配用硫酸铝）作调整剂，在碱性介质中添加油酸（捕收剂兼起泡剂）进行浮选，粗选泡沫精选 7 次（中矿顺序返回）获得萤石产品，含 $CaF_2 \geq 97\%$（二级品），回收率 65%~70%。若在 pH 值为 6~7 介质中，合理使用改性水玻璃复合剂（添加油酸或脂肪酸皂作捕收剂兼起泡剂）进行常温浮选，白钨矿、方解石等含钙矿物被抑制，可选择性地浮出萤石精矿，为不同有色金属矿伴生萤石的综合回收提供更经济有效的浮选工艺。

2 钨资源开发项目驱动下的实践教学体系

本章以钨矿资源开发为例，围绕“钨矿石→钨矿物组成→钨矿物加工原理和方法→实践与应用”这条主线，结合矿物加工工程专业中“矿石学”、“工艺矿物学”、“粉体工程”、“矿物加工学”、“研究方法实验”和“矿物加工工程设计”等核心课程，详细介绍了实验教学、专业实践等方面的实践教学体系主要内容。

2.1 实践教学体系构建内容

为了紧密结合江西省丰富的矿业资源，体现地方资源教学特色，以现代矿山资源开发过程中需要强实践、厚基础、知识面宽的具有分析问题、解决问题和创新能力的卓越工程师人才培养为目的，按照矿山资源开发需要的知识能力及素质要求，围绕钨资源开发过程中“钨矿石→钨矿物组成→钨矿物加工原理和方法→实践与应用”这条主线设计项目驱动，在专业核心课程“矿石学”、“粉体工程”、“物理选矿”、“浮游选矿”、“研究方法实验”、“矿物加工工程设计”和认识实习、生产实习、毕业实习、毕业论文、毕业设计等教学活动中构建了以钨资源开发项目驱动为载体、以学生实践能力培养为全过程、以提高学生创新能力为目标的实践教学人才培养体系，见表 2-1。

表 2-1 钨资源开发项目驱动下的实践教学内容构建

课程实验、实践环节	钨资源开发项目驱动为核心的实验、实践教学内容
矿石学	认识并掌握钨矿石及其伴生矿石的组成、构造
粉体工程	钨矿石的选择性碎磨及其粒度组成特性
认识实习	钨矿石选矿工艺流程及其特点
物理选矿	钨矿石的重选富集特征、黑钨矿的磁选富集特征
浮游选矿	钨矿物及其伴生矿物的浮选富集特征
研究方法实验	钨矿石的选别方法及其工艺流程研究
生产实习	钨矿石选矿工艺组织生产
毕业实习	钨资源中有用矿物在流程中的走向
毕业论文	钨资源选矿流程开发
矿物加工工厂设计、毕业设计	钨选矿厂设计

2.2 课程实验教学大纲

2.2.1 “矿石学”课程实验教学大纲

在“矿石学”课程教学过程中，掌握钨矿物的形态，钨矿物的物理和化学性质，钨矿石的成矿过程。

本课程实验教学基本要求应包括：

（1）掌握常见钨矿石和钨矿物的基本特性和鉴别特征。

（2）掌握钨矿物及其伴生矿物的基本性质。

（3）掌握钨矿物晶体的结构形态及矿床的形成过程。

本课程实验内容与学时分配见表 2-2。

表 2-2 “矿石学”实验内容与学时分配表

实验项目名称	实验学时	备 注
对称要素分析及晶族晶系划分	2	必修
钨矿物的形态和物理性质	2	必修
钨矿伴生硫化矿物的认识	1	必修
钨矿石中氧化矿物和氢氧化物的认识	1	必修
钨矿石中硅酸盐类矿物的认识	1	必修
钨矿石中钨酸盐、碳酸盐等含氧盐类矿物的认识	1	必修

2.2.2 “粉体工程”课程实验教学大纲

在“粉体工程”课程教学过程中，熟悉钨矿山常用的破碎机、磨矿机、筛分机和分级机等设备的类型，了解这些设备的操作技能；熟悉和掌握钨矿山粉碎过程中的碎矿与筛分、磨矿与分级的基本理论，重点掌握选择性破碎、多层筛分、选择性磨矿与分级、磨矿介质选型等理论在钨矿山中的应用。

本课程实验教学基本要求应包括：

（1）掌握筛分分析的测定方法，依据测定结果绘制出筛分曲线。

（2）掌握振动筛生产率的测定方法，熟悉振动筛的筛分效率计算。

（3）掌握钨矿石破碎前后的产品粒度组成测定，依据测定结果求出粒度特性方程式。

（4）掌握钨矿石可磨性的测定方法，验证磨矿动力学。

（5）掌握钨矿石磨矿过程的影响因素试验方法。

本课程实验内容与学时分配见表 2-3。

表 2-3 “粉体工程”实验内容与学时分配表①

实验项目名称	实验学时	备 注
筛分分析和绘制筛分分析曲线	2	必修
振动筛的筛分效率和生产率测定	2	必修
测定钨矿石碎矿产品粒度组成及其粒度特性方程	2	必修
测定钨矿石可磨性并验证磨矿动力学	2	必修
钨矿石磨矿影响因素实验	2	选修

①实验教学按研讨式教学方式进行。

2.2.3 “矿物加工学”课程实验教学大纲

在“矿物加工学”课程教学过程中，熟悉钨矿山常用的重介质分选机、跳汰机、溜槽、摇床、弱磁选机、高梯度强磁选机、电选机和浮选机等设备的类型，了解这些设备的操作技能；熟悉和掌握钨矿山在选矿过程中的重选、磁选、电选和浮选等分离方法的基本理论，重点掌握跳汰、摇床、水力分级、高梯度强磁选、电选和浮选等选矿方法在钨矿山中的应用。

课程实验教学基本要求应包括：

(1) 掌握钨矿石干式磁选选矿、跳汰选矿、摇床选矿、螺旋溜槽选矿等钨矿富集方法。

(2) 掌握黑钨矿磁化系数及其磁性含量、磁场强度的测定方法。

(3) 掌握钨矿石电选分离原理和沉降分级原理与方法。

(4) 掌握钨矿物的润湿性、接触角、起泡性能的测定方法，分析钨矿物润湿性与可浮性的关系。

(5) 掌握钨矿及其伴生矿的捕收剂、调整剂和浮选实验方法，分析药剂制度对钨矿富集指标的影响。

本课程实验内容与学时分配见表 2-4。

表 2-4 “矿物加工学”实验内容与学时分配表①

实验项目名称	实验学时	备 注
钨矿石沉降法水力分析	2	必修
钨矿石跳汰选矿实验	2	必修
钨矿石摇床选矿实验	2	必修
钨矿石螺旋溜槽选矿实验	2	必修
黑钨矿比磁化系数、磁性含量测定	2	必修
黑钨矿干式磁选实验	2	必修
白钨矿电选机演示实验	2	必修
钨矿物润湿性—接触角、起泡剂性能测定	2	必修
钨矿及其伴生矿捕收剂实验	2	必修
钨矿及其伴生矿调整剂实验	2	必修
钨矿及其伴生矿浮选试验	2	必修

①实验教学按小班研讨方式进行。

2.2.4 研讨式教学内容设计

在课程的研讨式教学内容上，同样围绕着钨矿石资源开发这个项目驱动开展，既与课程内容相衔接，又是理论课程的深入发展，也要实验教学有所关联。小班研讨式教学要求按照专题开出：

(1) 筛分专题：研讨内容为我国选矿厂常见的筛分流程，包括破碎—筛分流程、磨矿—筛分流程、分选—筛分流程。

(2) 碎矿专题：研讨内容为我国选矿厂破碎流程研究进展，包括小型选厂的二段一闭路破碎流程、常规三段一闭路破碎流程、三段一闭路+高压辊破碎流程等，引导“多碎少磨”理念及其应用。

(3) 磨矿专题：研讨内容为我国选矿厂的磨矿流程与研究进展，包括棒磨流程、常规一段闭路磨矿流程、二段闭路磨矿流程、自磨流程、半自磨流程，阶段磨矿，引导"SAB"流程的优势及其应用。

(4) 浮选专题：研讨内容为钨矿山实用的浮选理论，浮选药剂的分类、特性及其研究进展，常见的钨矿选矿工艺、流程结构、先进的浮选设备以及钨矿选矿研究进展，引导药剂的"无毒环保"的理念。

(5) 重力选矿专题：研讨内容为我国选矿厂中钨矿山的重选流程研究进展，包括跳汰工艺、摇床工艺、铺布溜槽工艺以及新型高效钨细泥悬振选矿设备。

(6) 磁电选矿专题：研讨内容为我国黑白钨矿的磁选分离工艺流程现状，白钨矿与锡石、钽铌、含钛等矿物的电选分离工艺。

2.3 实习类实践教学大纲

2.3.1 "认识实习"实践教学大纲

"认识实习"实践教学基本要求应包括：

(1) 讲授"选矿概论"，增强学生对钨矿山生产过程的感性认识。

(2) 通过在钨矿山听取专题报告和安全教育培训，了解矿山生产组织管理体系和安全体系。

(3) 通过钨矿山生产现场参观，了解选矿工艺流程结构、工艺设备、选矿药剂的种类和使用，了解矿山技术经济指标、产品质量要求，形成对矿山建设和选矿厂配置的总体认识。

(4) 熟悉认识实习报告的编写要求。

"认识实习"实践内容与学时分配见表2-5。

表2-5 "认识实习"实践内容与学时分配表①

实践项目名称	实践天数/d	备 注
"选矿概论"讲授	3	必修
钨矿山安全教育	1	必修
钨矿选矿厂参观	3	必修
认识实习报告撰写	1	必修

①集中在1.5周内完成。

2.3.2 "生产实习"实践教学大纲

"生产实习"实践教学基本要求如下：

(1) 通过在钨矿山听取专题报告和安全教育培训，熟悉矿山生产组织管理体系和安全体系。

(2) 通过钨矿山生产现场参观，熟悉选矿工艺流程结构、工艺设备、选矿药剂的种类和使用，熟悉矿山技术经济指标、产品质量要求。

(3) 通过岗位跟班实习，使学生熟悉岗位操作实践，掌握选矿厂生产过程中的设备、工艺和指标的调节方法与步骤，能使学生理论联系实际，培养和提高学生的独立分析、解决问题的能力。

（4）熟悉生产实习报告的编写要求。

"生产实习"实践内容与学时分配见表2-6。

表2-6 "生产实习"实践内容与学时分配表①

实践项目名称	实践天数/d	备 注
钨矿山安全教育	1	必修
钨矿山选矿厂参观实习	1	必修
钨矿山岗位跟班实践	10	必修
生产实习报告撰写	2	必修
实习答辩与总结	1	必修

①集中在3周内完成。

2.3.3 "毕业实习"实践教学大纲

"毕业实习"实践教学基本要求如下：

（1）通过听取钨矿山专题报告和安全教育培训，熟悉矿山生产组织管理体系和安全体系，培养安全生产观。

（2）通过对钨矿山生产车间现场参观，掌握选矿工艺流程结构、工艺设备、选矿药剂的种类和使用，掌握矿山技术经济指标、产品质量要求。

（3）通过车间实习，提出改进或改善工艺流程、工艺设备、技术指标、技术操作条件、生产管理、产品质量、降低产品成本和提高劳动生产率的各种可能途径，收集毕业设计所需各项材料。

（4）熟悉毕业实习报告的编写要求。

"毕业实习"实践内容与学时分配见表2-7。

表2-7 "毕业实习"实践内容与学时分配表①

实践项目名称	实践天数/d	备 注
钨矿山安全教育	1	必修
钨矿山专题报告	1	必修
钨选厂车间操作实习与资料收集	10	必修
钨矿山相关工厂参观	1	必修
毕业实习报告撰写	2	必修

①集中在3周内完成。

2.4 研究类实践教学大纲

2.4.1 "研究方法实验"实践教学大纲

"研究方法实验"课程实验教学基本要求应包括：

（1）掌握钨矿样品的制备方法，掌握钨矿石堆积角、摩擦角、堆密度的测定方法。

（2）掌握钨矿石浮选药剂的性质测定，学会对浮选产品进行脱水、烘干、称重、取样和化验。

（3）掌握钨矿石 pH 值调整剂、抑制剂、磨矿细度等条件实验方法，掌握捕收剂种类及用量试验、捕收剂抑制剂析因实验内容。

（4）掌握钨矿石开路流程结构的确定及其药剂制度的优选，熟悉闭路流程的操作方法。

课程实践内容与学时分配见表 2-8。

表 2-8 "研究方法实验"实践内容与学时分配表①

实践项目名称	实践天数/d	备 注
钨矿石试样制备及物理性质测定	2	必修
钨矿石探索性试验	2	必修
钨矿石磨矿细度试验	2	必修
钨矿捕收剂种类及用量试验	2	必修
钨矿调整剂种类及用量试验	2	必修
钨矿石开路流程试验	2	必修
钨矿石闭路流程试验	2	必修
实验报告撰写	2	必修

①集中在 2~3 周内完成。

2.4.2 "毕业论文"实践教学大纲

"毕业论文"实践教学基本内容应包括：

（1）文献综述：了解国内外关于钨矿石选矿的工艺、设备、药剂的发展现状、发展方向、最新动态和发展趋势。

（2）设备和药剂：掌握钨矿石重选、磁选和浮选设备的工作原理，钨矿石选矿过程中所需的实验室设备和药剂，了解浮选的药剂制度和药剂作用机理。

（3）条件试验：掌握钨矿石重选试验过程中各种重选设备参数的条件试验；掌握钨矿石高梯度磁选试验过程中磁场强度等各种磁选参数的条件试验；掌握钨矿石浮选试验过程中磨矿细度、浮选时间、捕收剂种类、捕收剂用量、调整剂种类、调整剂用量、组合捕收剂和组合抑制剂比例等条件试验。

（4）开路试验和闭路试验：在条件试验的基础上，掌握钨矿石选矿的开路试验及闭路试验。

（5）结果与讨论：掌握钨矿石试验过程中的条件试验、开路试验、闭路试验结果数据的分析和讨论，对试验过程中出现的问题能进行分析。

（6）撰写毕业论文：严格按照毕业论文的要求，包括毕业论文的格式、中英文摘要、参考文献、小论文等，根据钨矿石选矿试验的结果，撰写毕业论文。

"毕业论文"实践教学基本要求：

（1）综合运用所学专业的基础理论、基本技能和专业知识，掌握钨矿选矿流程设计的内容、步骤和方法。

（2）根据钨矿原矿性质和工艺矿物学特性，掌握钨矿流程结构的设计原则和方法。

（3）根据确定的钨矿流程结构，掌握流程结构中基于重、磁选方法的磨矿细度、浓度、分级粒度、磁场强度等条件试验。

（4）掌握基于浮选方法的抑制剂、调整剂、捕收剂等药剂种类、用量和浮选时间试验。

（5）根据确定的钨矿流程结构和药剂制度，掌握钨矿石开路流程和闭路流程的试验方法。

"毕业论文"实践内容与学时分配见表2-9。

表2-9 "毕业论文"实践内容与学时分配表①

实践项目名称	实践周数/周	备 注
钨矿石原矿性质测定	1	必修
钨矿石工艺矿物学测定	1	必修
钨矿石流程结构设计试验	1	必修
钨矿石流程结构条件试验	6	必修
钨矿石开路和闭路流程试验	1	必修
钨矿石毕业论文撰写	1	必修
毕业论文答辩	1	必修

①集中在12周内完成。

2.5 设计类实践教学大纲

2.5.1 "矿物加工厂设计"课程教学大纲

"矿物加工厂设计"课程教学基本要求应包括：

（1）熟悉钨矿山选矿厂设计的原则、步骤、内容和方法。

（2）熟悉和掌握钨矿山选矿工艺流程的选择和计算、选矿设备的选择和计算、车间的设备配置方案、选矿厂总体布置和设备配备、计算机辅助设计。

（3）了解辅助设备和设施的选型、选择与计算。

（4）理解尾矿设施、环境保护、概算和财务评价。

（5）并对钨矿分选作业产品结构进行方案比较，对给定的工艺流程进行评价并编写出设计说明书。

"矿物加工厂设计"课程设计教学基本要求是：

（1）掌握选矿厂设计的原则、内容和步骤。

（2）熟练掌握常用工艺流程、工艺设备的选择和计算及车间的设备配置方案。

（3）理解尾矿设施、环境保护、概算和财务评价。

（4）了解辅助设备和设施的选择与计算。

本课程设计内容与要求见表2-10。

表 2-10 “矿物加工厂”课程设计内容与要求①

实践项目名称	实践天数/d	备 注
钨选厂工艺流程的设计和计算	2	要求绘制： （1）主厂房平面图和数质量矿浆流程图； （2）破碎厂房的平断面图和设备配置图
主要工艺设备的选择和计算	2	
辅助设备与设施的选择与计算	1	
破碎厂房或者主厂房设备配置	3	
设计说明书编写	2	

①集中在 2 周内完成。

2.5.2 “毕业设计”实践教学大纲

“毕业设计”实践教学基本要求是：

（1）综合运用所学专业的基础理论、基本技能和专业知识，掌握钨矿选矿厂设计的内容、步骤和方法。

（2）根据钨矿选矿厂日处理量，掌握破碎筛分、磨矿分级、选别流程和脱水流程的选择和计算、主要设备和辅助设备的选型和计算、选矿厂各车间的平断面图的绘制以及设计说明书的编写。

（3）熟悉使用各种参考资料（专业文献、设计手册、国家标准和技术定额等）来独立地、创造性地解决设计中存在的问题。

（4）理解并贯彻我国矿山建设的方针政策和经济体制改革的有关规定，树立政治、经济和技术三者结合的设计观点。

“毕业设计”实践内容与学时分配见表 2-11。

表 2-11 “毕业设计”实践内容与学时分配表①

实践项目名称	实践周数	备 注
钨选厂破碎筛分流程、设备选择和计算	1	必修
钨选厂磨矿分级流程、设备选择和计算	1	必修
钨选厂选别流程、设备选择和计算	2	必修
钨选厂主要辅助设备选择和计算	1	必修
钨选厂碎磨选别数质量流程图绘制	1	必修
钨选厂破碎筛分车间平断面图绘制	1	必修
钨选厂主厂房平断面图绘制	1	必修
钨选厂脱水车间及全厂的平面图绘制	1	必修
钨选厂设计说明书的撰写	1	必修
毕业设计答辩	1	必修

①集中在 12 周内完成。

2.6 实践教学体系的考核

2.6.1 课程实验教学考核

课程实验教学全部纳入了小班（常指一个自然班）研讨教学中。一般将小班分成若干研讨小组、实验小组，选定研讨课题方向，在导师和助教指导下查询资料、实验指导书，寻找课题、实验解决方案。然后制作 ppt 课堂汇报，经质疑、研讨、点评，形成小组研讨成果。小班研讨教学考核权重占 50%。基础理论和基础知识的考核权重也占 50%，通常以试卷形式考评。

为进一步衡量每个小组的贡献度，根据小组共同提交的报告和汇报，确定小组的成果质量，该权重占该部分成绩的 2/3；再根据小组每个成员的过程表现和撰写的心得体会，确定小组每个成员的成绩，该权重占该部分成绩的 1/3。本课程考核权重分配及其考核方式见表 2-12。

表 2-12 含小班研讨的课程考核表

类型	基础理论与基础知识	实验教学与研讨		课堂教学与研讨	
		实验小组成果	个人表现	研讨小组成果	个人表现
权重占比/%	50%	15	10	15	10
考核方式	试卷	实验报告	心得体会和过程表现	研讨 ppt	心得体会和过程表现

2.6.2 课程设计考核

课程设计考核及成绩评定由三部分组成：

（1）根据课程设计过程中学生分析、解决问题能力的表现，设计方案的合理性、新颖性，设计过程中的独立性、创造性以及设计过程中的工作态度。

（2）根据课程设计的指导思想与方案制订的科学性，设计论据的充分性，设计的创见与突破性，设计说明书的结构、文字表达及书写情况。

（3）根据学生本人对课程设计工作的总体介绍，课程设计说明书的质量，答辩中回答问题的正确程度、设计的合理性。

本课程设计考核权重分配及其考核方式见表 2-13。

表 2-13 课程设计考核表

类型	设计过程中独立性、创造性及工作态度	设计说明书和图纸		答辩过程	
		设计说明书的撰写质量	设计图纸质量	学生讲解	回答问题准确度
权重占比/%	20	20	20	20	20
考核方式	过程记录和考查	提交设计说明书	提交设计图纸	学生根据说明书和图纸讲解	回答答辩小组问题和心得体会

3 钨资源开发项目驱动下的实践教学指导书

本章介绍了钨矿资源开发项目驱动下各课程实验、实习、研究、设计等实践教学指导书。

3.1 “矿石学”实践教学指导书

3.1.1 对称要素分析及晶族晶系划分

3.1.1.1 实验原理

参照矿物结晶学基础知识和原理。

3.1.1.2 实验要求

实验要求如下：

（1）通过对晶体模型观察所获得的感性认识，进一步理解与巩固关于晶体的对称要素等知识。

（2）学会在晶体模型上找对称要素、对称中心、对称面、对称轴等。

（3）根据对称要素的组合（对称型）划分晶族和晶系。

3.1.1.3 主要仪器及耗材

实验过程中采用的主要仪器及耗材为晶体模型、记录纸、铅笔等。

3.1.1.4 实验内容和步骤

实验内容和步骤如下：

（1）在晶体模型上找对称要素，其具体的方法和步骤包括：1）找对称中心（C）。若晶体中有对称中心存在，则先定位于晶体的几何中心；试验时可将晶体模型上的每个晶面依次贴置于桌面上，逐一检查是否各自晶面都有与桌面平行的另一个相同的晶面存在；如果都有，则证明存在对称中心；如果任意一个晶面找不到这样的对应晶面时，则晶体不存在对称中心。2）找对称面（p）。通过晶体的几何中心，可将晶面划分为垂直等分某些晶面并且垂直等分某些晶棱的平面和包含晶棱平分面夹角（或晶棱夹角）的平面；由于对称面必可将图形分成镜像反映的两个相同部分，因此，试验时可设想按上述一可能性的平面将晶体模型分成两半，考察此两半部分对于该平面是否成镜像反映关系，从而确定该平面是否为对称面；如此试一遍所有可能的平面，以找出全部的对称面；在整个寻找过程中，不要翻动晶体模型，以免遗漏或重复。3）找对称轴（In）。在晶体中，对称轴存在的可能位置是：通过晶体的几何中心，并且为某二行晶面中心的连线或某二晶棱中点的连线或某二角顶的连线或某一晶面中心、晶棱中点及角顶三者中任意二者间的连线；试验时在模型上找对称要素要将模型固定，从垂直、倾斜、水平逐步分项找，避免重复和遗漏，在模型上找出全部对称要素后，分别填在实验记录表中。

（2）划分晶族晶系。在模型上找出全部对称要素后，根据对称特点确定其晶族和晶系，可根据32种对称型来查对，若找出的对称型在表中查不到，说明找的不对，应重找。

（3）作业。寻找下列晶体模型的对称要素，按记录格式做好记录。121或122；232、231或235；333、335或313；454、431、453或451；571、576、573或574；671、674或675；753、752或756；八面体或菱形十二面体，立方体等。

3.1.1.5 数据处理与分析

将试验结果填写在实验记录表，见表3-1。

表3-1 实验记录表

模型号	对称要素						对称要素总和（对称型）	晶系	晶族
	c	p	L^6	L^4	L^3	L^2			
751岩石	1	9		3	4	6	344，413，612，9pc	等轴	高级

3.1.1.6 实验注意事项

试验过程中，在记录一个晶体全部对称要素时，要按先对称轴，再对称面，再对称中心的顺利写，在对称轴中，又以轴次高者在先。例如：$3L^44L^36L^29pc$。

3.1.1.7 思考题

（1）如果一个平面能够将晶体分成两个几何上的全等图形，那么此平面是否必定就是对称面？为什么。

（2）至少有一端通过晶棱中点的对称轴，只能是几次对称轴？一对相互平等的正四边形晶面之中心连线，能否是L^3或L^6，一对相互平等的正六边形晶面之中心连线，可以是哪些对称轴的可能位置，为什么？

3.1.2 钨矿物的形态和物理性质

3.1.2.1 实验原理

参照钨矿物的物理性质。

3.1.2.2 实验要求

（1）认识钨矿物的单体和集合体形态。

（2）了解和掌握钨矿物的主要物理性质。

3.1.2.3 主要仪器及耗材

实验过程中采用的主要仪器及耗材为钨矿物标本。

3.1.2.4 实验内容和步骤

实验内容和步骤如下：

（1）查找分析钨矿物的形态。主要包括：

1）查找钨矿物的单体形态；

2）查找钨矿物集合体形态。

（2）了解钨矿物的光学性质。主要包括：

1）观察钨矿物颜色，利用一套颜色较标准的矿物对比观察钨矿物的自色，并掌握颜色命名的规律；

2）观察钨矿物的条痕色，掌握它与颜色的关系；

3）观察钨矿物的光泽，应在新鲜的钨矿物表面观察钨矿物的光泽特征；

4）观察钨矿物的透明度，因矿物厚度会影响其透明度，故试验时可借助条痕色来区别，一般白色条痕的矿物是透明的，浅色条痕的半透明的，深色条痕为不透明的。

（3）掌握钨矿物的力学性质。主要包括：

1）观察钨矿物的解理和断口特征，观察解理时注意解理面与断口面的区别，若矿物块体表面平滑并有几个与此方向相同的平滑面，则为解理；若具有凹凸不平的表面，则是断口特征；

2）观察钨矿物的硬度特征，试验时应在钨矿物的新鲜面上进行，并且只有在钨矿物单体的新鲜面上试验才能得出正确的结论；

3）测定钨矿物的密度特征；

4）了解钨矿物的磁性特征，试验时可借助于磁铁对矿物块体或粉末的吸引现象来判断有无磁性；

5）观察钨矿物的发光性特征，采用多用荧光笔照射钨矿物，观察其光学性能。

3.1.2.5 数据处理与分析

将试验结果填写在实验记录表，见表3-2。

表3-2 实验记录表

序号	矿物形状	颜色条痕色	光泽	透明度	解理断口	硬度	密度	磁性
1								
2								
3								
⋮								

3.1.3 钨矿伴生硫化矿物的认识

3.1.3.1 实验原理

参照“矿石学基础”教材中自然元素和硫化物的物理性质。

3.1.3.2 实验要求

实验要求如下：

（1）掌握肉眼识别矿物的一般方法。

（2）学会全面地观察矿物的形态及矿物的主要物理性质。

3.1.3.3 主要仪器及耗材

实验过程中采用的主要仪器及耗材为矿物标本。

3.1.3.4 实验内容和步骤

(1) 认识自然元素类矿物，如自然金、自然铜、金刚石、石墨和自然硫。

(2) 认识硫化物类矿物，如辉铜矿、方铅矿、闪锌矿、磁黄铁矿、黄铜矿、斑铜矿、辉锑矿、辉铋矿、黄铁矿、辉钼矿、毒砂和黝铜矿。

3.1.3.5 数据处理与分析

描述下列矿物的主要鉴定特征，如方铅矿、闪锌矿、黄铜矿、磁黄铁矿、斑铜矿、辉锑矿、辉铋矿、辉钼矿和黄铁矿等，将观察的特征如实编写书面报告。

3.1.3.6 实验注意事项

试验过程中，观察不到的性质不能写，切勿抄书本。

3.1.3.7 思考题

(1) 方铅矿、闪锌矿、辉铜矿在特征上有何差异。

(2) 黄铜矿、磁黄铁矿、斑铜矿之间的区别。

3.1.4 钨矿石中氧化矿物和氢氧化物的认识

3.1.4.1 实验原理

参照氧化矿物和氢氧化物的物理性质。

3.1.4.2 实验要求

实验要求如下：

(1) 掌握肉眼识别氧化矿物和氢氧化物的一般方法。

(2) 学会全面地观察氧化矿物和氢氧化物的形态及主要物理性质。

3.1.4.3 主要仪器及耗材

实验过程中采用的主要仪器及耗材为矿物标本。

3.1.4.4 实验内容和步骤

(1) 对照“矿石学基础”教材中氧化物和氢氧化物之各论分述，认识赤铁矿、钛铁矿、磁铁矿、铬铁矿、锡石、软锰矿、石英、蛋白石和赭石等氧化物。

(2) 认识了解钨矿石中褐铁矿、赤铁矿、硬锰矿和软锰矿等氢氧化物类。

3.1.4.5 数据处理与分析

描述下列矿物的主要鉴定特征，如赤铁矿、铬铁矿、磁铁矿、锡石、石英、褐铁矿、铝土矿和硬锰矿等，认真编写书面报告。

3.1.4.6 实验注意事项

试验过程中，观察不到的性质不能写，切勿抄书本。

3.1.4.7 思考题

(1) 比较赤铁矿、磁铁矿、铬铁矿的异同。

(2) 金属光泽的矿物和非金属光泽的矿物在光学性质上各有何特点。

3.1.5 钨矿石中硅酸盐矿物的认识

3.1.5.1 实验原理

参照硅酸盐矿石的物理性质。

3.1.5.2 实验要求

实验要求如下：

(1) 掌握肉眼识别硅酸盐矿物的一般方法。

(2) 熟练观察硅酸盐矿物的形态及其主要物理性质。

3.1.5.3 主要仪器及耗材

实验过程中采用的主要仪器及耗材为矿物标本。

3.1.5.4 实验内容和步骤

(1) 对照“矿石学基础”教材中硅酸盐亚类矿物的分述，认识橄榄石、石榴石、绿柱石、电气石、透辉石、普通辉石、透闪石、阳起石、普通角闪石、硅灰石、滑石、云母（黑、白)、高岭石、绿泥石、蛇纹石和正长石。

(2) 全面分析硅酸盐矿物的物理性质。

3.1.5.5 数据处理与分析

对比描述下列矿物的主要鉴定特征，如橄榄石与石榴石，电气石与普通角闪石，绿泥石与绿帘石，蛇纹石与滑石，认真编写书面报告。

3.1.5.6 实验注意事项

试验过程中，观察不到的性质不能写，切勿抄书本。

3.1.5.7 思考题

(1) 比较橄榄石与石榴石，电气石与普通角闪石，绿泥石与绿帘石，蛇纹石与滑石等矿物的特征。

(2) 找出上述矿物各自的异同点。

3.1.6 钨矿石中钨酸盐、碳酸盐等含氧盐类矿物的认识

3.1.6.1 实验原理

参照钨酸盐、碳酸盐矿物的物理性质。

3.1.6.2 实验要求

实验要求如下：

(1) 掌握肉眼识别钨酸盐、碳酸盐矿物的一般方法。

(2) 熟练观察钨酸盐、碳酸盐矿物的形态及其主要物理性质。

3.1.6.3 主要仪器及耗材

实验过程中采用的主要仪器及耗材为矿物标本。

3.1.6.4 实验内容和步骤

(1) 对照“矿石学基础”教材中含氧盐类矿物的分述，认识磷灰石、白钨矿、黑钨矿、石膏、重晶石、方解石、菱铁矿、白云石、孔雀石、蓝铜矿和萤石。

（2）全面分析钨酸盐和碳酸盐矿物的物理性质。

3.1.6.5 数据处理与分析

描述下列矿物的主要鉴定特征，如磷灰石、黑钨矿、重晶石、方解石、菱镁矿、萤石，认真编写书面报告。

3.1.6.6 实验注意事项

试验过程中，观察不到的性质不能写，切勿抄书本。

3.1.6.7 思考题

（1）如何区分方解石、白云石和菱镁矿。

（2）石英、方解石、重晶石、萤石的区别。

3.2 “粉体工程”实践教学指导书

3.2.1 筛分分析和绘制筛分分析曲线

3.2.1.1 实验原理

筛分是一种最古老、应用最广泛的粒度测定技术。用筛分的方法将物料按粒度分成若干级别的粒度分析方法，叫筛分分析，简称筛析。筛分时，物料通过一套已校准筛网的套筛，筛孔尺寸由顶筛至底筛逐渐减小。套筛是装在具有振动和摇动的振筛机上，振筛一段时间后，被筛分的物料分成一系列粒度间隔或粒级。如用 n 个筛子，可将物料分成 $n+1$ 个粒级，各粒级的物料粒度是以相邻两个筛子相应的筛孔尺寸表示。物料在筛分时可能以不同的取向通过筛孔，在大多数情况下，物料的长度不会限制物料通过筛孔，而决定物料能否通过筛孔的是物料的宽度，因此，物料的宽度是与筛孔尺寸联系最密切的因素。

采取一定质量的有代表性的试料，用筛孔大小不同的一套筛子进行粒度分级，分成若干级别后，称重各级别的质量、计算出各级别的质量分数，就能找出物料是由含量各为多少的某些粒级而组成。从粒度组成中，可以看出各粒级在物料中的分布情况，表示物料粒度的特性曲线通常称为筛分分析粒度特性曲线。

3.2.1.2 实验要求

（1）正确地取出筛分分析试样量，并用标准筛进行筛分和称出各级别的质量，通过实验对标准筛有一定了解，要求重担使用标准筛做筛析的操作技能。

（2）通过实验学会填写筛分分析记录表. 并作相关的计算：质量分数、筛上累积质量分数和筛下累积质量分数。

（3）通过实验，要求学会正确取出筛析试样质量，如果试样量过多，筛分分析的时间就花得过长，试样量太少，则不能代表整个物料的特性，正确试样量的采取方法可以查表求得。

（4）把筛分分析的试验记录在算术坐标纸及双对数坐标纸上，画成“粒度—质量分数”和“粒度—累积质量分数”两种曲线。

3.2.1.3 主要仪器及耗材

实验过程中采用的主要仪器及耗材有：标准筛、试验振筛机、托盘天平、试样缩分器、搪瓷盘、坐标纸和秒表等。

3.2.1.4 实验内容和步骤

（1）估计矿料中的最大粒度约有 2mm，查表或用公式计算求得需采取试样量 500g。该试样量可以从原物料中用缩分器缩分而得，也可以用方格法在原物料中取出。

（2）检查所用的标准筛，按照规定的次序叠好。套筛的次序是从上到下逐渐减少，并将各筛子的筛孔尺寸按筛序记录表内。

（3）称准试样量，并把称得的结果填在记录中。

（4）进行筛分。先从筛孔最大的那个筛子开始，依次序地筛。为了便于筛分和保护筛网，筛面上的矿料不应当太重，对于细筛网尤应注意。通常在筛孔为 0.5mm 以下的筛子进行筛分时，称样不许超过 100g，矿料如果太多，可分几次筛。筛分时要规定终点，即继续筛 1min 后，筛下产物不超过筛上产物的 1%（或试样量的 0.1%）为筛分终点。如果未到终点，应当继续筛分。为了避免损失，筛的时候，筛子要加底盘和盖。

（5）把每次筛得的筛上物称重，并且记录在表中，用托盘天平称重量，可以准确到 $\frac{1}{2}$克，估计到$\frac{1}{10}$克。

（6）各级别的质量相加得的总和，与试样质量相比较，误差不应超过 1%~2%。如果没有其他原因造成显著的损失，可以认为损失是由于操作时微粒飞扬引起的。允许把损失加到最细级别中，以便和试样原质量相平衡。

3.2.1.5 数据处理与分析

（1）筛分析表。

试料名称＿＿＿＿＿＿＿＿＿＿＿＿ 试样质量＿＿＿＿＿＿＿＿＿＿＿＿

筛分误差 =（试样质量 - 筛析后的总质量）/ 试样质量 × 100%

（2）在算术坐标纸和双对数坐标纸上各画“粒度—质量分数”、“ 粒度—筛上累积质量分数”和“粒度—筛下累积质量分数”三种曲线，见表 3-3。

表 3-3 粒度分析曲线表

级 别		质量 /g	质量分数 /%	筛上累积质量分数 /%	筛下累积质量分数 /%
目	筛孔宽/mm				
共计					

3.2.1.6 实验注意事项

（1）实验前要认真阅读本实验说明书和课本中关于筛分分析部分。

（2）实验中要严肃认真，严格禁止实验过程中马虎写报告和抄袭等不良现象。

（3）为保护网筛，卡在筛网上的难筛颗粒，禁止用手去抠，应该用毛刷沿筛丝方向轻轻刷除，合并筛上物一起计算称重。操作中，标准筛不能任意放置，以免网面碰到硬物而损坏，筛子用完后将筛子筛面向上放置在固定的地方。

（4）为保证称重、计量、读数、记录的准确，建议每组由专人进行称重、计量、读数、记录和操作天平。

（5）各级别物料称重记录后，应暂时保存，待全部级别筛析称重后检查称重总和是否与原物料质量相符、总质量与各级别质量之和在允许误差范围内，物料才可以倒弃。

（6）实验结束，将实验记录填好，清理好用具和周围的卫生后才能离开。

3.2.1.7 思考题

（1）什么是网目。

（2）筛分分析终点指的是什么，如何表示已达到筛分终点。

（3）根据所作筛分曲线，查出+0.15 的质量分数是多少？-1.2mm 的质量分数又是多少。

3.2.2 振动筛的筛分效率和生产率测定

3.2.2.1 实验原理

筛分效率，是指实际得到的筛下产物质量与入筛物料中所含粒度小于筛孔尺寸的物料的质量之比。筛分效率用百分数或小数表示。

$$E = \frac{C}{Q \cdot \frac{\alpha}{100}} \times 100\% = \frac{C}{Q\alpha} \times 10^4\%$$

或

$$E = \frac{\beta(\alpha - \theta)}{\alpha(\beta - \theta)} \times 100\%$$

式中 E——筛分效率,%；

C——筛下产品质量；

Q——入筛原物料质量；

α——入筛原物料中小于筛孔的级别的含量,%；

θ——筛上产物中所含小于筛孔级别的含量,%；

β——筛下产物中所含小于筛孔级别的含量,%。

3.2.2.2 实验要求

实验要求如下：

（1）观察振动筛的构造和工作原理。

（2）测定振动筛的生产率和效率各三次。

（3）计算振动筛的生产率和效率。

（4）分析生产率和效率的关系，验证筛分动力学公式。

3.2.2.3 主要仪器及耗材

实验主要仪器及耗材包括：振动筛、钢卷尺、振动筛筛网、分样器、台秤、盛试料用的器具和秒表等。

3.2.2.4 实验内容和步骤

（1）观察振动筛的构造，看清它的主要部件，用手盘动皮带轮，检查筛子是否能转动。开动筛子。结合学过的工作原理，观察它的运动，工作中要注意安全，不要靠近筛子的传动部分。

（2）用试样缩分器把试样分成四份，其中一份用作给矿的筛分分析，其余三份作振动筛的给矿。

（3）测量出筛面的长度和宽度。

（4）用两个检查筛筛分一份试料、找出试料中比筛孔小的矿粒的百分率和比 1/2 振动筛筛网孔宽小的矿粒的百分率。

（5）把其余三份试料分三次给入振动筛做试验。每次给料器的排口宽度要显著的不同，才能得到不同的给矿量。因此，应当把给料器的排口宽依次加大约一倍。矿料进入筛子时即开动秒表，矿料全都离开筛面时关闭秒表，记下时间。

（6）把筛上物和筛下物都称出质量，再把筛上物用筛孔宽和振动筛筛网孔宽相同的那个检查筛筛分，求出它里面含有的比筛孔小的矿料的百分率。

（7）填好记录表 3-4，并且检查规定要的资料是否都有后，作出有关的计算。

表 3-4 振动筛筛分效率和生产率测定记录表

项目 \ 实验号次		1	2	3
效率	给矿质量/kg			
	筛上物质量/kg			
	筛下物质量/kg			
	筛分时间/min			
	筛上物中比筛孔小的矿粒含量/%			
	用 $E=\dfrac{C}{Q\alpha}\times 10^4\%$ 计算的效率/%			
	用 $E=\dfrac{\alpha-\theta}{\alpha(100-\theta)}\times 10^4\%$ 计算的效率/%			
	两种计算方法相比较的差值			
生产率	实测的生产率/$kg\cdot h^{-1}$			
	$Q=Fi\delta\varphi KLMNOP$ 计算的生产率/$kg\cdot h^{-1}$			
	两种计算方法相比较的差值			

3.2.2.5 数据处理与分析

振动筛的筛网：长______m，宽______m，面积______m^2，筛孔宽______mm。矿料中小于振动筛筛网孔宽之半的含量______%，矿料密度（δ）______kg/m^3。

3.2.2.6 实验注意事项

（1）操作中要注意安全，筛子开动时不要靠近它。

（2）实验前认真复习本书知识，并认真阅读说明书。

（3）记录填好后，收齐用的工具，清理试验场所后，才能离开实验室。

3.2.2.7 思考题

（1）两种计算法算得的筛分效率相差是否很大，如果很大，原因在哪里。

（2）两种计算法算得的生产率相差是否很大，如果很大，原因在哪里。

（3）试用教材中的“筛分动力学及其应用”分析试验结果，看筛分效率和生产率有什么样的关系。

3.2.3 测定钨矿石碎矿产品粒度组成及其粒度特性方程

3.2.3.1 实验原理

送入颚式破碎机固定颚和动颚之间（破碎腔）的物料，当动颚向定颚靠拢时受到破碎；当动颚向定颚离开方向运动时，物料靠自重向下排送。

调整破碎机的排矿口大小，可测定破碎产物粒度组成。同时可计算破碎机的破碎比的大小。

3.2.3.2 实验要求

实验要求如下：

（1）掌握颚式破碎机的构造、性能、工作原理和操作方法。

（2）学会调整该破碎机的排矿口和测量排矿口大小的方法。

（3）测定该破碎机给矿和产品的粒度组成，计算破碎比和残余颗粒的百分率。

（4）绘制粒度特性曲线，寻找粒度特性方程式。

3.2.3.3 主要仪器及耗材

实验主要仪器及耗材包括：100×60 单肋复杂摆动型颚式破碎机、木框铁线编织筛、标准套筛、台秤、铅球块、卡尺、钢尺、铁铲和盛料桶等。

3.2.3.4 实验内容与步骤

（1）先将给矿作出筛分分析，并将结果填在记录中。

（2）观察所用的颚式破碎机的构造，认清它的重要部件和作用。

（3）开动破碎机，运转数分钟后将铅球丢入，测量压扁了的铅球厚度即得排矿口宽度。测完排矿口宽度，然后开始给矿。操作时要注意安全，不要靠近破碎机传动部件，不要埋头看破碎腔，防止矿石飞出打伤人。在碎矿过程中，若矿块太硬而卡住颚板不能破碎时，必须立即切断电源，待将破碎腔内的物料消除完后，方能继续进行碎矿，以免损坏电机和机器零部件。

（4）把破碎机的产品作筛分分析，并填写在记录表3-5中。

3.2.3.5 数据处理与分析

破碎机名称__________；排矿口宽__________mm；矿石名称__________

3.2.3.6 实验注意事项

（1）做实验前认真阅读实验指导书和教材中的有关内容。

（2）操作中应注意安全，以免发生安全事故。

（3）报告内容包含记录表格和要回答的问题。

（4）物料称重时不要忘了减去桶或容器的质量。

（5）做好记录，并给指导老师检查无误后，清理好所用工具及场地，才能离开实验室。

表 3-5 碎矿产品粒度组成及其粒度分析表

给矿筛分分析 原　重______kg				产品筛分分析 原　重______kg				
筛孔宽 /mm	质量 /kg	质量分数 /%	筛下累积 质量分数 /%	筛孔宽 /mm	筛孔宽 排矿口宽	质量/kg	质量分数 /%	筛下积算 质量分数 /%
共　计								

3.2.3.7　思考题

（1）根据筛分分析曲线，填出下列资料。

给矿最大块______ mm；产品最大块______ mm；破碎比______；残余粒______%。

（2）如果产品的筛分分析曲线近似直线，找出次直线的方程式中的参数并且列出此直线方程式。

（3）根据所作曲线，找出破碎残余粒百分率。

（4）根据实验资料，若要求破碎产品中-6mm 的占 70%，此时排矿口应调到多大。

（5）颚式破碎机产品粒度特性曲线能反映哪些问题。

（6）简单摆动和复杂摆动式破碎机有哪些不同。

3.2.4　测定钨矿石可磨性并验证磨矿动力学

3.2.4.1　实验原理

用不连续磨矿机做可磨性试验时，在磨矿的初期，粗粒的含量减少很快，随着磨矿时间的延长，粗粒含量的减少即变慢。造成这种现象的原因有两个：一是磨矿开始时，磨机中粗级别含量高，故粗级别磨碎的概率高，粗级别减少速度快；二是粗级别矿粒存在较多裂纹，矿粒越细，它上面的裂纹越少，磨细它也就越困难，越粗的矿粒（+35 目）这种现象越明显，越细的矿粒（+200 目）这种现象越不明显。况且，同是粗级别中，有裂纹多的矿粒，也有裂纹少而强度高的粗粒，磨矿开始时强度低的优先选择性粉碎，强度高的粉碎慢。

3.2.4.2　实验要求

实验要求如下：

（1）通过实际操作学会使用不连续小球磨机磨矿。

（2）根据实验室小球磨机的规格特性，计算出该磨机的转速率和装球率。

（3）根据实验数据和计算，在计算坐标纸上，绘制 $(100-R) \sim t$ 曲线和 $\lg(\lg R_0/R) \sim \lg t$ 曲线。

（4）所作曲线若近似直线，求此直线方程式及参数。

（5）计算球磨机的装球率和转速率。

（6）对试验结果进行分析讨论。

3.2.4.3 主要仪器及耗材

实验主要仪器及耗材包括球磨机、不同规格钢球（-50+45mm、-45+35mm、-35+25mm、-25+15mm、-15+10mm）、套筛、天平、铲子、量筒和烘箱等。

3.2.4.4 实验内容和步骤

（1）称取四份试料，每份500g。

（2）用手扳动磨机检查磨机转动是否灵活。

（3）打开密机盖，若磨机内装有蓄水，必须将蓄水倒净，加料时必须先加钢球后加入一份试料，再加入270mL的水。

（4）盖紧磨机盖，旋紧磨机端螺丝，按规定时间3min、6min、9min、12min分别磨矿，在开动磨机的同时，按秒表计时。

（5）磨到规定时间后关闭电源开关，停止磨矿，将矿浆取出。用100目筛子，湿法筛出+100目物料。

（6）将+100目物料烘干称重，将质量记录于表3-6内。-100目物料不做处理。

（7）数据处理与分析。

表3-6 可磨度测定记录表

试料名称__________；每次试料质量500g；磨矿浓度65%。

实验次序	磨矿时间		+100目质量/g	+100目质量分数 R/%	-100目质量分数 R/%	$\frac{R_0}{R}$	$\lg(\lg R_0/R)$
	t/min	$\lg t$					
1	3						
2	6						
3	9						
4	12						

注：1. R_0是被磨物料中粗级别质量分数；
2. R是经过t时间磨矿以后，粗粒级残留物的质量分数。

3.2.4.5 实验注意事项

（1）实验前必须认真阅读实验指导书和教材上的有关内容。

（2）在操作磨矿机过程中要特别注意人身设备安全，防止事故发生。

（3）操作过程中不能将矿浆、水弄到磨矿机的皮带上去，不然会使皮带打滑，影响磨机转速和磨矿效率。

（4）磨机内的钢球是按一定大小一定质量配好的，操作时切勿乱丢乱放或私自拿走，不然会影响磨矿效率和实验数据的准确性。

（5）湿法筛分磨矿产品时，必须检查筛分终点，即另换清水筛分时，以洗水基本上不浑浊才算达到筛分重点，否则要继续筛洗，直至水清为止。湿法筛分方法，先盛一盆清水，右手握住筛框，将矿浆倒入筛上，若矿浆量太多，可分几次进行筛分，这样不仅能保护筛子的筛网，而且能加快筛分速度，筛分时将筛子浸入水中 1/3～1/2 位置，把筛框轻轻用手拍打或向盆边敲击产生振动，随时将筛子做上下运动，并用清水不断冲洗筛子。

（6）实验过程中，要严肃认真工作，每人都要争取操作机会。

（7）实验做完后，必须清理好用具，为了防止磨机筒体、钢球生锈，磨机筒体内要放满清水将磨机盖板盖好，实验数据经指导老师检查无误后，方能离开实验室。

3.2.5 钨矿石磨矿影响因素试验

3.2.5.1 实验原理

当磨机以一定转速旋转，处在筒体内的磨矿介质由于旋转时产生离心力，致使它与筒体之间产生一定摩擦力，摩擦力使磨矿介质随筒体旋转，并到达一定高度。当其自身重力大于离心力时，就脱离筒体抛射下落，从而击碎矿石，同时，在磨机运转过程中，磨矿介质与筒体、介质间还有相对滑动现象，对矿石产生研磨作用。所以，矿石在磨矿介质产生的冲击力和研磨力联合作用下得到粉碎。

3.2.5.2 实验要求

实验要求如下：

（1）熟悉磨矿机的构造与操作。

（2）了解磨机装矿量对磨机生产率的影响。

（3）了解磨矿浓度对磨机生产率的影响。

3.2.5.3 主要仪器及耗材

实验主要仪器及耗材包括球磨机、套筛、天平、铲子、量筒和烘箱等。

3.2.5.4 实验内容和步骤

（1）装矿量试验步骤如下：

1）取试样 4kg，用四分法分成八等份，每份 500g，另将其中一份 500g 样再用四分法分成 250g 两份，从而配成 250g、500g、750g 和 1000g 4 份试验样；

2）按液固比 1∶1 分别将上述矿样先加水后加矿石的次序装入磨机，启动磨机，磨矿十分钟后，将磨机中物料倒出，清洗磨机干净为止；

3）将 4 个磨机排矿产品在检查筛上进行筛析，筛上物料进行烘干、称重；

4）将数据填入磨矿浓度试验数据表 3-7 中。

表 3-7 装矿量试验数据表

装矿量/g		250	500	750	1000
筛上量	质量/g				
	产率/%				
筛下量	质量/g				
	产率/%				

（2）磨矿浓度试验步骤如下：

1）取试样 4kg，用四分法分成八等份，每份 500g；

2）按液固比 0.5∶1、1∶1、1.5∶1 和 2∶1 的条件分别将 500g 矿样，按先加水后加矿石的次序装入磨机，启动磨机，磨矿十分钟后，将磨机中物料倒出，清洗磨机干净为止；

3）将 4 个磨机排矿产品在检查筛上进行筛析，筛上物料进行烘干、称重；

4）将数据填入磨矿浓度试验数据表 3-8 中。

表 3-8 磨矿浓度试验数据表

浓度/液固比		0.5∶1	1∶1	1.5∶1	2∶1
筛上量	质量/g				
	产率/%				
筛下量	质量/g				
	产率/%				

3.2.5.5 数据处理与分析

根据上面两个表的数据，分析磨机装矿量，磨矿浓度对磨机生产率的影响，并绘制装矿量—产率和磨矿浓度—产率关系曲线。

3.2.5.6 实验注意事项

（1）实验前要认真阅读实验说明书和教材中关于筛分分析部分。

（2）实验中要严肃认真，严格禁止实验过程中马虎写报告和抄袭等不良现象。

（3）为保证称重、计量、读数和记录的准确，建议每组由专人进行称重、计量、读数、记录和操作天平。

（4）实验结束，将实验记录放好，清理好用具和周围的卫生后才能离开。

3.2.5.7 思考题

（1）简述装矿量对磨机生产率的影响。

（2）简述磨矿浓度对磨机生产率的影响。

3.3 “矿物加工学”实践教学指导书

3.3.1 钨矿石沉降法水力分析

3.3.1.1 实验原理

颗粒从静止状态沉降，在加速度作用下沉降速度越来越大。随之而来的反方向阻力也增加。但是颗粒的有效重力是一定的，于是随着阻力增加沉降的加速度减小，最后阻力达到与有效重力相等时，颗粒运动趋于平衡，沉降速度不再增加而达到最大值。这时的速度称作自由沉降末速。在层流阻力范围内，沉降末速的个别式可由颗粒的有效重力与斯托克斯阻力相等关系导出：

$$V_{\infty} = \frac{d^2(\delta - \rho)}{18\mu}g \tag{3-1}$$

式（3-1）V_{∞} 是斯托克斯阻力范围颗粒的沉降末速。在采用 cm · g · s 单位制时，式

(3-1) 可写成：

$$V_{\infty} = 54.5d^2(\delta - \rho)\mu \quad (\text{cm/s}) \tag{3-2}$$

如介质为水，常温时可 $\mu=0.01$ 泊，$\rho=1\text{g/cm}^3$，式 (3-2) 又可简化为：

$$V_{\infty} = 5450d^2(\delta - 1) \quad (\text{cm/s}) \tag{3-3}$$

通常所说的水析法就是根据矿粒在介质中的沉降速度，按式 (3-3) 换算出颗粒粒度。

水析法的基本原理，是利用在固定沉降高度的条件下，逐步缩短沉降时间，由细至粗地逐步将较细物料自试料中淘析出来，从而达到对物料进行粒度分布测定。

沉降时间计算得到：

$$t = \frac{h}{V_{\infty}} \tag{3-4}$$

3.3.1.2 实验要求

掌握沉降水析法的原理和实际操作及安装连续水析器检查和研究小于 74μm 选矿钨细泥产物的粒度组成。

3.3.1.3 主要仪器及耗材

实验过程中采用的主要仪器及耗材有：-200 目黑钨矿试料 50~100g，沉降器一套（包括 2000mL 烧杯一只、搅拌器一只、杯座支架各一副、虹吸管和乳胶管各一根、弹簧夹一只、秒表一只、铁桶三只、洗瓶一只），坐标纸，称量天平。

3.3.1.4 实验内容和步骤

(1) 先按分离粒度为 20μm 进行实验，计算其沉降末速 v_0。

(2) 按图 3-1 装好水析器。

(3) 将-0.074mm 产物置于 3000mL 烧杯中，并在烧杯中注入适量的清水（与标尺上沿平齐）。

(4) 将虹吸管插入液面下一定深度，并令虹吸管下端管口距沉淀物表面约 5~8mm。

(5) 用搅拌器充分搅拌矿浆，使试料悬浮，停止搅拌后立即用秒表记下沉降时间（按分离粒度 20μm 的沉降末速 v_0 和指定沉降距离 h 计算），待 t 秒后打开夹子，吸出 h 深度的矿浆于容器中。

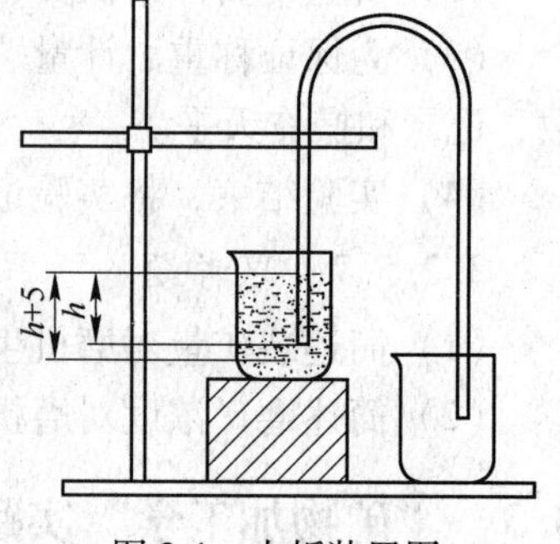

图 3-1 水析装置图

(6) 然后再往烧杯中注入清水至原来高度，充分搅拌 t 秒后吸出矿液。如此反复操作 10~15 次，直至搅拌沉淀 t 秒后，烧杯清澈为止。

(7) 将吸出的小于 20μm 级别过滤。烘干称重（缩分、送化验）。

(8) 留在烧杯中的试料按以上步骤操作，但此时的分离粒度规定为 40μm，按此计算出 v_0 后，用 v_0 和 h 重新算出 20~40μm 粒度的沉降时间 t_0，吸出 20~40μm 级别，留在烧杯中的为 40~74 μm 级别。

(9) 分别将各级别产物过滤，烘干、称重（缩分送化验）。

3.3.1.5 数据处理与分析

按 $\gamma_i(\%) = \dfrac{q_i}{\sum\limits_{n=i}^{j} q_n} \times 100\%$ 算出各粒级的产率，并将数据记入表 3-9 内。

表 3-9 水析实验记录表

粒级/μm	质量/g	产率/%		品位/%	金属分布率/%	
		本粒级	累 计		本粒级	累 计
74~40						
40~20						
20~0						
合 计						

3.3.1.6 思考题

（1）在淘析过程中，矿粒之间彼此团聚，对测定有什么影响。

（2）为什么虹吸管口放置在物料高度 5mm 以上。

3.3.2 钨矿石跳汰选矿实验

3.3.2.1 实验原理

矿石给到跳汰机的筛板上，形成一个密集的物料层，称作床层，从下面透过筛板周期地给入上下交变水流（间断上升或间断下降水流）。在水流上升期间，床层被抬起松散开来，重矿物颗粒处于底层，而轻矿物颗粒处于上层；待水流转而向下运动时，床层的松散度减小，开始是粗颗粒的运动变得困难了，以后床层愈来愈紧密，只有细小的重矿物颗粒可以穿过间隙向下运动，称作钻隙运动。下降水流停止时，分层作用也暂停。直到第二个周期开始，又这样继续进行分层运动，如此循环不已，最后密度大的矿粒集中到了底层，密度小的矿粒进入到上层，完成了按密度分层。

3.3.2.2 实验要求

研讨计算跳汰机中脉动水流速度以及加速度对跳汰分选指标的影响。

3.3.2.3 主要仪器及耗材

实验过程中采用的主要仪器及耗材有：1~3mm 黑钨矿 50g、1~3mm 白云石 130g，实验室型旁动隔膜跳汰机，可控硅无级调速箱，称量天平，比重瓶，钢片尺，永磁块，带椎柄木塞，1000mL 玻璃量筒，转速表。

3.3.2.4 实验内容和步骤

（1）用天平称取试料白云石质量 G_1，黑钨矿质量 G_2。

（2）另用少许试料用比重瓶测出其各自的密度（测三次，取平均值）。

（3）量出跳汰室及跳汰隔膜的面积，算出冲程系数 β。

（4）将混合试样倒入跳汰室，加入补加水，开始实验，步骤如下：

1）固定 u_{max}。看最大加速度 a_{max}，对跳汰分选的影响。

由于：

$$u_{max} = \beta \times 0.524 \times 10^{-1} sn$$

$$a_{max} = \beta \times 0.548 \times 10^{-2} sn^2$$

定出 u_{max} 和 a_{max} 后，联解上述两式，即可求出相应的冲程 s 和冲次 n。

例：当确定 u_{max} = 80.93mm/s。

变更 a_{max}	0.1g	0.28g	0.3g
s/mm	16	8.0	5.3
n/r·min^{-1}	116	232	348

2）固定a_{max}，变更u_{max}，看最大脉动水速u_{max}对跳汰分选的影响。操作条件的确定原理同上。实验结果分别记入表3-10、表3-11。

表3-10 加速度对跳汰分选的影响记录表

速度 u_{max}								
冲程 s 冲次 n								
加速度 a_{max}	0.1g	0.2g	0.3g	0.4g	0.5g	0.6g	0.7g	0.8g
跳汰时间 t								
补加水量 Q								
补加水速 v								
精矿重 W								
精矿中Fe_3O_4重 W_2								
精矿产率 γ								
精矿品位 γ								
选矿效率 E								

表3-11 速度对跳汰分选的影响记录表

加速度 a_{max}								
冲程 s 冲次 n								
速度 u_{max}								
跳汰时间 t								
补加水量 Q								
补加水速 v								
精矿重 W								
精矿中Fe_3O_4重 W_2								
精矿产率 γ								
精矿品位 β								
选矿效率 E								

3.3.3 钨矿石摇床分选实验

3.3.3.1 实验原理

矿粒群在床面的条沟内因受水流冲洗和床面往复振动而被松散、分层后的上下层矿粒受到不同大小的水流动压力和床面摩擦力作用而沿不同方向运动，上层轻矿物颗粒受到更大程度的水力冲动，较多地沿床面的横向倾斜向下运动，于是这一侧即被称作尾矿侧，位于床层底部的重矿物颗粒直接受床面的摩擦力和差动运动而推向传动端的对面，该处即称精矿端。矿物在床面上的分布，如图 3-2 所示。

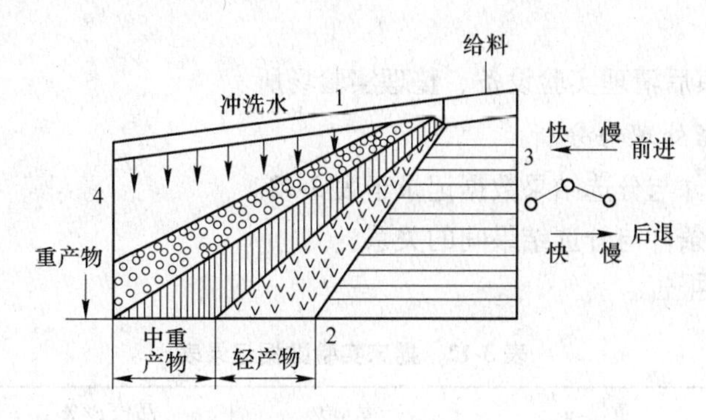

图 3-2 矿物在床面上分布图

3.3.3.2 实验要求

（1）熟悉实验摇床的构造和操作。

（2）考察不同密度和粒度的矿粒在摇床上的分布规律。

（3）了解和掌握摇床选别的工作原理和操作条件。探讨速度，加速度，床面坡度以及补加水等对摇床分层分带的影响。

（4）测试：

1）摇床冲程、冲次、纵坡、横坡、冲洗水量和浓度；

2）摇床尖灭角角度，尖灭形式，来复条数目及形状（用断面图标上尺寸及角度）；

3）学会用测振仪，传感器，示波器测试摇床的运动特性。

3.3.3.3 主要仪器及耗材

实验过程中采用的主要仪器及耗材有：-2mm 黑钨矿石，倾斜仪、天平、米尺、内卡、秒表、永久磁铁、瓷盘、量筒、水桶、分样铲和毛刷等工具，实验室偏心肘板式摇床 1 台，可控无级调速装置、示波器、记录仪、传感器一套、扳手两把、铁桶和脸盆数个。

3.3.3.4 实验内容和步骤

（1）学习操作规程，熟悉设备结构，了解调节参数与调节方法；称取试样 500g。

（2）先开电源开关，再开灯源开关，最后开示波器。

（3）停止实验时，先关电源开关，停数分钟后待示波器冷后关示波器，最后关电源。

（4）开动摇床，选定工作参数，清扫床面，调节好冲水后确定横冲水流量；将润湿好的矿样在 2min 内均匀地加入给料槽，调整冲水及床面倾角，使物料床面上呈扇形分布，同时调整接料装置，分别接取各产品（精矿、中矿和尾矿）。

（5）观察物料在床面上的运搬分带情况。

（6）观察记录仪记下的位移、速度，加速度曲线形状，并观察此时物料的分带好坏情况。

（7）控制调速箱，变更摇床的冲次，即变更了速度，加速度看此时的曲线形状及分带情况。

（8）用扳手调节摇床冲程，重复上述实验，观察摇床分选效果。

(9) 调整床面坡度，观察坡度对摇床分层分带的影响。

(10) 关闭补加水，看其床面物料的分带情况，并与不同补加水量时分带情况进行比较。

(11) 实验结束后清理实验设备、整理实验场所。

3.3.3.5 数据处理与分析

(1) 将实验条件与分选结果数据记录于表 3-12。

(2) 分析实验条件与分选结果间的关系。

(3) 编写实验报告。

表 3-12 摇床实验数据记录表

产品名称	重量/g	产率 γ/%	品位 β/%	回收率 ε/%
精矿				
中矿				
尾矿				
原矿				

3.3.3.6 思考题

(1) 设想隔条的高度沿纵向不变会发生什么现象，为什么。

(2) 什么叫水跃现象。

(3) 影响摇床分选的主要因素有哪些，如何影响？

3.3.4 钨矿石螺旋溜槽选矿实验

3.3.4.1 实验原理

溜槽选矿是利用沿斜面流动的水流进行选矿的方法。在溜槽内，不同密度的矿粒在水流的流动动力、矿粒重力（或离心力）、矿粒与槽底间的摩擦力等作用下发生分层，结果使密度大的矿粒集中在下层、以较低的速度沿槽底向前运动，在给矿的同时排出槽外或滞留于槽底经过一段时间后，间断地排出槽外。密度小的矿粒分布在上层，以较大的速度被水流带走。由此，不同密度的矿粒，在槽内得到了分选。而将一个窄的溜槽绕垂直立轴线弯曲成螺旋状，便构成螺旋选矿机或螺旋溜槽。矿浆自上部给入后，在沿槽流动过程中发生分层。进入底层的重矿物颗粒趋于向槽的内缘运动，轻矿物则在快速的回转运动中被甩向外缘。于是密度不同的矿物即在槽的横向展开了分选带。

3.3.4.2 实验要求

(1) 了解螺旋溜槽的构造、结构参数及实验方式。

(2) 观察液流在槽面上的运动状态。

(3) 考察物料在螺旋溜槽中的分选情况。

3.3.4.3 主要仪器及耗材

实验过程中采用的主要仪器及耗材有：-200 目占 50%黑钨细泥矿 4kg，BLLϕ600mm 单头螺旋溜槽，搅拌桶，1/2 砂泵，接矿槽，取样器，天平，秒表和量筒等。

3.3.4.4 实验内容和步骤

(1) 按实验设备联系图示安装连接好所需实验设备，使其构成闭路循环系统。开动砂泵和搅拌桶，给入清水，将实验设备清洗干净并检查连接是否完好。

(2) 将螺旋溜槽上部搅拌桶注满清水，调节给矿阀门，使清水均匀布满整个槽面。仔细观察槽面上水流的流膜厚度分布，水流速度分布等液流的运动特性。

(3) 关掉补加水，撤掉接矿槽，使搅拌桶中清水全部放完，之后，关好上搅拌桶给矿阀门。

(4) 将备好的4kg 细粒黑钨矿物料配成20%的浓度的矿浆，倒入下面给矿搅拌桶，然后打开搅拌桶给矿阀门，将配好的矿浆给入砂浆，让其扬送至上搅拌桶。

(5) 待物料全部进入上搅拌桶后（上搅拌桶必须进行搅拌），打开其给矿阀门，让矿浆进入螺旋溜槽选别。螺旋溜槽排矿与砂泵之间由接矿器连接，构成闭路循环。

(6) 物料给入螺旋溜槽后，注意观察不同性质的矿粒的运动状况和物料的分选现象，待循环正常后，用取样器分别接取精矿、中矿及尾矿，称重、烘干、制样送化验。

(7) 实验完毕后，将物料导入另一桶内，然后用清水将全部试验设备冲洗干净，关闭砂泵及搅拌桶。

3.3.4.5 数据处理与分析

(1) 将实验结果进行计算并填入表3-13。

表3-13 螺旋溜槽实验数据记录表

项　目	质量/g	产率 γ/%	品位 β/%	金属量（$\gamma \cdot \beta$）/%%	回收率 ε/%
精矿					
中矿					
尾矿					
给矿					

(2) 绘出物料在螺旋溜槽分选过程中品位径向的变化曲线。

(3) 描述水流在螺旋溜槽中的运动状态，物料在分选过程中的运动轨迹。

(4) 为了保证给矿稳定，现需要采取恒压给矿方式。在现有实验装置基础上，是否能通过作局部改进，达到上述要求，请以图示之。

3.3.4.6 思考题

简述影响螺旋溜槽工作的因素。

3.3.5 黑钨矿比磁化系数测定

3.3.5.1 实验原理

古依法是一种直接测量比磁化系数的方法。将截面相等的长试料悬挂在天平的一端，使之处于磁场强度均匀且较高的区域，而另一端处于磁场强度较低的区域，试料在磁场中便受到和它的长度方向一致的磁力作用。实验时改变励磁线圈的电流，即改变 H_1 的大小，同时测定试料在磁场中质量的增量，便可按下式计算出矿物比磁化系数：

$$X = \frac{2l\Delta Pg}{\mu_o PH_1^2} \quad (\mathrm{cm^3/g})$$

式中 l——试料的长度，cm；

ΔP——试料在磁场中与无磁场时所称砝码值之差，g；

g——重力加速度，$980\mathrm{cm/s^2}$；

μ_o——真空磁导率；

P——试料的质量，g；

H_1——螺管线圈中心处的磁场强度，由所对应的激磁电流值查出，A/m。

此外，也能确定比磁化强度：

$$J = XH_1 = \frac{2l\Delta Pg}{\mu_o PH_1} \quad (\mathrm{Gs/g})$$

磁性物质在不均匀磁场中受到磁力为：

$$F_{磁} = XmHgradH$$

式中 X——比磁化系数，是磁性物质的重要参数；

m——被测试样的质量；

$HgradH$——比磁力。

如果用已知 X 值的标准样品，用磁性分析仪测得 F 和 m，就可标出本合样性分析仪的 $HgradH$ 值；反之，对待测试样，如果已知 $HgradH$ 值，只要测得 E 和 m，就可求出待测试样的比磁化系数：

$$X = \frac{F_{磁}}{mHgradH}$$

3.3.5.2　实验要求

实验要求如下：

（1）用古依法测定强磁性矿物的比磁化系数。

（2）掌握磁力天平的使用方法。

（3）掌握应用 WOE-2 多用磁性分析仪测量弱磁性矿物的比磁化系数的方法。

（4）掌握 WOE-2 扭力天平的使用方法。

3.3.5.3　主要仪器及耗材

实验过程中采用的主要仪器及耗材有：WCE-2 多用磁性分析仪，WCE-2 晶体管直流稳流器，WCE-2 扭力天平和安培表等。装置如图 3-3、图 3-4 所示。

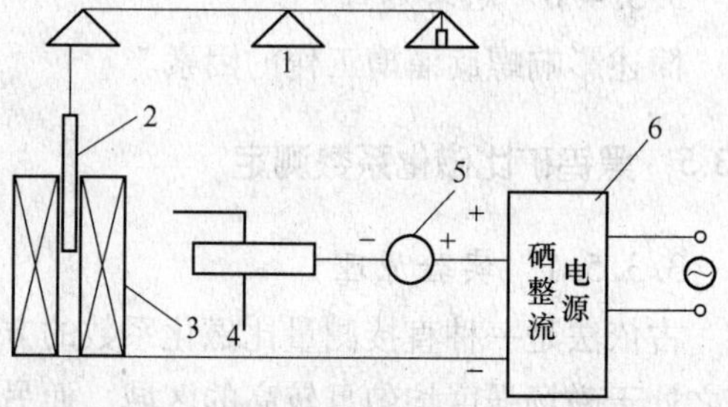

图 3-3　古依法测量比磁化系数设备装置图

1—磁力天平；2—薄壁玻璃管；3—多层螺管线圈；4—滑变电阻器；5—电流表；6—输出可调硒整流电源

3.3.5.4　实验内容和步骤

（1）用古依法测定强磁性矿物的比磁化系数：

1）熟悉设备，按图接好线路，注意电流表的正负不可反接；

2）小心平衡天平；

3）称出并记录空玻璃管质量；

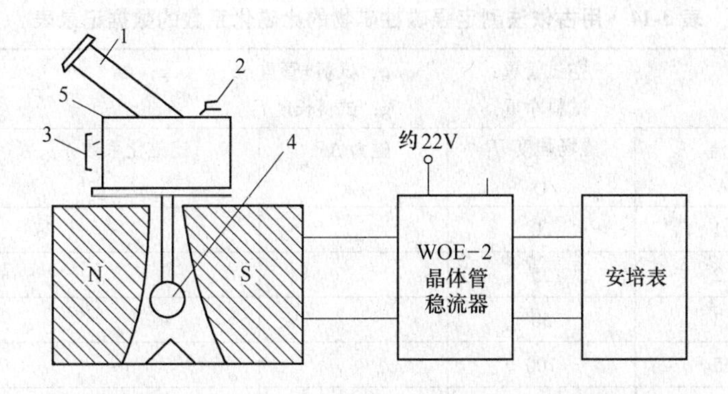

图 3-4 WOE-2 多用磁性分析仪测量比磁化系数的装置图

1—观察镜筒；2—调零旋钮；3—锁紧开关；4—样品盒；5—水平水准仪

4）将待测试料装入玻璃管内，捣实，使物料长度在25cm左右；

5）将装有试料的玻璃管挂在天平的左案，另一端垂入螺管线圈中，调节线圈的位置，使玻璃管正处于线圈的中心，且玻璃管贴胶布处正处于线圈的顶端；

6）称出玻璃管加试料的质量；

7）选择合适的输出电压挡和合适的电流挡，接通电源，调节滑变电阻器，使电流达到所需值，称出物料在磁场中质量的增量 ΔP；

8）重复7)，按表中的电流值依次称出所对应的 ΔP；

9）电流与相应的磁场强度值按表 3-14 直接选用。

（2）用 WOE-2 多用磁性分析仪测量弱磁性矿物的比磁化系数：

1）把扭力天平装在多用磁性分析仪上，耐心调好水平，接好稳流器线路；

2）把电流强度调节旋钮逆时针转到尽头（使输出电流为 0）打开稳流器开关，让它预热 5~10min；

3）放上扭力天平左右盘。在右盘装在样品盒，并加适当砝码，使打开锁紧开关后，天平读数在±10 格之内，再调节调零旋钮。使天平指零，记下此时空盒的砝码数 M_1；

4）调节电流强度旋钮，电流每增加 0.5A，读一次空桶受的磁力 f_1(mg)，直到 4.5A，测完后马上把电流强度退为 0，过 1~2min 后再进行下一步骤；

5）小心取下样品盒（于右盘一起取下以保证不改变样品盒在磁场中位置），装进测量试样，再装到天平支架上，减去适当砝码，使天平读数在±10 格内，读出此时基数砝码 M_2(mg) 及偏格数（格），则样品质量：

$$m = M_1 - (M_2 \pm 0.1 \times 偏格数) \quad (mg)$$

6）再调节调零旋钮，使天平重新回 0。

在步骤 4）同样电流下，测得样品连盒一起受的磁力：

$$f_2 = (M_3 \pm 0.1 \times 偏格数) - M_2 \quad (mg)$$

则样品的比磁化系数：

$$X = \frac{fg}{mHgradH} \quad (cm^3/g)$$

3.3.5.5 数据处理与分析

按表 3-14 和表 3-15 填写并绘出曲线。

表 3-14 用古依法测定强磁性矿物的比磁化系数的数据记录表

空试管重：　　g；试料+管重：　　g；
试料净重：　　g；试料长度 l：　　cm

序号	电流 /A	磁场强度 H_1 /Oe	磁力 ΔP /g	比磁化系数 X /$cm^3 \cdot g^{-1}$	比磁化强度 J /$Cs \cdot g^{-1}$
1	0.1	20			
2	0.2	25			
3	0.3	50			
4	0.5	100			
5	1.0	250			
6	1.5	450			

表 3-15 WOE-2 多用磁性分析仪测量弱磁性矿物的比磁化系数的数据记录表

磁性材料名称：　　编号；
空盒砝码数 M_1 =　　mg；基数砝码数 M_2 =　　mg；
样品质量 $m = M_1 - (M_2 \pm 0.1 \times 偏格数)$ =　　mg

励磁电流 I /A	空盒受力 f_1 /mg	样品连盒		净磁力 $f_{磁} = f_2 - f_1$ /mg	比磁力 $HgradH$
		砝码 M_3 /mg	偏格数受力（格）/$f_2 \cdot mg^{-1}$		

附表 不同励磁电流下的比磁力值

励磁电流 I/A	0.5	1.0	1.5	2.0	2.5	3.0	3.5	4.0	4.5
比磁力 $HgradH$($\times 10^6 Cs^2/cm$)	0.71	2.86	6.35	11.5	17.9	24.9	33.4	43.3	53.9

3.3.5.6 思考题

（1）能否用比较法测定强磁性矿物的磁性？能否用古依法测定弱磁性矿物的磁性？为什么。

（2）结合本实验第二部分内容，分析强磁性矿物和弱磁性矿物在磁性上的特征。

（3）什么强磁性矿物比磁化系数会随场强增高而增大。

3.3.6 黑钨矿磁性矿物含量测定

3.3.6.1 实验原理—湿式磁选管法

混合物料进入磁选管后，因磁选管置于磁场中，物料受磁力和各种机械力的作用，磁性较强的矿粒所受的磁力大于与磁力方向相反的机械力的合力，因而被吸引到管壁内侧的两边，非磁性矿粒不受磁力的作用，随磁选管转动和介质一并流入非磁性产品中，成为尾矿，待矿物分选完毕后，断磁，将管壁内侧的磁性矿物用水冲干净，即为精矿。

3.3.6.2 实验要求

(1) 确定矿石中磁性矿物的磁性大小及其含量。

(2) 了解和掌握磁选管的实验技术。

3.3.6.3 主要仪器及耗材

实验过程中采用的主要仪器及耗材有：+0.2mm 黑钨矿和-0.074mm 石英矿，磁选管，结构如图 3-5 所示；药物天平、脸盆、塑料桶、烧杯、毛刷、牛角勺、永磁块及白纸等。

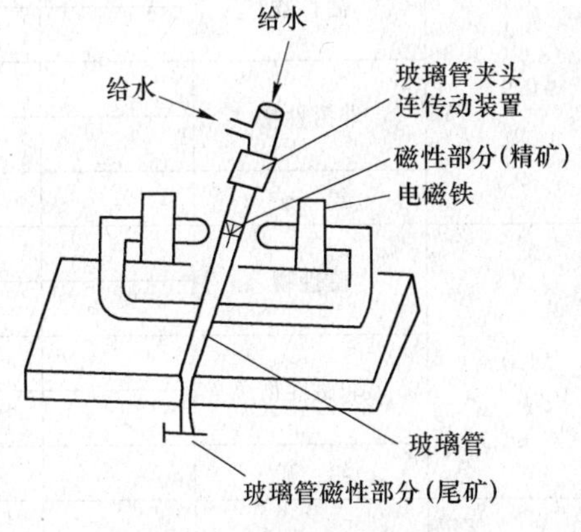

图 3-5 磁选管结构示意图

3.3.6.4 实验内容和步骤

(1) 称样：称取黑钨矿粒及石英矿粉各 10g 为一份样，共称四份样。

(2) 打开水龙头，往恒压水箱内注水，并保持恒压水箱内的水压恒定。

(3) 将恒压水箱的水注入磁选管内，使磁选管内的水面保持在磁极位置以上 4cm 处，并保持磁选管内进水量和出水量平衡。

(4) 接通电源开关，并启动磁选管转动。

(5) 启动激磁电源开关，调节激磁电流至一定值，并在排矿端放好接矿容器。

(6) 给矿：取一份试样倒至烧杯中，先用水润湿后再稀释至 100～150mL（容积)，然后用玻璃棒边搅拌边给矿，给矿应均匀给入，要注意避免矿浆从磁选管上部溢出。

(7) 给矿完毕后，继续给水，直至磁选管内的水清净为止，先切断磁选管转动电源，然后切断进水，使管内水流尽，排出物即为非磁性产品。

(8) 将排矿端容器移开，换上另一个容器，尔后切断激磁电源，并用水冲洗干净管壁内磁性产品。

(9) 按以上步骤，分别调节场强为 0.8kOe，0.9kOe，1.0kOe，1.1kOe，做四次分选试验。

(10) 将所得磁性产品分别处理——抽水、烘干、称重，并用 100 目筛子进行筛选，得出两产品中各自的磁性物和非磁性物，称重，将结果填入记录表 3-16 中。

表 3-16 实验结果记录表

试验场强 /Oe	产品名称	产品质量 /g		产率 γ /%	品位 β /%	金属量 $(\gamma \cdot \beta)$/%%	回收率 ε /%
0.8	磁性物	黑钨矿					
		石英					
	非磁性物	黑钨矿					
		石英					
	给 矿	小计					

续表 3-16

试验场强 /Oe	产品名称	产品质量 /g		产率 γ /%	品位 β /%	金属量 $(\gamma \cdot \beta)$ /%%	回收率 ε /%
0.9	磁性物						
	非磁性物						
	给　矿						
1.0	磁性物						
	非磁性物						
	给　矿						
1.1	磁性物						
	非磁性物						
	给　矿						

3.3.6.5 数据处理与分析

(1) 按下列各式分别计算各产品的产率、品位和回收率：

$$产率 = \frac{磁性产品(非磁性产品)质量}{黑钨矿质量 + 石英质量} \times 100\%$$

$$品位 = \frac{产品中纯黑钨矿质量 \times 理论品位}{磁性物(非磁性)质量} \times 100\%$$

$$回收率 = \frac{磁性物产率 \times 磁性物品位}{原矿品位 \times 100} \times 100\%$$

(2) 绘制出场强对品位和回收率的关系曲线，并分析曲线的准确性。

3.3.6.6 思考题

(1) 为什么分选物料和分选条件相同，仅场强不同，分选效果就不同。

(2) 通过此实验，你认为磁选管直接影响分选效果有哪些主要因素。

3.3.7 黑钨矿高梯度磁选实验

3.3.7.1 实验目的

(1) 通过本实验，掌握高梯度磁选的基本原理和操作技能。

(2) 了解背景场强对产品回收率的影响。

3.3.7.2 实验原理

料浆从上部给入磁场区内的分选盒，非磁性矿粒随料浆流过介质的缝隙排出，捕集在介质上的磁性矿粒断磁后排出，从而使磁性和非磁性矿粒分离。

3.3.7.3 主要仪器及耗材

（1）设备：电磁感应小型高梯度磁选机、整流器。

（2）用具：分选盒，不锈钢毛（或钢板网）、药物天平、烧杯、脸盆、牛角勺和毛刷。

（3）矿样：黑钨矿。

（4）试剂：分散剂（六偏磷酸钠，配制浓度为0.1%）。

3.3.7.4 实验内容和步骤

（1）称取黑钨矿矿浆24g为一份样（浓度为：43%），共准备四份试样。

（2）分选盒按4%的充填率装置钢毛，然后将分选盒置于磁场中，按要求测定流过分选盒水的流速。

（3）每份试样均按5%的浓度配制成矿浆（从配制5%浓度中留下100mL水作冲洗烧杯之用），每份试样加分散剂8mL（浓度0.1%），先用磁力搅拌器搅拌3min后，然后将矿浆倒至调浆筒内，用留下的100mL水洗净烧杯，再启动电动搅拌器，搅拌3min，使矿浆得到充分的分散。

（4）接通电源，调节激磁电流至一定值，排矿端备好盛接非磁性产品容器。

（5）给矿：待给矿完毕后，以500mL水冲洗分选盒后，将非磁性产品容器移开，换上磁性产品容器后，切断直流电源，用500mL水冲洗干净磁性产品。

（6）将磁性产品和非磁性产品分别过滤、烘干、称重并装袋。

（7）按以上步骤，分别在场强8kOe，9kOe，10kOe，11kOe，作四次分选试验。

3.3.7.5 数据处理与分析

（1）按表3-17要求项目将试验结果进行计算并填入记录表内。

（2）作出场强与磁性产品回收率的关系曲线（场强为横坐标，磁性产品回收率为纵坐标表）并进行分析。

表3-17 高梯度磁选实验结果记录表

实验序号	磁场强度 /kOe	产品名称	质量 /g	产率 γ /%	品位 β /%	金属量 $(\gamma\cdot\beta)$/%%	回收率 ε /%	其他条件
1	8	磁性物						l：4%； C：5%； V：1cm/s D：2kg /T
		非磁性物						
		给　矿						
2	9	磁性物						
		非磁性物						
		给　矿						
3	10	磁性物						
		非磁性物						
		给　矿						
4	11	磁性物						
		非磁性物						
		给　矿						

注：l—钢毛充填率；C—矿浆浓度；V—矿浆流速；D—分散剂用量。

3.3.7.6 思考题

(1) 什么叫背景场强。

(2) 钢毛为什么会产生高梯度。

3.3.8 钨矿物润湿性的测定

3.3.8.1 实验目的

本实验包括钨矿物润湿接触角和溶液表面张力测定两部分内容。通过测定与计算，了解和掌握：

(1) 不同的矿物具有不同的天然可浮性。

(2) 矿物表面的润湿性是可以调节的。

(3) 从实验认识矿物表面润湿性与可浮性的关系，并通过调节来改变各种矿物表面的润湿性。

(4) 测定接触角和溶液表面张力的实验技术。

3.3.8.2 实验原理

(1) 润湿角测定原理。本实验测定方法是：分别在洁净的矿物磨光片表面和经过选矿剂处理的矿物磨光片表面上滴上一个水滴，在固—液—气三相界面上，由于表面张力的作用，形成接触角。然后用聚光灯通过显微镜在幕屏上放大成像，用量角器直接量得接触角的大小。

矿物润湿接触角可以通过幕屏上坐标纸和显微镜测微目镜测得气泡与矿物表面接触直径 L 和气泡高度 H 进行，如图 3-6 所示。

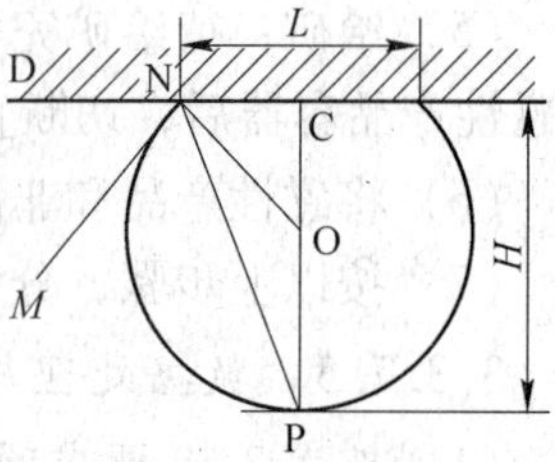

图 3-6 接触角测量计算图

接触角的计算公式为：

$$Q = 2\arctan\frac{L}{2H}$$

(2) 溶液表面张力测定原理——最大气泡压力法。设毛细管的半径为 r 且毛细管刚好浸入液面，则气泡由毛细管中逸出时的最大附加压力为：

$$r' = \frac{r}{2}\Delta h\rho g \qquad \Delta\rho_{\mathrm{m}} = \frac{2r'}{r} = \Delta h\rho g$$

式中 Δh——U 形压力计所显示的液柱高差；

r——U 形压力计内的液体密度；

g——重力加速度。

对于直径一定的毛细管有：

$$r' = \frac{r}{2}\rho g\Delta h = k\Delta h$$

该式是最大泡压法测定表面张力的基本关系式。式中，k 称为仪器常数。其值可用已知表面张力的液体（如水）标定出。

3.3.8.3 主要仪器及耗材

实验主要仪器及耗材：润湿角测定仪（如图 3-7 所示）、最大气泡压力法表面张力测定装置（如图 3-8 所示）、矿物磨光片（如白钨矿、黄铜矿、萤石矿磨光片等）、药剂（丁黄药、油酸钠、NaOH 等）、工具（各种玻璃器皿）。

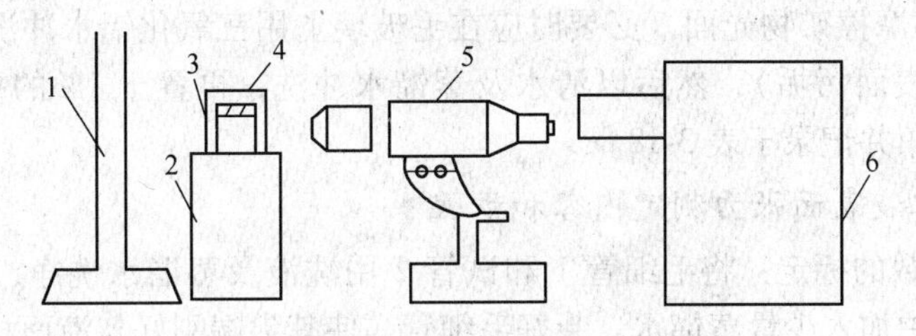

图 3-7 接触角测量装置

1—幕屏；2—载物台；3—玻璃水槽；4—欲测矿物；5—显微镜；6—光泊系统

3.3.8.4 润湿角测定内容和实验步骤

（1）先用洗液洗涤测定用的水槽以除去油垢、污物，然后用自来水及蒸馏水先后充分洗净水槽，并装水到规定刻度。

（2）调整仪器，测定装置如图 3-8 所示。

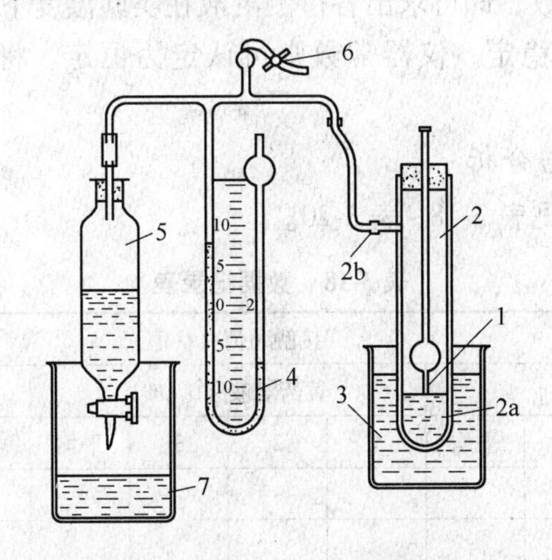

图 3-8 最大气泡压力法测量表面张力装置

1—毛细管；2—有支管的玻璃试管，内装有溶液 2a；支管 2b 与压力计及控压系统相连；3—恒定 2a 温度的水槽；4—双管压力计；5—滴水减压系统；6—体系压力调整夹子；7—烧杯

1）以矿物磨光的一面朝下，架在水槽中的有机玻璃支架上，保持水槽载物台和磨光片水平；

2）接通光源，调到光箱光源——显微镜、目镜在一条直线上，使光线照于待测矿物的幕屏上的投影轮廓清洗明显；

3）用给泡器自矿物的下表面给予小气泡（各次实验的气泡尺寸应保持相近），同时调整光路使气泡及矿物表面投影清晰；

4）用量角器测出幕屏上所显示投影中的气泡和矿物表面形成的接触角；方法如下：先找出泡沫圆心，连结接触点，再作此连线的方法；或者通过幕屏上坐标纸得到 L 和 H 值，然后求 Q；

5）将水槽中蒸馏水倾倒出，重新加入浓度为 0.1%的丁黄药溶液，然后将白钨矿置于该药液中 10min 后测定其接触角，测出值记录于表 3-17 内（还可以用石英再测一次，便于比较）；

6）用湿绒布摩擦矿物光面（必要时应在毛玻璃上用三氧化铝水冲洗摩擦，或用苯及酒精洗涤以除去表面污垢），然后以清水及蒸馏水冲洗，再置于 1%的重铬酸钾溶液中，照前法测定接触角并记录于表 3-18。

3.3.8.5 溶液表面张力测定内容和步骤

（1）仪器常数的标定：将毛细管 1 和试管 2 用洗液及蒸馏水洗净，要求玻璃上不挂水珠；在试管 2 中加入少量蒸馏水。装好毛细管，使其尖端刚好与液面相接触；在滴水管 5 内装入清水，缓缓打开其下部止水夹，使其慢慢滴水，由于系统内压力降低，压力计则显示出压力差，毛细管 1 便会逸出气泡；气泡形成时压力差增大，待增大至气泡的曲率半径与毛细管的半径相等时，压力差应为最大；此最大压力差即为 Δh，可由压力计测量出。实验测量出 Δh 和温度，查出相应温度下纯水的表面张力 γ_{H_2O}，便可算出仪器常数 K。

（2）待测溶液的测定：分别将实验开始前配制的丁黄药和油酸钠水溶液倒入试管 2 中，按照如前所述的操作方法进行测量。每换一种溶液都必须将毛细管 1 和试管 2 清洗干净。利用已得到的仪器常数，即可求出各待测溶液在实验温度下的表面张力。

实验过程温度要相对稳定，仪器常数则可认定为恒定。将液-气界面张力值记入表 3-19。

3.3.8.6 数据处理与分析

数据处理与分析分别见表 3-18～表 3-20。

表 3-18 数据记录表

矿物	接触角值（Q 值）											
	蒸馏水				黄药溶液（0.1%）				重铬酸钾（1%）			
	1	2	3	平均	1	2	3	平均	1	2	3	平均

表 3-19 液-气界面张力测定记录　　　　T：________℃

条　件	测定次数	h_1	h_2	$\Delta h = h_1 - h_2$	$\gamma_{LG} = K\Delta h$
蒸馏水	1				
	2				
	3				
	平　均				
丁黄药	1				
	2				
	3				
	平　均				

续表 3-19

条　件	测定次数	h_1	h_2	$\Delta h = h_1 - h_2$	$\gamma_{LG} = K\Delta h$
油酸钠	1				
	2				
	3				
	平　均				

表 3-20　润湿功与附着功的计算　　γ_{LG} = ____ dyn/cm

磨光片	条　件	θ	$W_{SL} = \gamma_{LG}$ $(1+\cos\theta)$	$W_{SG} = \gamma_{LG}$ $(1-\cos\theta)$
白钨矿	与药剂作用前			
白钨矿	与药剂作用后			
萤石	与药剂作用前			
萤石	与药剂作用后			

3.3.8.7　思考题

(1) 为什么说润湿性接触角是度量矿物可浮性好坏的一个重要物理量。

(2) 怎样解释各种矿物接触角的大小。

(3) 由实验结果说明不同药剂对黑钨矿、萤石的润湿及浮选的影响。

(4) 通过实验简述矿物的可浮性是可以调节的。

3.3.9　钨矿物捕收剂实验

3.3.9.1　实验目的

(1) 了解不同类型捕收剂在浮选中的应用。

(2) 了解捕收剂分子结构中烃链长度对捕收能力的影响。

(3) 掌握纯矿物浮选实验技术。

3.3.9.2　实验原理

捕收剂的主要作用是使目的矿物表面疏水，增加可浮性，使其易于向气泡附着，从而达到目的矿物与脉石矿物的分离。钨矿浮选常用的捕收剂是螯合剂类；氧化矿常用烃基酸类；硅酸盐类矿物常用胺类捕收剂；非极性矿物使用烃油类捕收剂。

3.3.9.3　主要仪器及耗材

主要设备为 5-35 克型挂槽式浮选机。

配药：GYB、GYR、油酸、中性油等直接用注射器滴入。

矿样：实验所用的矿样为天然纯矿物，有黑钨矿、白钨矿、萤石和石英等。

3.3.9.4　实验内容和步骤

(1) 首先调整好浮选槽的位置，使叶轮不与槽底和槽壁接触，要调到充气良好，并且在各次实验中保持不变。

(2) 称 2g 矿样放入浮选槽，然后往槽中加水至隔板的顶端，开动浮选机搅拌 1min，使矿粒被水润湿，然后按加药顺序加入药剂进行搅拌，搅拌之后插入挡板待泡沫矿化后，计时刮泡。

(3) 泡沫产品刮入小瓷盆，然后经过滤、干燥、称重后，将数据计算填入表内，因为所用的是纯矿物，故矿样不用化验，只要称出精矿和尾矿重量，即可算出回收率。

(4) 实验中要注意测定矿浆温度和 pH 值。

(5) 实验流程如图 3-9 所示。

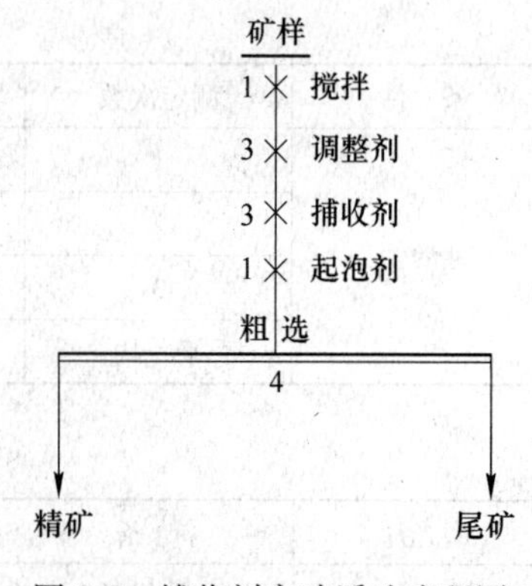

图 3-9 捕收剂实验浮选流程图

3.3.9.5 数据处理与分析

将实验数据记入表 3-21。

3.3.9.6 思考题

(1) 说明不同类型捕收剂在浮选中的应用。

(2) 说明捕收剂分子中烃链长度对捕收能力的影响。

表 3-21 实验数据记录表

试样 / 浮选条件	黑钨矿 (Fe, Mn)WO_4	萤石 CaF_2	石英 SiO_2	白钨矿 $CaWO_4$
试样质量/g	5	5	5	5
捕收剂及用量/mg·L^{-1}	GYB/GYR(15)	油酸(15)	胺(15)	GYB/GYR(15)
气泡剂及用量/mg·L^{-1}	2 号油 (10)	2 号油 (10)	2 号油 (10)	2 号油 (10)
矿浆 pH 值				
矿浆温度/℃				
精矿质量/g				
尾矿质量/g				
合计/g				
精矿回收率/%				
备 注				

3.3.10 钨矿物调整剂实验

3.3.10.1 实验目的

(1) 了解抑制剂和活化剂的性能及其在矿物浮选中的应用。

(2) 掌握纯矿物浮选的实验技能。

3.3.10.2 实验原理

浮选是在气—液—固三相界面分选矿物的科学技术。每种矿物，其天然可浮性是有很大差别的，如何利用浮选来分选各种天然可浮性不同的矿物，主要是采用浮选剂（包括捕收剂、pH 值调整剂、抑制剂和活化剂等）来改变矿物的可浮性，从而使矿物得到分离。

抑制剂的抑制作用主要表现在阻止捕收剂在矿物表面上吸附，消除矿浆中的活化离子，防止矿物活化；以及解吸已吸附在矿物上的捕收剂，使被浮矿物受到抑制。而活化剂的活化作用，与抑制剂相反，它可以：(1) 增加矿物的活化中心，即增加捕收剂吸附固着的地区。(2) 硫化有色金属氧化矿表面，生成溶解度积很小的硫化薄膜，吸附黄药离子后，矿物表面疏水而易浮。(3) 消除矿浆中有害离子，提高捕收剂的浮选活性。(4) 消除亲水薄膜。(5) 改善矿粒向气泡附着的状态。因此，如何正确使用抑制剂和活化剂，对改善矿物（特别是硫化矿物）浮选行为，提高矿物分选指标等都非常重要。

3.3.10.3 主要仪器及耗材

实验主要仪器及耗材：(1) 5-35g 挂槽式浮选机。(2) 白钨矿纯矿物或白钨矿含量较多的矿石。(3) 石灰、硝酸铅、水玻璃、GYB、GYR 及松醇油等药剂。

3.3.10.4 实验内容和步骤

(1) 挂槽式浮选机结构及操作：

1) 首先用手扳动紧固手轮，放松紧固螺杆后，从机架上取下浮选槽，清洗干净待用；然后称取试样 2g 倒入浮选槽内，用少量水润湿矿物后，把浮选槽装回机架上，用手轻轻转动一下转轴皮带轮，使叶轮不碰槽壁，然后拧紧紧固手轮；

2) 加水到浮选槽内，水的多少以加至浮选槽排矿口水平线以下 5mm 即可；

3) 接通电源，浮选机开始转动，搅拌矿浆；

4) 按图 3-10 所示流程逐一加药到矿浆中，具体加药条件见表 3-22，待全部药剂加完并达到搅拌时间后，将浮选槽插板插入槽内相应位置，准备刮泡。

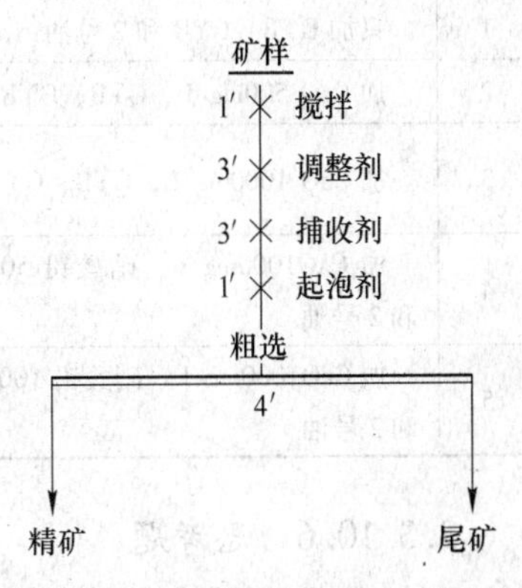

图 3-10 调整剂实验浮选流程图

表 3-22 实验条件安排表

药剂名称	实验次数及药剂用量				
	1	2	3	4	5
石灰	0	500	1000	1000	1000
硝酸铅	0	0	0	500	1000
GYB+GYR	50	50	50	50	50
2 号油	15	15	15	15	15

注：表中药剂用量单位为：mg/L。按浮选槽容积计算出符合表中数据的药剂加入量。

(2) 浮选。步骤如下：

1) 待槽内有矿化泡沫后，用手拿刮板，匀速地将矿化泡沫刮出，盛于一容器中，即为泡沫产品—精矿；

2) 刮泡达到规定时间后，断开浮选机电源，取下插板，并冲洗干净；

3) 将浮选槽从机架上取下，把槽内矿浆倒入另一个容器中，即槽内产品—尾矿；

4) 分别将泡沫产品和槽内产品过滤、烘干、称重，把所得数据记入表 3-22 中。

注意：(1) 在进行矿浆搅拌、加药搅拌和浮选全过程，浮选机不要断电；(2) 浮选槽的插板在矿浆搅拌、加药搅拌时，不能插入浮选槽内，待加完药并达到搅拌时间后，插入插板可刮泡。

3.3.10.5 数据处理与分析

根据每次实验结果的泡沫产品和槽内产品质量，按下式计算每次实验的浮选回收率，然后将数据填入表 3-23。

$$泡沫产品回收率\ \varepsilon_{精}(\%) = \frac{泡沫产品质量(g)}{泡沫产品质量(g) + 槽内产品质量(g)} \times 100\%$$

$$槽内产品回收率\ \varepsilon_{尾}(\%) = 100\% - 泡沫产品回收率(\%)$$

表 3-23 浮选实验数据记录表

编号	浮选条件	泡沫产品质量/g	槽内产品质量/g	回收率/%	
				泡沫产品	槽内产品
1	只加 GYB、GYR 和 2 号油				
2	加 CaO 500mg/L、GYB、GYR 和 2 号油				
3	加 CaO 1000mg/L、GYB、GYR 和 2 号油				
4	加 CaO1000mg/L、硝酸铅 500mg/L、黄药和 2 号油				
5	加 CaO1000mg/L、硝酸铅 1000mg/L、黄药和 2 号油				

3.3.10.6 思考题

（1）加 CaO 浮选时，白钨矿可浮性有什么变化？为什么。

（2）加 GTB、GYR 浮选时，黄铁矿可浮性有什么变化？为什么。

（3）试验结果与理论是否相符，若不相符，原因在何处。

3.3.11 钨矿物起泡剂性能测定

3.3.11.1 实验目的

（1）测定起泡剂的性质，浓度与气泡强度，泡沫体积的关系，比较几种起泡剂的性能。

（2）熟悉起泡剂性能测定的方法。

3.3.11.2 实验原理

起泡剂性能是指起泡剂溶液在一定的充气条件（流量和压力）下，所形成的泡沫层高度和停止充气至泡沫完全破灭的时间（即消泡时间）。消泡时间表征泡沫的稳定性。

3.3.11.3 主要仪器及耗材

实验主要仪器及耗材如下：

（1）起泡剂性能测定装置一套（见图 3-11），秒表一块，玻璃棒两根，100mL 烧杯两个，100mL 量筒两个，5mL 注射器两个。

（2）起泡剂：松油、丙醇、丁醇和戊醇。

3.3.11.4 实验内容和步骤

（1）用洗液清洗本实验所用泡沫管、烧杯、量筒等，并依图 3-11 所示安装实验设备，配合良好，封装严密。

（2）将松油配成 5mg/L、10mg/L、20mg/L 的水溶液，并充分搅拌。

（3）打开自来水管，使压力瓶 11 内保持一定高度的水平面，然后将阀门 9 旋开，使

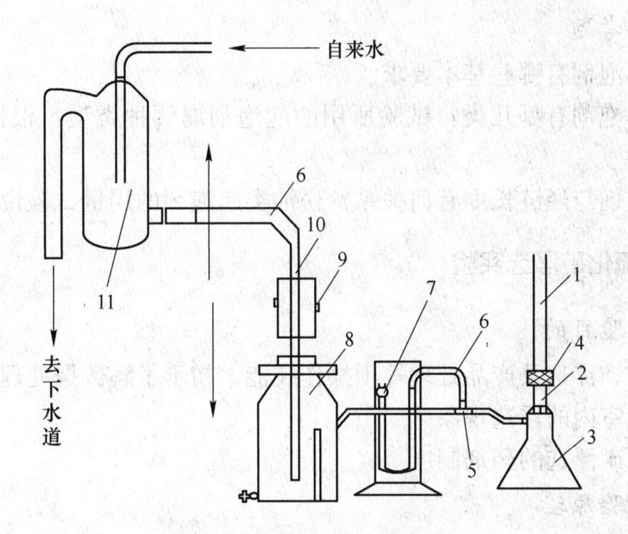

图 3-11 起泡性能测定装置图示

1—泡沫管；2—过滤器；3—烧瓶；4—胶皮环；5—三通管；6—胶皮管；

7—气压计；8—瓶；9—阀门；10—连接玻璃管；11—压力瓶

水由压力瓶 11 流入瓶 8（其流量每次试验均应保持恒定），从而把瓶 8 空气排入烧瓶 3，并通过滤器 2 进入泡沫管 1。

（4）将浓度为 5mg/L 的起泡剂水溶液 50mL 倒入泡沫管 1 中。

（5）当气压计指出瓶内空气压力到过滤所需的数值时，气泡开始在泡沫管 1 内出现，并积累成泡沫柱；等其高度达到稳定时，记录泡沫柱高度，气压计压力、空气量等数值。

已知 t 分钟流入瓶 8 之水量为 QmL，则其空气量为：$V=Q/t$ mg/min。在比较各种起泡剂性能时，空气量应保持不变。若空气量不易测定则在严格稳定空气压力。

（6）在泡沫柱达稳定高度的同时，用夹子夹紧胶皮管 6，并停止给水，用秒表记录泡沫开始破灭到终了所需的时间（即泡沫寿命）。重复三次取平均值记于表 3-24。

（7）用浓度为 10mg/（g · L）、20mg/（g · L）的松油水溶液 50mL 依上述步骤分别进行实验，并将结果记于表 3-24。

（8）依上步骤用丙醇、丁醇、戊醇各配成 20mg/L 水溶液分别进行一次实验，并记于表 3-24。

3.3.11.5 数据处理与分析

表 3-24 实验数据记录表

项目 名称	加药量 /滴	溶液浓度 /mL · L^{-1}	泡沫柱高 /cm	空气压力 /mL · min^{-1}	空气量 /mL · min^{-1}	泡沫寿命 /s

注：依表中数据绘出曲线。

3.3.11.6 思考题

(1) 浮选时起泡剂有哪些基本要求。

(2) 常用的起泡剂有哪几类？试验所用的起泡剂属哪种类型？根据实验结果讨论其特点与差异。

(3) 醇类起泡剂与烃链长度有何关系？松油类起泡剂的用量试验说明什么。

3.3.12 钨矿伴生硫化矿浮选实验

3.3.12.1 实验目的

(1) 熟悉磨矿、浮选及产品处理等项操作技能，初步了解数据处理的知识。

(2) 观察实验室内的浮选现象。

(3) 验证硫化矿浮选的药剂制度。

3.3.12.2 实验原理

随着工业矿床向贫细杂的趋向转移，采用浮选法来处理工业矿床得到日益发展。当前，采用浮选法来处理复杂硫化矿，其最基本的原则流程有：

(1) 优先浮选。这一方案适用于较简单易选的矿石，如铜锌硫矿和铅锌硫等。

(2) 混合浮选。矿石中矿物呈集合体存在，在粗磨条件下，能得到混合精矿和废弃尾矿的矿石，可用此方案。

(3) 部分混合浮选。适于粗细不均匀嵌布的矿石。

(4) 等可浮性浮选。而对复杂非硫化矿来说，特别是含钙矿物的矿石，其分选技术主要取决于采用有效的浮选剂。如果非硫化矿中有硫化矿共生。如含硫化矿的萤石矿，一般先用黄药类捕收剂将硫化矿浮出后再用脂肪酸浮萤石。为了保证非硫化矿精矿质量，处理该类矿石时，精选次数都较多（6~8 次），否则，精矿质量得不到保证。

不论处理复杂硫化矿或含硫化矿的非硫化矿矿石，其加工工艺条件——磨矿细度、流程结构、药方等的选择，主要取决于矿石性质，如矿石中矿物的嵌镶关系，矿物的嵌布粒度、矿物的种类及含量等。

3.3.12.3 主要仪器及耗材

实验主要仪器及耗材如下：

(1) XMQ-67 型 ϕ240mm× 90mm 锥型球磨机。

(2) XFD-63 型 1.5L 单槽浮选机。

(3) 秒表。

(4) 玻璃器皿具。

(5) 选矿药剂。

(6) 实际矿石（-2mm）。

3.3.12.4 实验内容和步骤

(1) 磨矿。它是浮选前的准备作业，目的是使矿石中的矿物经磨细后得到充分单体解离。

1) 磨矿浓度的选择；通常采用的磨矿浓度有 50%、67%和 75%三种，此时的液固比分别为 1∶1、1∶2、1∶3，因而加水量的计算较简单，如果采用其他浓度值，则可按下式计算磨矿水量：

$$L = \frac{1 - C}{C} \times Q$$

式中 L——磨矿时所需添加的水量，mL；

C——要求的磨矿浓度,%；

Q——矿石质量，g。

2）磨矿前，开动磨机空转数分钟，以刷洗磨筒内壁和钢球表面铁锈；空转数分钟后，用操纵杆将磨机向前倾斜15°~20°，打开左端排矿口塞子，把筒体内污水排出；再打开右端给矿口塞子并取下，用清水冲洗筒体壁和钢球，将铁锈冲净（排出的水清净）和排干筒内积水；

3）把左端排矿口塞子拧紧，按先加水后加矿的顺序把磨矿水和矿石倒入磨筒内，拧紧右端给矿口塞子，扳平磨机；

4）合上磨机电源，按秒表计时；待磨到规定时间后，切断电源，打开左端排矿口塞子排放矿浆，再打开右端给矿口塞子，用清水冲洗塞子端面和磨筒内部，边冲洗边间断通电转动磨机，直至把磨筒内矿浆排干净（注意，在冲洗磨筒内部矿浆时，一定要严格控制冲洗水量，以矿浆容积不超过浮选槽容积的80%~85%为宜，否则，矿浆容积过多，浮选槽容纳不下，需将矿浆澄清，抽出部分清液留作浮选补加水用，而不能废弃）；

5）若需继续磨矿，重复第4）和第5）步骤；若不需继续磨矿，一定要用清水把磨筒内部充满，以减少磨筒内壁和钢球表面氧化。

（2）药剂的配制与添加。浮选前，应把要添加的药剂数量准备好。水溶性药剂配成水溶液添加。水溶液的浓度，视药剂用量多少来定，一般用量在200g/t范围内的药剂，可配成0.5%~1.0%的浓度，用量大于200g/t的药剂，可配成5%的浓度。添加药剂的数量可计算为：

$$V = \frac{qQ}{10C}$$

式中 V——添加药剂溶液体积，mL；

q——单位药剂用量，g/t；

Q——试验的矿石质量，kg；

C——所配药剂浓度,%。

非水溶性药剂，如油酸，松醇油、中性油等，采用注射器直接添加，但需预先测定注射器每滴药剂的实际质量。

（3）浮选。

1）开机前的设备检查，包括皮带空转，主轴转动是否正常，是否漏油，连接螺丝配合，尾矿阀、进气阀是否正常等；

2）测定浮选机的转速；

3）在开动浮选机的情况下（须注意：排矿口必须堵好，进气阀关好），将矿浆加入机内，用细水流将盛器中残矿冲入机内，然后按规定的浮选浓度补加水，但需注意控制槽中水位不宜过高，防止加药和充气矿浆溢出，搅拌2min测定矿浆pH值及温度；

4）按标定的顺序添加药剂，并注意矿浆面颜色的变化，如图 3-12 所示；

5）加入起泡剂后半分钟徐徐打开进气阀门，观察泡沫状态及颜色，必要时补加水，使浆面提高到液流口略低处，充气半分钟后刮泡，用搪瓷盘盛接泡沫产品；

6）刮泡频率一般为 30 次/min 左右，刮板垂直拿，刮泡时注意力集中，力求速度均匀，深浅一致，勿刮出矿浆，每次试验的刮泡操作应保持由一人完成，中途不可换人；

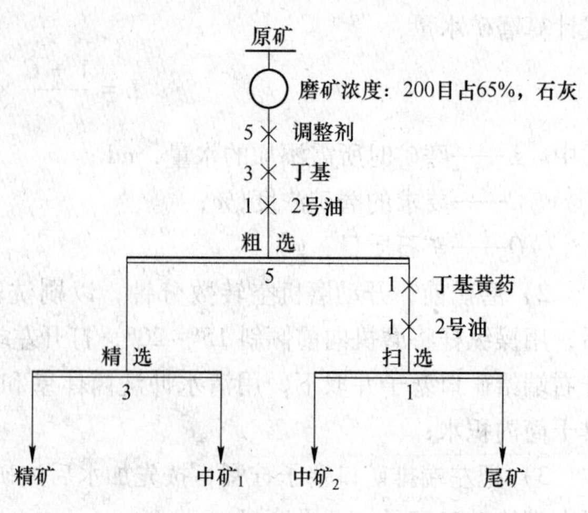

图 3-12 钨矿伴生硫化矿浮选流程图

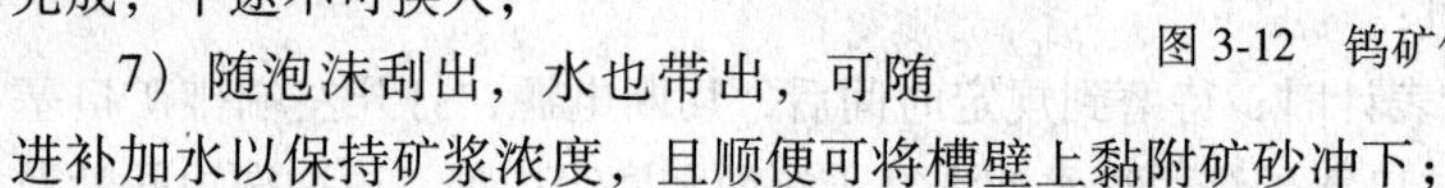

7）随泡沫刮出，水也带出，可随进补加水以保持矿浆浓度，且顺便可将槽壁上黏附矿砂冲下；

8）按浮选时间刮泡完毕后，将刮板上精矿冲洗到精矿盘，并测槽中矿浆 pH 值及温度；

9）按上述类似的步骤分别进行精、扫选；

10）扫选后槽中矿浆即为浮选尾矿。应在开车情况下打开排矿口，然后停车排矿（预先用手端起尾矿盛器使之紧贴排矿口，以免矿浆飞溅造成流失），并清洗槽内矿浆；

11）分别将泡沫产品和槽内产品过滤、贴上标签、烘干、称重，实验条件及结果记入表 3-25、表 3-26 中，然后用四分法或网格法分别取泡沫产品和槽内产品化验样品做化验用。

表 3-25 实验条件一览表

<table>
<tr><td>磨矿浓度/%</td><td colspan="2">磨矿细度（-200 目）/%</td><td colspan="2">磨矿机转速/r · min^{-1}</td><td>浮选浓度/%</td></tr>
<tr><td></td><td colspan="2"></td><td colspan="2"></td><td></td></tr>
<tr><td rowspan="2">浮选机转速
/r · min^{-1}</td><td colspan="2">矿浆 pH 值</td><td colspan="2">矿浆温度/℃</td><td rowspan="2">室温
/℃</td></tr>
<tr><td>始</td><td>末</td><td>始</td><td>末</td></tr>
<tr><td></td><td></td><td></td><td></td><td></td><td></td></tr>
</table>

表 3-26 浮选结果数据记录表

产品名称	质量/g	产率 γ/%	品位 β/%	产率×品位（$\gamma\times\beta$）/%%	回收率 ε/%
精矿					
尾矿					
原矿					

注：各产品之质量和与原矿质量之差，不得超过原矿质量的±1%，若超过±1%，该实验得重做。

3.3.12.5 数据处理与分析

分别按下式计算出各产品的回收率：

$$\varepsilon_{精} = \frac{\gamma_{精}\beta_{精}}{\gamma_{精}\beta_{精} + \gamma_{尾}\beta_{尾}} \times 100\%$$

$$\varepsilon_{尾} = \frac{\gamma_{尾}\beta_{尾}}{\gamma_{精}\beta_{精} + \gamma_{尾}\beta_{尾}} \times 100\%$$

式中 ε——产品回收率,%;

γ——产品产率,%;

β——产品品位,%。

3.3.12.6 思考题

(1) 影响磨矿细度的因素有哪些。

(2) 影响浮选实验的精度有哪些因素。

(3) 浮选药方包括哪些内容。

3.4 “钨选矿厂设计”实践教学指导书

3.4.1 钨选矿厂设计的内容

选矿厂设计是检验学生掌握知识的程度、分析问题和解决问题基本能力的一份综合试卷，要求学生运用所学的专业知识，结合现场的工艺流程，做一个钨选厂的初步设计。

设计的主要内容有选矿厂破碎车间、磨浮车间及脱水车间的设计及流程的改进。具体要求为：根据钨选矿厂日处理量进行破碎筛分，磨矿分级，选别流程和脱水流程的选择和计算，主要设备和辅助设备的选型和计算，选矿厂各车间的平断面图的绘制以及设计说明书的编写。所要绘制的图纸有破碎筛分数质量流程图、磨浮流程数质量和矿浆流程图、粗碎车间平断面图、中细碎车间平断面图、细筛车间平断面图、主厂房平断面图、脱水车间平断面图和全厂的平面图。整个选矿厂设计下来，学生既收集了设计的资料，又能把所收集的资料与所学的知识相结合起来，在沟通交流、动手能力和独立创新方面都得到了锻炼，综合素质得到了提高。

根据钨选矿厂日处理量、设计任务和指定的原始资料和条件，进行破碎筛分、磨矿分级、选别流程和脱水流程的选择和计算、主要设备和辅助设备的选型和计算、选矿厂各车间的平断面图的绘制以及设计说明书的编写，钨选矿厂设计应包括：

(1) 对设计用原始资料进行全面分析，了解钨矿石原矿性质，根据已制定的工艺流程，选矿方法及入选上下限，进行资料的整理、综合和校正。

(2) 钨选矿工艺流程的选择与计算。

(3) 流程中选矿设备的选择和计算。

(4) 辅助设备的选择与计算。

(5) 矿仓的选择与计算。

(6) 药剂制度。

(7) 尾矿业务。

(8) 绘制图纸，主要是钨选矿厂设备配置图、厂房布置图和设备平断面图：

1) 破碎筛分数质量流程图；

2) 磨浮流程数质量和矿浆流程图；

3) 粗碎车间平断面图；

4) 中细碎车间平断面图；

5）细筛车间平断面图；

6）主厂房平断面图；

7）脱水车间平断面图；

8）全厂的平面图。

（9）编制设计说明书，说明书主要章节包括如下：

1）绪论；

2）设计任务；

3）原矿资料特征及分析；

4）工艺流程的选择与计算；

5）对工艺流程的评述；

6）主要工艺设备的选择和计算；

7）破碎、磨矿、重选、磁选、脱水车间设备布置及说明；

8）结束语。

3.4.2　钨选矿厂设计计算的步骤

3.4.2.1　确定选矿厂各车间的工作制度和生产能力

钨选矿厂破碎手选工段、重选工段、精矿脱水工段、原次生细泥车间、浮选工段的工作制度，包括每年设备运转天数、每日工作班数、每班运转小时数、设备年作业率。

（1）破碎车间：与采矿工作制度一致。

（2）磨矿车间：一般连续工作，三班制，每班8h。

（3）精矿脱水车间：一般与主厂房一致，若精矿量较少的情况，也可以采用间断工作制度。

（4）生产能力：钨选厂处理量指各车间年、日、小时处理量；主厂房年或日处理原矿量就是选矿厂规模；有色金属选矿厂，常用日处理原矿量表示选矿厂规模；黑色金属选矿厂，常用年处理原矿量来表示选厂规模。黑钨选矿的重选厂用日处理合格原矿量表示其规模；白钨选矿的浮选厂用日处理原矿量表示选矿厂规模。

3.4.2.2　破碎流程的选择与计算

（1）破碎的任务如下：

1）为磨矿准备合格的给矿粒度；

2）为粗粒矿选别准备最佳入选粒度；

3）为高品位矿生产合格产品。

（2）制定破碎流程的依据如下：

1）原矿最大块度；

2）最终产品细度；

3）原矿和各破碎产物的粒度特性；

4）原矿的物理性质、含水量、含泥量。

（3）破碎流程的选择与论证。根据钨原矿含水量、硬度，设计钨选厂选厂规模，确定是否设置预先筛分，用以控制破碎产物的最终粒度，同时又防止了有用矿物的过粉碎，确定破碎段数的合理性，预先筛分、检查筛分设计是否合理，破碎流程选择解决的5个问题如下：

1）解决破碎段的确定。破碎比范围（10~140）；总破碎比即使到最小值 10，一段破碎流程也不能实现；最大的总破碎比 140 时，只能采用三段破碎流程；常用的破碎流程是两段或者三段。

2）预先筛分的必要性。预先筛分目的：筛出给矿中的细粒物料，防止矿石过粉碎，减少破碎机的负荷，提高设备的处理量。含水含泥量大的矿石，采用原先筛分有利于减少破碎机的堵塞；给矿中含有细粒物料，预先筛分有利；中细碎前预先筛分有利。

3）检查筛分的必要性。检查筛分目的：控制破碎产物粒度和充分发挥细碎机的生产能力。小于排矿口宽度的产物，预先筛分有利，大于排矿口宽度的产物，检查筛分有利。最大相对粒度（Z_{max}）：破碎机排矿产物中最大粒度与排矿口宽度之比。大于排矿口宽度的过大颗粒含量 $\beta(\%)$。一般在最后一段破碎设置检查筛分，控制最终产物粒度，前面各段破碎不设置检查筛分。

4）洗矿的必要性。含泥量大，水分高的矿石、氧化矿要设置洗矿作业；含水量大于 5%要洗矿作业；含泥量大于 5%~8%要洗矿；有需要预先富集的矿石，预选前设置洗矿。

5）手选的必要性。废石混入率高的矿石，原矿品位降低，不能直接入选，必须通过手选提高原矿品位和获得部分合格产品，手选的必要性视不同矿山和矿石而定。

（4）破碎流程的计算。破碎流程计算的内容：破碎产物和筛分产物的产量（Q）和产率（γ），如果破碎流程中有洗矿、手选、重磁时还要计算各产物的品位和回收率。

破碎流程计算的目的：为选择破碎、筛分及辅助设备提供依据。

破碎流程计算的原理：各产物的质量或产率平衡原理（进入作业的质量或产率等于改作业排除的质量或产率）。不考虑破碎过程中机械损失和其他流失。

破碎流程计算所需的原始资料包括：所设计钨选厂破碎车间的处理能力、原矿粒度特性曲线、各段破碎机产物的粒度特性曲线、原矿最大粒度和破碎最终产物粒度、原矿的物理性质（可碎性、含水量、含泥量）、各段筛分作业的筛孔尺寸和筛分效率。根据设计已知原矿最大粒度、破碎最终产物粒度、矿石的松散密度、工作制度等条件，确定是否有手选和洗矿作业，分别计算日小时处理量、破碎比、各段破碎产物的最大粒度、各段破碎机排矿口宽度、粗、中、细碎的产率和产量。

破碎流程的计算步骤如下：

1）计算破碎车间处理量；

2）计算总破碎比；

3）初步拟定破碎流程；

4）计算各段破碎比；

5）计算各段破碎产物的最大粒度；

6）计算各段破碎机的排矿口宽度；

7）确定各段筛子的筛孔尺寸和筛分效率；

8）计算各产物的产率和质量；

9）绘制破碎数量流程图。

破碎流程计算应注意破碎流程计算时必须结合设备选择和计算同时进行，原因如下：

1）在计算破碎流程时，需要所选破碎机的破碎产物粒度特性曲线和最大相对粒度

Z_{max}；所以，在破碎流程计算之前，首先要确定破碎机的类型，如粗碎可用旋回和颚式；中碎可用标准型和中型；细碎可用短头型、中型和对辊等；

2）根据各段已确定的排矿口宽度计算破碎机的生产能力和负荷系数时（一般为60%~100%），可能会出现各段破碎机的负荷不平衡，即某段负荷系数太高，某段负荷系数又太低；所以必须要进行各段负荷系数的调整，使各段负荷系数基本接近。

3.4.2.3 磨矿流程的选择与计算

磨矿的任务：实现矿物单体解离；提供适合的入选粒度。

常见的磨矿流程：磨矿基本作业由磨矿和分级两作业构成，有一段磨矿和两段磨矿，分级有预先分级、检查分级和控制分级。

磨矿流程选择主要解决的4个问题：

（1）磨矿段的确定。磨矿粒度在0.15mm以上的，磨矿细度不超过72%小于-200目的采用一段磨矿。磨矿粒度在0.15mm以下的，磨矿细度超过72%小于-200目的，采用两段磨矿。两段磨矿中，各段磨矿细度的分配，两段磨机容积的配比均应合适，使两段磨机的负荷基本平衡，从而提高磨矿效率，达到磨矿处理能力最大。

（2）预先分级的必要性。预先分级目的：预先分出给矿中已经合格的粒度，从而提高磨矿机的生产能力，或者预先分出矿泥、有害的杂质。一般给矿中合格的粒级含量不小于14%~15%，其最大粒度不大于6~7mm。

（3）检查分级的必要性。检查分级目的：为了保证溢流粒度合格，同时及时地将粗砂返到磨矿机，形成合适的返砂量，从而提高磨矿效率，减少矿石过粉碎现象，在任何情况下，检查分级在磨矿流程中，是非常必要和有利的。

（4）控制分级的必要性。控制分级是用在一段磨矿检查分级溢流之后或者阶段选别尾矿之后的作业，不是在任何情况下都采用。较粗粒级的溢流经选别后，其尾矿再经过控制分级得到更细的溢流产物供第一阶段的选别。总之，磨矿流程设计中，主要取决于所要求的磨矿细度及给矿粒度、有用矿物嵌布特性，泥化程度，阶段选别的必要性及选厂规模对选择都有影响。

磨矿流程计算的原理：各产物的质量或产率平衡原理（进入作业的质量或产率等于该作业排除的质量或产率）。根据各作业物料平衡关系，计算出各产物的质量（Q）和产率（γ），以供磨矿和分级设备进行选择与计算。同时为矿浆流程计算提供基础资料。

磨矿流程计算所需的原始资料包括：所磨矿车间的处理量；要求的磨矿细度，磨矿细度为试验单位推荐的最佳磨矿细度；最合适的循环负荷；两段磨矿机容积之比值；磨矿机给矿、分级溢流和分级返砂中计算级别的含量（磨矿机给矿中计算级别的含量和分级溢流中计算级别的含量），所谓计算级别，就是参与磨矿流程计算的某一级别，设计中，通常以0.074mm粒级作为计算级别；两段磨矿机单位生产能力之比值K。

各种磨矿流程的计算如下：

1）带有检查分级的一段磨矿；

2）带有控制分级的一段磨矿流程；

3）两段一闭路磨矿流程（一段开路）；

4）两段全闭路磨矿流程。

3.4.2.4 选别流程的计算与设计

(1) 选别流程的选择。影响选别流程的主要因素有有用矿物的嵌布特征、矿石的泥化程度、矿物的可浮性、有用矿物的种类和选矿厂的生产能力。钨选矿选别流程分为重选段和精选段。重选段主要是由跳汰和摇床相结合，精选段主要是由枱浮、摇床和浮选相结合。白钨选矿主要是以浮选流程为主。

(2) 选别流程的计算。计算内容：产率（γ）、重量（Q）、金属量（P）、品位(β)、(作业）回收率（E、ε）、富集比（i）、选矿比（K）。

计算原理：物料平衡原理和金属量平衡原理，不考虑选矿过程中机械损失和其他流失。

原始指标数的分配：从流程计算的可能性来看，原始指标数可以采用流程中的任何指标，即 Q、γ、β、p、ε、E、i、P，但为了计算方便，实际上最常用的是 γ、β、ε、E、Q。

原始指标数的分配的原则如下：

1）所选的原始指标，应该是生产中最稳定、影响最大且必须控制的指标；

2）脱泥、水力分级作业，在流程中只有粒度的变化，没有品位的变化，所以不能按金属量平衡来算，可以通过筛析的品位来算；

3）不能同时采用 γ、β、ε 作为原始指标；

4）一般不选 γ、β、ε 的组合作为原始指标；

5）单金属（A、品位；B、精矿品位与回收率）；

6）多金属，以一种金属为主计算出产率，再反算其他金属的选矿指标；

7）实验流程的内部结构，可以做某些局部修改。

选别流程计算的步骤如下：

1）原始指标数计算和分配；

2）计算各产物的产率；

3）计算各产物的产量；

4）计算各产物的回收率和品位；

5）绘制选别数值量流程图。

3.4.2.5 矿浆流程的计算

(1) 计算的内容和原理。计算内容：磨矿和选别流程中各作业或各产物的水量 W_n (m^3/t)、补加水量 L_n(m^3/t)、浓度(%)、矿浆体积 V_n(m^3/t) 和单位耗水量 W_g(m^3/t)。

计算原理：水量平衡原理。进入某作业的水量之和，等于该作业排出的水量之和；进入某作业的矿浆量（即体积）之和，等于该作业排出的矿浆量之和。在计算中，不考虑机械损失或其他流失。

(2) 计算所需的原始指标。矿浆流程计算需要一定的原始指标，原始指标应取在操作过程中最稳定、且必须加以控制的指标。这些指标，可以分为以下3类：

1）必须保证的浓度（按重量计）；所谓必须保证的浓度，就是指对一些作业和产物来说，为了生产正常进行，具有一个必须保证的浓度，如磨矿作业、浮选精选作业以及机械分级机溢流和水力旋流器溢流等；所有这些浓度，均要求在生产过程中予以保证；因此，在矿浆流程计算时，应预先确定其浓度为原始指标；

2）不可调节的浓度；所谓不可调节的浓度，就是指在选别流程中，有些产物浓度通常是不可调节的，如原矿水分、分级机返砂浓度、浮选精、扫选精矿浓度以及重选、磁选精矿浓度；尽管这些作业的补加水量有变化，但对其精矿浓度影响很小，计算时，也应作为原始指标；

3）按单位矿量计算的用水量；不可调节的浓度；所谓不可调节的浓度，就是指在选别流程中，有些产物浓度通常是不可调节的，如原矿水分、分级机返砂浓度、浮选精、扫选精矿浓度以及重选、磁选精矿浓度；尽管这些作业的补加水量有变化，但对其精矿浓度影响很小，计算时，也应作为原始指标。

计算时原始指标数确定应注意，由于条件不同，同类产物的浓度也有很大差别。在确定时要考虑以下因素：

1）密度大的矿石，其浓度应大些；

2）块状和粒状（粒度粗的）的矿石，其浓度应大些；

3）品位高而易浮的矿石，其浓度应大些；

4）洗矿用水，应根据矿石的可洗性决定；

5）扫选作业和所有选别作业的尾矿浓度，不能作为原始指标；

6）精选作业浓度应依精选次数增加而适当降低，精选精矿浓度应依精选次数增加而适当提高。

（3）矿浆流程计算的步骤如下：

1）确定最合适的各作业和各产物的浓度（C_n）、各作业补加水的单位定额；

2）根据浓度，计算出液固比（R_n）；

3）根据液固比求出各作业、各产物的水量（W_n）；

4）按各作业水量平衡方程式，算出各作业的补加水量（L_n）；

5）计算各作业的矿浆体积（V_n）；

6）计算选矿厂总排出水量（$\sum W_K$）（含最终精矿$\sum W_k$、尾矿$\sum W_x$、溢流$\sum W_t$）；

7）计算出选矿厂工艺过程耗水量（$\sum L$）（即补加总水量）；

8）上述计算只考虑工艺过程用水量，还要增加洗地板、冲洗设备、冷却设备等用水，一般为工艺过程耗水量的10%~15%，按下式计算选矿厂总耗水量（$\sum L_0$）；

$$\sum L_0 = (1.10 - 1.15) \sum L$$

9）绘制矿浆数质量流程图。

3.4.2.6 破碎设备的选择与计算

（1）粗碎设备的选择与计算。颚式破碎机应用范围较广，大、中、小型选矿厂均可选用。优点：构造简单、质量轻、价格低廉、便于维修和运输、外形高度小、需要厂房高度较小；在工艺方面，其工作可靠、调节排矿口方便、破碎潮湿矿石及含黏土较多的矿石时不易堵塞。缺点：衬板易磨损，处理量比旋回破碎机低，产品粒度不均匀且过大块较多，并要求均匀给矿，需设置给矿设备。

旋回破碎机是一种破碎能力较高的设备，主要用于大中型选矿厂。优点：处理量大，在相同给矿口和排矿口宽度下，处理量是颚式破碎机的2.5~3.0倍；电耗较少；破碎腔衬板磨损均匀，产品粒度均匀；规格900mm以上的旋回破碎机可挤满给矿，不需给矿设备。缺点：设备构造较复杂、设备质量大、要求有坚固的基础、机体高、需要较高的厂房。

粗碎设备的计算如下：

1）确定原始指标：日处理能力，矿石密度，矿石硬度，原矿最大粒度，破碎最终产物粒度，水分等；

2）根据 D_{max} 确定破碎机最小给矿口宽度 B；

3）根据计算公式计算预选破碎机的生产能力。

（2）中细碎设备的选择与计算。破碎硬矿石和中硬矿石的中、细碎设备一般选用圆锥破碎机：中碎选用标准型；细碎选用短头型；中小型选矿厂采用两段破碎流程时，第二段可选用中型圆锥破碎机。为与小型粗碎颚式破碎机能力配套，可选用复摆细碎型颚式破碎机。此外旋盘式破碎机、深腔颚式破碎机、反击式破碎机和辊式破碎机也有其适用场合。如易碎性矿石可选用对辊或反击式或锤式破碎机。

1）根据计算公式计算中细碎破碎机的生产能力；

2）需要破碎机台数的计算。

3.4.2.7 筛分设备的选择与计算

（1）筛分设备选择时主要考虑的因素如下：

1）被筛物料的特性；如筛分物料的粒度、筛下粒级的含量、物料的形状、密度、物料含水量和黏土含量等；

2）筛分机的结构参数；如筛分机运动形式、振幅、振频、筛分机筛面倾角、筛网面积、筛网层数、筛孔形状和尺寸、筛孔面积率；

3）筛分的工艺要求；生产能力、筛分效率和筛分方法。

（2）筛分设备的选择。固定筛适用于大块物料的筛分。固定筛有格筛和条筛两种类型。格筛位于原矿粗碎矿仓的上部，用作控制矿石粒度，一般为水平安装。条筛用粗碎和中碎的预先筛分，倾斜安装，倾斜角一般为40°~50°。固定筛多用于+50mm 物料的筛分。优点：结构简单，不需要动力，价格便宜。其缺点是：筛孔易堵塞，条筛需要高差大，筛分效率低，一般为50%~60%。

惯性振动筛：形式有座式和吊式、单层筛和双层筛。因此，惯性振动筛仅适于处理中、细粒物料，且要求均匀给矿。

自定中心振动筛：用于大、中型选矿厂的中、细粒物料的筛分。它的优点是构造简单，操作调整方便；筛面振动强烈，物料不易堵塞筛孔；筛分效率高，一般在85%以上。

重型振动筛：结构坚固，能承受较大的冲击负荷，适于筛分密度大、大块度矿石，筛分物料尺寸可达400mm。该机可代替易堵塞的条筛，作为中碎前的预先筛分，亦可作为大块矿石的洗矿设备，如果采用两层筛网，既可起到洗矿作用，减少粉矿对破碎作业的影响，又可筛出最终产物，提高破碎机的生产能力。

圆振动筛：有轻型和重型、座式和吊式之分。该筛结构新颖，强度高，耐疲劳，寿命长，维修简单，振动参数合理，噪声小，筛分效率高。可用于各种粒度物料的筛分。

直线振动筛：运动轨迹是直线，筛面倾角，而取决于振动的方向角。该筛结构紧凑，强度高，耐疲劳，使用寿命长，维修方便，可靠性好。振动参数合理，振动平稳，噪声小，筛面各点运动轨迹相同，有利于物料的筛分、脱水、脱泥、脱介质。作为分级时，分级效率高于螺旋分级机。

(3) 筛分设备的计算。在工程设计中，常用生产能力反算振动筛总几何面积。其计算的步骤如下：

1) 计算给入振动筛的总矿量 Q；

2) 以 Q 求所需筛分总面积 F；

3) 选择振动筛型号，得其几何筛分面积；

4) 以 F 除以设备的几何筛分面积，得设备台数；

5) 计算振动筛的负荷率。

需要注意的是，双层筛的生产能力可按上层筛计算，需要的几何面积可按下层筛计算，然后取其大值选择筛分机。

3.4.2.8 *磨矿分级设备的选择与计算*

(1) 磨矿设备的分类与选择。棒磨机主要用于需要选择性磨矿的场合，尤其是钨、锡脆性矿石的重选过程中。

球磨机有格子型和溢流型两种，格子型处理量大，适合于粗磨；溢流型处理量小，适合于细磨。

自磨机和砾磨机主要用于自磨流程中。

(2) 磨矿设备生产能力计算。磨矿设备生产能力的计算：容积法和功耗法。具体计算公式参考《选矿设计手册》和《选矿厂设计》。

1) 磨矿机的单位生产力的计算；

2) 磨矿机生产能力的计算；

3) 磨矿机台数的计算；

4) 再磨矿机生产能力的计算；

5) 两段磨矿机生产能力的计算；

6) 自磨机生产能力的计算。

(3) 分级设备的选择。螺旋分级机：主要用于选矿厂磨矿回路中的预先分级和检查分级，也可做洗矿和脱泥使用。优点：设备构造简单、工作可靠、操作方便；在闭路磨矿回路中能与磨机自流连接；与水力旋流器相比，电耗较低。缺点：分级效率较低，设备笨重，占地面积大，受设备规格和生产能力限制，一般不能与 3.6m 以上规格的球磨机构成闭路。螺旋分级机分为高堰式和沉没式。高堰式分级机适用于粗粒分级，溢流最大粒度一般为 0.15~0.4mm；沉没式分级机适用于细粒分级，溢流最大粒度一般在 0.2mm 以下。

水力旋流器：水力旋流器可单独用于磨矿回路的分级作业，也可与机械分级机联合做控制分级，还常用于选矿厂的脱泥、脱水作业以及用作离心选矿的重选设备——重介质水力旋流器。水力旋流器在分级细粒物料时，分级效率比螺旋分级机高。它结构简单，造价低，生产能力大，占地面积小，设备本身无运动部件，容易维护，但若采用砂泵给矿时，需较大的功率。水力旋流器可单独用于磨矿回路的分级作业，也可与机械分级机联合做控制分级。水力旋流器在分级细粒物料时，分级效率比螺旋分级机高；处理量大，溢流粒度较粗时，选大规格的旋流器，处理量小，溢流粒度较细时，选小规格的旋流器，处理量大，溢流粒度很细时，选小规格的旋流器组。

细筛：是最近发展起来用做细粒物料分级的设备（固定细筛、振动细筛和旋流器细筛）。

(4) 分级设备的计算。螺旋分级机生产能力计算如下：

1）溢流中固体重量计的处理量，求出螺旋直径；

2）求出螺旋直径后，还要验算按返砂中固体重量计的处理量是否满足设计要求，否则改变螺旋转数或磨矿机循环负荷 C。

水力旋流器的生产能力的计算如下：

1）初步确定水力旋流器直径 d；

2）计算给矿口直径、溢流口直径和沉砂口直径；

3）初步确定给矿压力 p；

4）验证溢流粒度；

5）计算水力旋流器的处理量；

6）计算水力旋流器所需台数。

3.4.2.9 选别设备的选择与计算

(1) 跳汰机的选择与计算。跳汰机常用于选别钨矿石，它的优点是选别效率高，基建及生产费用低，入选粒度范围一般为 0.074～20mm。迄今仍为广泛使用的一种重选设备。

1）旁动隔膜跳汰机：旁动隔膜跳汰机多用于粗选和精选作业，分选粒度为 0.1～12mm；其特点是床层较稳定、选别效果好、维护方便，但占地面积和设备质量较大、能耗高；

2）下动圆锥隔膜跳汰机：下动圆锥隔膜跳汰机的隔膜位于跳汰室槽体圆锥和可动锥之间，故能耗少、重产物排出通畅，但床层松散度差；

3）侧动外隔膜跳汰机：侧动外隔膜跳汰机的隔膜设置在槽体外侧壁，其结构简单，维护方便，但工作中振动较大，外形上有梯形和矩形两大类；

4）侧动内隔膜（即广东Ⅰ型）跳汰机：侧动内隔膜跳汰机的隔膜装在槽体内部两跳汰室之间，隔膜运行方向为横动，广东Ⅰ型跳汰机就是这种结构，其生产能力大、能耗少、适于处理低品位砂矿，但不便于检修，更换隔膜困难，该机分为甲、乙、丙 3 种型号：甲型用于粗选，乙型用于粗选或精选，丙型用于精选作业。

跳汰机的生产能力是根据单位定额计算的，即根据单位时间、单位筛面的生产能力而定，而单位定额设计时往往根据试验资料和同类选矿厂生产指标确定。

可根据单位时间内每平方米筛面的生产能力而定。每小时单位面积的生产能力随矿石种类、粒度、形状、矿浆浓度以及对选别产物的工艺要求等不同而有很大的变化。一般可根据类似选厂来确定。设计的生产能力是可以按照现场的生产能力来计算的。

1）粗跳跳汰机台数的计算：参考现场采用隔膜跳汰机规格、生产能力、流程中给矿量、粒度，选取跳汰机的台数；

2）中跳跳汰机台数的计算：参考现场采用隔膜跳汰机规格、生产能力、流程中给矿量、粒度，选取跳汰机的台数；

3）细跳跳汰机台数的计算：参考现场采用隔膜跳汰机规格、生产能力、流程中给矿量、粒度，选取跳汰机的台数；

最终确定跳汰机的型号、台数和处理能力。

（2）摇床的选择与计算。摇床是选别细粒物料应用最广的重选设备。

按床面来复条形状，尺寸分为粗砂摇床（0.074～2mm）、细砂摇床（0.074～0.5mm）、矿泥摇床（0.02～0.074mm）。摇床种类较多，常用的有云锡摇床、6-S 摇床，CC-2 摇床、弹簧摇床，以及云锡六层矿泥摇床、悬挂多层（三层、四层）摇床。

选别粒度为 0.2～2mm，在我国钨选厂应用的摇床有：云锡摇床、弹簧摇床等。根据处理矿石粒度大小有：粗砂摇床、细砂摇床、矿泥摇床。弹簧摇床具有床头结构简单，容易制造，设备质量轻，易损件少，不漏油，故障少，运转平稳可靠，维护方便，选别精矿回收率高等优点。缺点为单位生产能力小，占用厂房面积较大。

摇床的生产能力可根据现场的数据来设计，最终确定粗选段、精选段和原次生矿泥摇床的单位生产能力、给矿粒度、来复条形状、冲程、冲次、坡度、洗涤水量、粗选台数和扫选台数。

（3）浮选机的选择与计算。浮选机选择时的要求如下：

1）对于密度大的粗粒矿石，应采用高浓度的浮选方法，选用强机械搅拌式浮选机；

2）浮选氧化矿时，宜采用高强度搅拌，低充气量的浮选机；

3）对于易产生黏性泡沫的矿石，宜选用高充气量浮选机；

4）精选作业目的在于提高精矿产品的品位，泡沫层应该薄一些，不宜选用大充气量浮选机；

5）浮选机规格必须与选矿厂规模相适应，大型选厂应采用大型浮选机；

6）为使矿物得到充分的选别，必须保证矿浆在浮选槽内有一定的停留时间，否则会出现短路现象（所谓短路就是矿物通过浮选机的时间小于浮选时间）。

浮选机的计算如下：

1）通常根据选矿试验结果，再参照类似矿石选矿生产实际确定浮选时间，试验的浮选时间比工业生产的浮选时间短些，设计中应考虑修正系数 Kt；

2）如果设计的浮选机充气量与试验用浮选机充气量不同，应适当调整；

3）浮选矿浆体积的计算；

4）浮选机槽数的计算，有两种计算方法：一种是先计算后分系列，即先计算粗选、扫选和精选等各作业的矿浆体积和浮选机槽数，然后根据磨矿系列再分成若干浮选系列；一种是先分系列后计算，即根据磨矿系列先分成若干浮选系列，然后再分别计算各浮选系列粗选、扫选、精选等各作业的矿浆体积和浮选机槽数，各作业浮选机槽数确定以后，要考虑浮选系列数；浮选系列数最好与磨矿系列数一致，两者系列数相同，便于技术考查和操作管理，有利于各系列浮选机轮换检修；各系列的粗、扫选作业槽数各自不应少于 4 槽，以免矿浆产生“短路”现象；两种方法无利弊之分，而且步骤完全一样；

5）搅拌槽的计算：计算公式与浮选矿浆体积的计算类似，乘以搅拌时间。搅拌槽分为药剂搅拌槽和矿浆搅拌槽，矿浆搅拌槽分压入式和提升式两种，提升式除了具有搅拌作用还有提升矿浆的作用。

3.4.2.10 脱水设备的选择与计算

（1）脱水设备的选择。脱水流程：一般采用浓缩和过滤两段脱水作业，或浓缩—过滤—干燥三段脱水作业，其常用设备为浓缩机、过滤机和干燥机等。

浓缩机：中心传动式（NZ）、周边传动式（NG）、高效浓缩机。浓缩机由中心传动装置驱动传动轴，刮臂等旋转，刮臂上的刮板将污泥由池边逐渐刮至池中心的泥坑中，通过排泥管排出池外；刮臂上固定有搅拌栅条，旋转时提供絮状污泥的沉淀空间，加速污泥的下沉，提高浓缩效果。

过滤机：分真空过滤机和压滤机两大类。真空过滤机又分为筒形过滤机（内滤机、外滤机）、圆盘过滤机和平面过滤机。

陶瓷过滤机：设备运行可靠，生产效率高，是最理想的固体—液态分离设备。陶瓷过滤机的工作原理不同于传统的过滤机，它是利用陶瓷板上的毛细管作用，依靠自然力量，产生巨大的效果，应用范围较广。

内滤式过滤机：适用于过滤密度较大、粒度较粗或者磁团聚现象严重的细粒物料，例如过滤磁铁精矿。

外滤式真空过滤机：适用于过滤要求水分低、密度小的细粒有色金属和非金属精矿产品。

圆盘式过滤机：特点是过滤面积大、占地面积小，但是滤饼含水率高。

干燥机：圆筒干燥机、电热干燥箱、电热螺旋干燥机、干燥坑等。

（2）脱水设备的计算。

1）按溢流中最大颗粒的沉降速度计算单位面积生产能力；

2）按溢流中最大颗粒的沉降速度计算单位面积生产能力；

3）过滤机台数的计算。

3.4.2.11 辅助设备的选择与计算

（1）给矿机的选择与计算。

1）板式给矿机：是破碎厂房粗碎机常用的给矿设备，重型板式给矿机最大粒度达1500mm，中型板式给矿机最大给矿粒度为350~400mm，轻型板式给矿机给矿粒度小于160mm；

2）摆式给矿机：是一种运输机械的辅助设备，它适用于短距离，按一定量输送小块而密度较大的物料，广泛应用于磨矿矿仓下的排矿，其给矿粒度在0~50mm，属于间歇式给矿；

3）槽式给矿机：是一种运输机械的辅助设备，它适用于短距离，按一定量输送中等粒度而密度较大的物料；适于0~250mm的中等粒度矿石的给矿，最大给矿粒度可达450mm；

4）圆盘给矿机：构造简单，圆盘做旋转运动，将物料从料口转递到圆盘上，圆盘做旋转运动，将物料从料口转递到输送机上，出料量的多少可以在料口处用调正套的活动套加以调正，适于20mm以下的磨矿矿仓下的排矿；

5）电磁振动给矿机：用于把块状、颗粒状及粉状物料从贮料仓或漏斗中均匀连续或定量地给到受料装置中去，电磁振动给料机是一种新型的给料设备，调节方便，给矿均匀，适于粒度范围较广（0.3~500mm）。

板式给矿机、摆式给矿机、槽式给矿机、圆盘给矿机和电磁振动给矿机生产能力的计算参考《选矿设计手册》和《选矿厂设计》。

（2）皮带运输机的选择与计算。根据工艺要求，胶带运输机要计算的内容很多，主要包括工艺参数计算（如带宽、带速、功率及张力等）和几何参数计算（如胶带长度及安装参数)。

计算所用原始数据如下：

1）运输能力 Q(t/h)；

2）物料性质（即粒度、松散密度、动堆积角、湿度、温度、黏性和磨损性)；

3）工作条件（即给卸料点数目和位置、装卸方式等)；

4）运输机的布置形式（即水平、倾斜、凸弧、凹弧和凸凹混合 5 种形式)。

计算步骤如下：

1）胶带宽度的计算；

2）传动滚筒轴功率简易计算；

3）电动机功率计算；

4）输送带最大张力简易计算。

(3）砂泵的选择和计算。

1）砂泵的选型：根据所输送矿浆的性质（物料粒度、密度、矿浆浓度、硬度、黏度和矿浆的磨蚀性等）来确定砂泵的类型，然后根据输送的矿浆量、扬程和管道损失选定砂泵的规格；

2）砂泵的特性曲线：在特定的转速下，一般以流量 Q 为横坐标，用扬程 H、功率 N、效率 η 和允许吸上真空度 Hs 为纵坐标，绘 Q-H、Q-N、Q-η、Q-Hs 曲线。

砂泵的计算如下：

1）计算砂泵出口管直径。计算出的砂泵出口管径往往不是标准管径。当选用管径比计算管径小时，则流速较大，水头损失和管壁磨损增大；当选用管径比计算管径大时，则会产生局部沉淀。为了使管道流畅，在确定标准出口管径后，必须对矿浆临界流速按公式进行验算，且不得小于规定的压力管内矿浆最小流速。

2）计算砂泵扬送矿浆所需的总扬程。由于砂泵的性能曲线是以清水表示的，因此，应将砂泵扬送矿浆的总扬程折合。

3）计算砂泵所需功率。包括泵的轴功率和电动机功率。

4）砂泵性能调节。当泵的扬程、扬量不能满足设计要求时，可通过改变泵的转数（或出口管径）进行调节，但调节范围不能超过产品样本给定的允许范围。

(4）起重机的选择和计算。起重设备的选择：选矿厂检修起重设备的选择与被检修设备的类型、规格、数量、配置条件和对检修工作的要求等因素有关。

它主要根据被检修设备的最大部件或难以拆卸的最大部件质量来决定其形式和台数。

起重设备的选择必须满足的 3 个条件如下：

1）起重设备的起重量；

2）起重设备的服务范围；

3）起重设备的起吊高度。

起重设备的服务范围和安装高度的确定如下：

1）厂房地面至轨道顶的高度（h)；

2）地面至屋架下旋凸出结构件底部的高度（H)；

3）起重设备跨度（L_k）等于厂房跨度（L）减去 $2t$；

4）起重机服务区间的宽度（L_0)。

（5）电磁除铁器装置的选取。在采矿过程中，经常由于采矿设备的损坏，将丢弃的零部件代入选别厂。由于粗碎装置的排矿口较大，受损比较小，但是中细碎的设备排矿口比较小，所以要防止大块的坚硬铁质品进入设备，通常在通往中碎的皮带走廊配置了一台电磁除铁器，以达到设计的要求。

3.4.2.12 矿仓的选择与计算

矿仓作用：调节矿山与选矿厂、选矿厂与冶炼厂以及选矿厂内部的生产平衡，保证整个系统的正常运行，提高设备作业率。

（1）矿仓的类型。

矿仓的类型如下：

1）按结构：地下式、半地下式、地面式、高架式、抓斗式和斜坡式；

2）按几何形状：方形、矩形、槽形和圆形；

3）按用途：原矿储矿仓、原矿受矿仓、分配矿仓、磨矿矿仓和精矿矿仓。

（2）矿仓的选择。

矿仓的选择如下：

1）矿贮矿仓或矿堆：当选矿厂距矿山较远或运输系统为解决采选间的生产平衡，则考虑在粗碎作业前设置较大的贮矿设施（含矿仓和矿堆），但由于原矿粒度大，投资多，生产费用高，设计中很少采用；

2）原矿受矿仓：为解决原矿运输和选矿厂之间的生产衔接而设置，矿仓的形式应根据粗碎设备的形式、规格、原矿运输及卸矿的形式、地形条件等因素选定；

3）中间矿仓：常用于大型选矿厂，设置于粗、中碎之间或细碎之前；

4）缓冲及分配矿仓：它主要为解决相邻作业的均衡生产问题；

5）磨矿矿仓：调节破碎与磨矿作业制度的差别，并兼有对各磨矿系列分配矿石的作用；

6）精矿矿仓：为解决选矿厂精矿贮存和外运而设置的矿仓。

（3）矿仓有效容积的计算。重点会对方形矿仓、底三面倾斜矩形矿仓、圆形矿仓有效容积的计算。在计算长、宽时应注意矿石的安息角。

3.4.2.13 钨选矿厂设计注意事项

（1）计算选钨工艺流程，首先将各作业产品的产率（$\gamma\%$）全部计算出来并检查是否平衡。然后再计算产量和其他工艺指标，最终进行水量流程的计算。

（2）对原矿综合时如产量（Q）、水量（W）、液固比（R）、补加清水量（L）及矿浆量（V）等，要求小数后一位有效数字，而对产率（$\gamma\%$）、灰分（A）及其他质量指标要求小数点后有效数字两位。

（3）计算选钨作业（主再洗）采用近似公式法进行计算。

（4）按照跳汰工艺流程顺序进行各作业的数量，质量和水量的计算，并列出各作业计算所得数据的汇总表，编制出选钨产品最终平衡表和水量平衡表。

（5）根据流程计算结果，对主要设备进行选型与台数的计算。并按作业顺序将主要设备选择列入表格，对主要车间辅助设备必要的宽度、高度以及需保证的空间，应按规定或计算、查表获得，以备在布置时使用。

（6）为了初步掌握设备和车间布置方法，以及工艺制图的要求，可参考有关制图规定和图册或相似车间布置图，在方格图纸上绘出主要平面和剖面草图，定出中心位置及设备间距（包括与建筑物距离），然后按制图规定绘制正式图。

3.4.3 钨选矿厂设计总体布置与设备配置

3.4.3.1 总体布置

钨选矿厂总体布置：根据选矿厂建筑群体的组成内容和使用性能要求，结合地形条件和工艺流程，综合研究建筑物、构筑物以及各项设施之间的平面和空间关系，正确处理厂房布置、交通运输、管线综合、绿化等问题，达到充分利用地形、节约土地，使建筑群的组成和设施融为统一的有机整体，并与周围环境及其他建筑群体相协调。

钨选矿厂总体布置的原则和一般规定如下：

（1）总体布置必须贯彻有关方针、政策。

（2）总体布置应符合所在地的地区规划要求。

（3）总平面布置须进行多方案比较。

（4）充分注重选矿厂工业场地的竖向布置。

（5）管线综合布置合理。

（6）满足交通运输要求。

（7）合理进行绿化布置，加强环境保护。

（8）合理考虑发展和预留，扩建用地。

总体布置必须处理好局部与整体、工业与农业、生产与生活、设计与施工和近期与远期的关系。

总平面组成及厂房布置要求如下：

（1）主要工业场地。应布置选矿厂的主要生产厂房和辅助生产厂房，主要生产厂房包括破碎厂房，主厂房、脱水厂房、胶带运输机通廊和转运站等建筑物；辅助生产厂房指维修站、实验室、化验室、技术检查站、备品备件及材料仓库等。

（2）辅助工业场地。供电、供水、机修和污水处理等。

（3）居住场地。生活福利设施、职工住宅、公用食堂、浴室、医务所、学校、文娱场所及行政办公室等。

钨选矿厂厂房布置方案：

厂房布置方案：按厂房的外形（即厂房配置的平面和剖面形式），在满足工艺流程要求、地形特点、施工技术条件下的布置方法。厂房布置方案分山坡式和平地式两种。

（1）山坡式布置。实现选矿厂工艺流程自流较经济，如破碎厂房的地形坡度25°，主厂房的地形坡度为15°左右。

（2）平地式布置。对地形坡度无严格要求，但为解决厂区排水问题，其厂区自然坡度以4°~5°为宜。

钨选矿厂厂房建筑形式如下：

（1）多层式厂房。对于地形坡度小于6°的平地和大于25°的陡坡地形，适合建多层式厂房。

（2）单层阶梯式厂房。在10°~25°的山坡上，按工艺流程的顺序，由高至低将厂房布置在几个台阶上。

(3) 混合式厂房。设计中最常用的布置形式，一般将主要设备按单层阶梯式布置，返回物料量小的作业布置在多层式厂房内。

3.4.3.2 车间设备配置

设备配置的基本原则如下：

(1) 设备配置必须满足选矿工艺流程要求。

(2) 确保工艺流程基本自流。

(3) 对同一作业的多台同型号、同规格的设备或机组，尽可能配置在厂房内同一标高。

(4) 配置时，除考虑其他专业设施留出必要的平面和空间位置外，力求配置紧凑。

(5) 随着选矿厂自动化程度的提高和计算机在选矿过程中的应用，协同相关专业考虑局部集中控制或中央集中控制。

设备配置方法：厂内设备配置，实际上是按机组进行的（特别是破碎厂房）。

机组：即把两个以上的设备（包括标准设备中的工艺设备、辅助设备和非标准设备中的部件及构筑物等）配置在一起，并通过自流或短距离运输机联结所形成的机械组合。

两机组配置在同一厂房的基本条件是：

(1) 在确保物料流动畅通的前提下，厂房的长宽尺寸能布置在平整的场地内。

(2) 选用运输机械连接两个机组后，厂房的空间利用系数合理，能节省建筑面积。

(3) 两个机组配置在同一厂房后，其检修设备起重量大致相同，可节省检修吊车。

两个机组能否设置在同一厂房，考虑以下因素：

(1) 机组本身的高差和重叠后的高度以及连接它们之间的水平距离等是否可能和合理。

(2) 选用中间运输设备使用技术条件的可能性（如提升角度等）。

(3) 两个机组同设一厂房后，建筑面积、空间利用系数及结构等是否符合建筑规范。

(4) 同时必须结合场地考虑能否布置下一厂房。

(5) 在一厂房内共用检修设备的经济性、操作维修是否方便，以及共用排污设施的可能性等方面加以比较。

选矿厂的设备机组主要有：粗碎、中碎及细碎设备机组、筛分设备机组、磨矿分级设备机组和过滤设备机组等。

3.4.3.3 厂房的设备配置

(1) 破碎厂房的设备配置。常用破碎流程有两段开路、两段一闭路、三段开路和三段一闭路。每种流程可根据场地、设备类型、规格和数量，给、排矿方式，矿仓位置、形式以及筛分与破碎设备是共厂房、或分厂房等可配置成若干方案。根据厂址地形坡度归纳为3种方案：

1) 横向配置方案：物料流动线平行地形等高线；

2) 纵向配置方案：物料流动线垂直地形等高线；

3) 混合配置方案：横向配置与纵向配置并用。

破碎车间设备配置的要点如下：

1) 开路破碎宜采用方案2)，闭路破碎宜采用方案1) 和3)；

2) 破碎、筛分等主要设备，应采用单系列配置；对大、中型选矿厂的破碎、筛分机组，宜分别单独设置厂房；破碎流程中如有洗矿及重介质选别等作业，也单独设置厂房；

3）破碎机等大型设备宜配置在坚实地基上，以减少基建投资；

4）细碎机和筛分机台数超过2台时，应设置分配矿仓，确保给料均匀；

5）中、细碎机前应设置除铁装置，以保证中、细碎机的工作安全；

6）连接破碎、筛分机组的胶带运输机通廊，应采用封闭式结构；

7）破碎厂的露天矿堆及石灰堆场，应设在厂区最大风频的下风向，并与主要生产厂房保持一定距离；否则必须采取有效的防尘措施。

（2）主厂房的设备配置。主厂房：由于选矿厂磨矿设备与选别设备在生产操作上联系较多，所以这些设备应配置在同一厂房内，成为整个选矿厂的主要部分，故有主厂房之称。

在主厂房的设备配置中，磨矿矿仓、磨矿分级、选别以及联结三者的辅助设备和设施必须同时结合考虑。

按厂房布置的地形，分为平地式和山坡式两种配置方案。

磨矿设备多配置在单层厂房内，选别设备可配置在单层或多层厂房内。

由于磨矿分级设备是重型设备，选别设备是轻型设备，所以两者多配置在不同跨度的厂房内，以便采用不同起重的吊车和厂房结构，以及保证矿浆自流。

设备配置方案如下：

1）纵向配置：磨机中心线与厂房纵向定位线互相垂直的配置。

厂房纵向定位线：标注厂房或车间跨度的柱子中心线。

这种配置是闭路磨矿常用的最佳方案。优点：配置整齐、操作和看管方便。即将第2段磨矿机组与第1段磨矿机组配置在同一个台阶上（即同一个跨度内），以便共用检修吊车和检修场地。一段磨矿的分级机溢流用砂泵扬至第2段磨矿的分级机或旋流器给矿口。

2）横向配置：磨矿机中心线与厂房纵向定位线互相平行的配置。它具有厂房跨度小的优点，但操作、管理上不及纵向配置方便，且厂房空间利用系数也低。

主厂房设备配置的要点如下：

1）大、中、小型选矿厂，一般都采用纵向配置方案；

2）磨矿厂房长度尽量与选别厂房长度基本一致；

3）多段磨矿的磨矿机，可以配置在同一跨度，也可以配置在不同的跨度；

4）多系列磨矿要注意设备配置的同一性；

5）吊车起重量的选择按起重设备选择严格进行；

6）磨矿厂房的地面应有5°~10°的坡度，保证符合环境要求；

7）钢球仓库应该设在检修场地的附近，并结合地形考虑运输方便；

8）注意磨矿车间跨度、高度的节省，节约磨矿车间的面积和空间。

浮选厂房的设备配置方案如下：

1）横向配置：每列浮选机槽内矿浆流动线与厂房纵向定位线互相平行的配置。这种配置是浮选厂房常用方案，陡坡地形更为常用。

当采用机械搅拌式浮选机时，大部分浮选机可配置在一个或几个台阶上。若用充气机械搅拌式浮选机时，在同一地面标高上，每个作业浮选机之间应留有300~600mm的自流高差，浮选机操作平台的高差也随之相应地变化。

2）纵向配置：每列浮选机槽内矿浆流动线与厂房纵向定位线互相垂直的配置。这种配置是平地或地形坡度小、或浮选机规格小的常用方案。若流程复杂、返回点多、中矿返回量大时，则厂内横向交错管道多、生产操作不方便；若地形坡度大（即陡坡），则土石方量大、基建费高。所以，纵向配置在选矿厂不常用。

浮选厂房设备配置的要点如下：

1）为使矿浆流量符合浮选机允许的通过量，需要划分浮选系列，并与磨矿系列合理地进行组合，常见的是一对一，即一台磨矿机与一个浮选系列组合，有利于操作、考查和检修；

2）每排浮选机的槽子数或总长度力求相等，当每排浮选机前设有搅拌槽时，其总长度（包括搅拌槽）应尽量相等；

3）浮选回路力争自流，回路变动应具灵活性；

4）浮选回路中必须采用砂泵扬送时，应使泵的扬量、扬程最小；

5）浮选机配置应便于操作及维修，双排配置的浮选机泡沫槽应相向对称；三排配置的浮选机，靠柱子一排浮选机泡沫槽不宜面向柱子；泡沫槽距操作台的高度，一般为600~800mm，最小不得低于300mm；泡沫槽宽度一般为100~500mm；泡沫槽始端的坡点宜低于浮选机泡沫溢流堰50mm以上；

6）浮选厂房内必须保证照明条件和检修吊车，以便操作人员观察泡沫情况和维修方便；

7）浮选厂房内必须考虑给药设施位置；

8）浮选机操作平台应设有排水孔洞，或制成格栅式盖板；地面应有3°~5°的坡度以便冲洗地面；

9）取样系统数应与生产流程相适应，在设置取样点的地方应留有足够的高差。

钨选矿厂的具体参考实例，参考《选矿厂设计》：

1）一段磨矿的白钨浮选厂主厂房设备配置实例；

2）带控制分级的两段磨矿的钨重选和浮选主厂房设备配置实例；

3）阶段磨矿、阶段选别物重选厂主厂房配置实例。

（3）脱水厂房设备配置。

脱水厂房设备配置方案如下：

1）浓缩机和过滤机配置在厂房内，并与主厂房连为一体；这种配置方案，浓缩机的直径不要超过15m，否则影响厂房跨度过大而显得很不合理；它适用于精矿产量较少的中、小型选矿厂，或贵金属与稀有金属选矿厂，尤其是在高寒地区更具有防冻的优点；

2）浓缩机配置在露天，过滤机与精矿仓按单层阶梯式配置在厂房内；主要特点是，浓缩机底流可自流到过滤机，过滤机的滤饼可直接卸入精矿仓；生产作业线短、操作方便、配置紧凑，多见于中、小型有色金属选矿厂；当地形条件不能满足自流时，浓缩机底流用砂泵扬送至配置在楼上的过滤机，滤饼直接卸入精矿仓，真空泵、压风机等布置在楼下；后者多用于精矿量较大的大中型选矿厂；

3）干燥机配置方案有两种：一种是干燥机与过滤机配置在同一厂房内，过滤机安装在楼上，干燥机安装在楼下，干燥后的精矿用胶带运输机转运至精矿仓；一种是干燥机安装在独立两层厂房的楼上，精矿仓设置在楼下，干燥后的精矿直接卸入精矿仓。

脱水厂房设备配置的要点如下：

1）浓缩机位置应与主厂房精矿排出管位置相适应，最好紧接主厂房，运输管道最短、能自流；

2）过滤机前应设置调节闸阀或缓冲槽，以保证给矿均匀稳定；

3）对两段脱水流程，滤饼最好直接卸入精矿仓；对三段脱水流程，滤饼最好直接卸入干燥机；

4）干燥厂房内应留有通风、收尘、干燥产品堆存的场地，还必须加强通风防尘和收尘措施；

5）精矿仓与精矿包装场地应与装车方式结合考虑，尽量减少二次运输；

6）精矿出厂前应设置计量设备及相关的取样检测仪表；地中衡、电子秤、取样机等设备，应按操作过程选定设置位置；

7）对价格昂贵的精矿，设计中应考虑较完善的回收系统；浓缩机溢流应设置回收细粒精矿的沉淀池；过滤机地面的排污应与滤液返回设施合并；收尘系统排出气体不允许含有过量精矿粉；

8）积极推广应用自动压滤机、陶瓷过滤机等新设备，以便节省能耗，降低滤饼水分。

（4）通道和操作平台。选矿厂通道分为主要通道、操作通道和维修通道，具体如下：

1）主要通道：供人员通行，小件搬运，宽度1.5~2.0m；

2）操作通道：为操作人员经常性流动、观察使用，宽度0.9 ~1.2m；

3）维修通道：专供设备局部维修用，宽度0.6~0.9m。

通道和操作平台设置要点如下：

1）厂房主要大门及通道位置设于检修场地一端，门宽应大于设备及运输车辆最大外形尺寸的400~500mm；

2）当设备比较大不经常更换时，不设专用大门，在墙上预留安装洞，洞宽最好与柱间尺寸相同，洞高大于拖车运组装件最高点400~500mm，设备安装完毕后再封闭；

3）为解决多层建筑中设备或零部件的运输，各层楼板应留有必要的安装孔，开孔尺寸应大于设备及零部件外形尺寸的400~500mm；

4）对利用率较高的安装孔，周围应设置安全栏杆；栏杆可设计成活动式，利用率低的安装孔应设置活动盖板，以利于生产安全和厂房采暖；

5）安装临时起重设备的地方，应留有足够的高度和面积，厂房结构应有足够强度，以满足安装临时起重设备的需要；

6）选矿厂各层操作平台的设置，应以设备操作、检修、维护时拆卸安装方便为原则；当同一位置或同机组需要设置几层操作平台时，层间净高高度一般不应小于2m；

7）上层平台不可妨碍下层设备的操作和吊装检修；

8）平台的面积大小和形状应满足生产操作和检修，临时放置必要的检修部件及工具所需的面积。

通道和操作平台尺寸注意如下：

1）通道坡度6°~12°时应设防滑条，12°以上应设踏步；

2）设置的通道、平台、通廊其下弦的净高应大于2m；

3）平台高出地面500mm以上时应设栏杆，栏杆高度为0.8~1.0m；

4）通道、操作台与地面之间应设钢梯，梯子角度以45°为宜，经常有人通行及携带重物处楼梯角度应小于40°，不经常通行的可大于45°；

5）胶带运输机通廊尺寸按表设置。

（5）钨选矿厂房的建筑要求。单层厂房结构的支撑方式基本上分为承重墙结构和骨架结构两类。当厂房的跨度、高度及吊车荷载很小时，可采用承重墙结构，此外多采用骨架承重结构。骨架结构由柱子、梁和屋架等组成，以承受厂房的各种荷载，此种厂房中的墙体只起围护和分隔作用。厂房承重结构由横向骨架和纵向联系构件组成。

横向骨架包括屋面大梁（或屋架）、柱子及柱基础，它承受屋顶、天窗、外墙及吊车等荷载；纵向联系构件包括大型屋面板（檩条）、联系梁、吊车梁等，可以保证横向骨架的稳定性，并将作用在山墙上的风力或吊车纵向制动力传给柱子。组成骨架的柱子、柱基础、屋架、吊车梁等是厂房承重的主要构件，关系到整个厂房的坚固、耐久及安全。骨架结构按材料可分为砖石混合结构、钢筋混凝土结构和钢结构。

砖石混合结构是由砖柱和钢筋混凝土屋架或屋面大梁组成，也可用砖柱和木屋架或轻钢屋架，此种结构简单，但承重能力及抗震性能较差，仅适于吊车吨位不超过5t，跨度不大于15m的小选厂厂房；装配式钢筋混凝土结构，坚固耐久，承重能力较大，可预制装配，比钢结构节省钢材，节约木材，工业建筑中广泛采用，但其自重大，纵向刚度较差，传力受力也不尽合理，抗震不如钢结构。

钢结构厂房主要承重构件全由钢材做成，这种结构抗震性好，施工方便，比钢筋混凝土构件轻便，多用于吊车荷载重、高温、振动大的生产厂房，但钢结构易锈蚀，耐火性能较差（易弯失稳），使用时应采取相应的防护措施。

网柱：在厂房中为支撑屋顶和吊车，需设柱子，柱子在平面图上排列所形成的网格称网柱。柱子纵向定位线之间的距离称跨度，柱子横向定位轴线之间的距离称柱距。柱网的选择，就是选择厂房跨度和柱距。

厂房定位轴线和建筑模数协调标准：厂房定位轴线是划分厂房主要承重构件和确定承重构件相互位置的基准线，是施工放线和设备定位的依据。为了方便，将平行厂房轴向的定位轴线称为纵向定位轴线，在厂房建筑平面图中由下向上顺次按Ⓐ、Ⓑ、Ⓒ等英文字母编号；将垂直厂房轴向的定位轴线称横向定位轴线，在厂房建筑平面图中由左向右顺次按①、②、③…进行编号。根据我国“厂房建筑模数协调标准”GBJ6-1986规定要求厂房建筑的平面和竖向协调模数的基数值均应取扩大模数3M。

单层厂房的跨度、柱距和柱顶标高的建筑模数跨度在18m以下（含18m）时，应采用扩大模数30M数列，18m以上应采用扩大模数60M数列；柱距应采用扩大模数60M数列，有吊车（含悬挂吊车）和无吊车的厂房由室内地面至柱顶的高度和至支撑吊车梁的牛腿面的高度均应为扩大模数3M数列。

3.5 “研究方法试验”实践教学指导书

3.5.1 钨矿石试样的制备及物理性质测定

3.5.1.1 实验原理

参照矿石可选性研究中的试样加工制备及试样工艺性质的测定。

3.5.1.2 实验要求

（1）掌握钨矿石试样的制备方法。

（2）使用试样最小必须量公式 $Q=kd^2$ 制定钨矿石缩分流程，确定单份试样的粒度质量要求。

（3）掌握钨矿石堆积角、摩擦角、假密度和含水量的测定方法。

3.5.1.3 主要仪器及耗材

实验过程中采用的主要仪器及耗材为实验室型颚式破碎机、对辊式破碎机、振动筛、铁锹、天平、罗盘、铁板、木板、水泥板和样板等取样工具。

3.5.1.4 实验内容和步骤

（1）制定钨矿石的缩分流程，确定出试样的最小必须量。

（2）根据缩分流程，将钨矿石破碎、筛分成满足需要的诸多单份试样，以供化学分析、岩矿鉴定及单元试样项目使用。

（3）根据堆积角测定方法，测定钨矿石的堆积角。

（4）根据摩擦角测定方法，测定钨矿石的摩擦角。

（5）根据假比重测定方法，测定钨矿石的假密度。

（6）根据矿石含水量的测定方法，测定钨矿石的含水量。

3.5.1.5 数据处理与分析

将试验结果如实填写在记录本上。

3.5.1.6 实验注意事项

试验过程中，钨矿石的各工艺性质应多次测定，最后取平均值作为最终数据；对于出现特殊情况的数据应检查测定方法是否正确，分析其原因后重新测定。

3.5.1.7 思考题

（1）何谓摩擦角、堆积角及假密度？如何测定。

（2）如何编制试样缩分流程？试样加工操作包括哪几道工序。

3.5.2 钨矿石探索性试验

3.5.2.1 实验原理

参照矿石可选性研究中的浮选试验。

3.5.2.2 实验要求

（1）掌握钨矿石磨矿曲线的绘制。

（2）掌握油类药剂添加量的计算。

（3）学会钨矿石浮选试验前的准备工作。

（4）学会观察钨矿石的浮选现象，熟练对钨浮选产品进行脱水、烘干、称重、制样和化验等环节的工作。

3.5.2.3 主要仪器及耗材

实验过程中采用的主要仪器及耗材为实验室小型球磨机、200 目标准泰勒筛、分析天平、普通天平、浮选机、过滤机、烘箱、装矿盆、洗瓶及制样工具等。

3.5.2.4 实验内容和步骤

（1）进行不同时间的钨矿石磨矿试验，得到的磨矿产品采用200目标准筛筛分；根据磨矿筛分试验结果绘制钨矿石磨矿曲线（钨矿石磨矿细度与磨矿时间的关系曲线）。

（2）测定一滴油类药剂（如2号油）的质量。

（3）按步骤开展浮选试验的准备工作，检查设备的性能与正常使用情况，检查试验时各类药剂、器具及人员的配置情况。

（4）采用钨矿石常用捕收剂（氧化石蜡皂等）浮选钨矿物，观察浮选现象及试验过程，分析各类现象的原因。

（5）将浮选产品过滤脱水、烘干、称重、制样和送检。

（6）根据化验结果计算试验指标。

3.5.2.5 数据处理与分析

将试验结果如实填写在记录本上。

3.5.2.6 实验注意事项

试验过程注意详细观察试验现象，试验准备工作应详尽到位，送检产品应根据制样步骤采取代表性试样。

3.5.2.7 思考题

（1）为什么要做钨矿石磨矿曲线试验。

（2）实验室球磨机的操作步骤和注意事项是什么。

（3）钨矿石磨矿时，矿石、水、药的添加顺序如何。

（4）预先探索性试验的目的是什么。

3.5.3 钨矿石磨矿细度试验

3.5.3.1 实验原理

参照矿石可选性研究中的浮选试验。

3.5.3.2 实验要求

（1）掌握钨矿物大部分单体解离所需的粒度要求。

（2）根据试验结果确定钨矿石的最佳磨矿细度。

3.5.3.3 主要仪器及耗材

实验过程中采用的主要仪器及耗材为实验室小型球磨机、200目标准泰勒筛、分析天平、普通天平、浮选机、过滤机、烘箱、装矿盆、洗瓶及制样工具等。

3.5.3.4 实验内容和步骤

（1）取四份单元试验样，开展钨矿石磨矿细度试验研究。

（2）固定捕收剂种类及用量、调整剂种类及用量、起泡剂用量、浮选时间等其他条件，根据钨矿物嵌布粒度拟定磨矿细度条件。

（3）将拟定的磨矿细度条件分别开展浮选试验，比较试验结果，确定最佳磨矿细度。

3.5.3.5 数据处理与分析

将试验结果如实填写在表3-27中。

表 3-27 钨矿石磨矿细度条件试验结果 (%)

试验条件	试样编号	样品名称	产 率 γ	钨品位 β	钨回收率 ε
		精 矿			
		尾 矿			
		原 矿			

3.5.3.6 实验注意事项

试验过程中，磨矿细度的预先选择应根据钨矿物嵌布粒度结果拟定。

3.5.3.7 思考题

(1) 以磨矿时间为横坐标，钨精矿品位、回收率为纵坐标，如何绘制磨矿细度条件试验结果曲线。

(2) 根据磨矿细度条件试验曲线图对试验结果进行分析。

3.5.4 钨矿捕收剂种类及用量试验

3.5.4.1 实验原理

参照矿石可选性研究中的浮选试验。

3.5.4.2 实验要求

(1) 确定捕收剂的种类及合适的用量，包括组合捕收剂。

(2) 学会观察泡沫随捕收剂种类和用量的改变而引起的变化，如泡沫颜色、虚实、矿物上浮量、矿化效果及黏稠性等。

3.5.4.3 主要仪器及耗材

实验过程中采用的主要仪器及耗材为实验室小型球磨机、天平、浮选机、过滤机、烘箱、装矿盆、洗瓶及制样工具等。

3.5.4.4 实验内容和步骤

(1) 拟定种类及用量条件。

(2) 根据拟定的条件数量，取相同数量的单元试验样开展捕收剂种类及用量条件试验研究。

(3) 根据磨矿细度条件试验确定的最佳磨矿细度，固定各试验的磨矿细度、调整剂种类及用量、起泡剂用量、浮选时间等其他条件，改变捕收剂的种类及用量，考察各试验结果及现象。

(4) 比较试验结果，确定最佳的捕收剂种类及用量。

3.5.4.5 数据处理与分析

将试验结果如实填写在表 3-28 中。

表 3-28 钨矿石捕收剂种类及用量条件试验结果 (%)

试验条件	试样编号	样品名称	产 率 γ	钨品位 β	钨回收率 ε
		精 矿			
		尾 矿			
		原 矿			

3.5.4.6 实验注意事项

试验过程中，捕收剂种类可根据探索性试验结果和同类钨矿山使用情况拟定。

3.5.4.7 思考题

（1）钨矿石浮选条件试验包括哪些项目。

（2）本次试验的捕收剂作用机理是什么。

3.5.5 钨矿调整剂种类及用量试验

3.5.5.1 实验原理

参照矿石可选性研究中的浮选试验。

3.5.5.2 实验要求

（1）确定钨矿调整剂的种类及合适的用量，包括组合抑制剂、矿浆 pH 值等。

（2）学会观察泡沫随矿浆 pH 值、抑制剂种类及用量的改变而引起的变化，如泡沫颜色、虚实、矿物上浮量、矿化效果及黏稠性等。

3.5.5.3 主要仪器及耗材

实验过程中采用的主要仪器及耗材为实验室小型球磨机、天平、浮选机、过滤机、烘箱、装矿盆、洗瓶及制样工具等。

3.5.5.4 实验内容和步骤

（1）拟定调整剂的种类及用量条件。

（2）根据拟定的条件数量，取相同数量的单元试验样开展调整剂种类及用量条件试验研究。

（3）根据磨矿细度条件试验确定的最佳磨矿细度，捕收剂种类试验确定的捕收剂种类和用量，固定各试验的磨矿细度、捕收剂种类及用量、起泡剂用量、浮选时间等其他条件，改变调整剂的种类及用量，考察各试验结果及现象。

（4）比较试验结果，确定最佳的捕收剂种类及用量。

3.5.5.5 数据处理与分析

将试验结果如实填写在表 3-29 中。

表 3-29 钨矿石调整剂种类及用量条件试验结果 （%）

试验条件	试样编号	样品名称	产 率 γ	钨品位 β	钨回收率 ε
		精 矿			
		尾 矿			
		原 矿			

3.5.5.6 实验注意事项

试验过程中，调整剂种类可根据探索性试验结果和同类钨矿山使用情况拟定。

3.5.5.7 思考题

（1）钨矿石浮选常用的调整剂有哪些。

（2）各调整剂的作用机理是什么。

3.5.6 钨矿石开路流程试验

3.5.6.1 实验原理

参照矿石可选性研究中的浮选试验。

3.5.6.2 实验要求

(1) 确立钨矿物浮选的内部流程结构，即确立精选的次数以及作业条件，对中矿性质进行考查，为浮选流程的拟立和闭路试验提供依据。

(2) 通过试验了解中矿性质及中矿处理方法。

3.5.6.3 主要仪器及耗材

实验过程中采用的主要仪器及耗材为实验室小型球磨机、天平、浮选机、过滤机、烘箱、装矿盆、洗瓶及制样工具等。

3.5.6.4 实验内容和步骤

(1) 取代表性钨矿试验样一份。

(2) 根据前述的条件试验确定的最佳磨矿细度、捕收剂种类及用量、调整剂种类及用量、浮选时间、起泡剂用量等条件，固定各条件因素不变，开展全流程试验，包括精选、扫选作业。

(3) 根据试验结果，分析试验指标，包括钨精矿、中矿和尾矿。

3.5.6.5 数据处理与分析

将试验结果如实填写在表 3-30 中。

表 3-30 钨矿石开路流程试验结果 (%)

试验条件	试样编号	样品名称	产率 γ	钨品位 β	钨回收率 ε
		精 矿			
		中矿 1			
		中矿 2			
		⋮			
		中矿 n			
		尾 矿			
		原 矿			

3.5.6.6 实验注意事项

试验过程中，详细观察各作业浮选现象，分析各产品的试验指标，考察研究中矿的处理方法。

3.5.6.7 思考题

(1) 钨矿石浮选中矿的处理方法有哪些。

(2) 钨矿石浮选中矿与其他有色金属（如铜矿石）浮选中矿性质有何异同。

3.5.7 钨矿石闭路流程试验

3.5.7.1 实验原理

参照矿石可选性研究中的浮选试验。

3.5.7.2 实验要求

（1）确立钨矿石浮选中矿返回的地点和作业，考察其他对浮选指标的影响。

（2）调整因中矿返回引起药剂用量变化，校核所拟定的浮选流程，确立可能达到浮选指标。

（3）明确闭路试验的具体做法，观察中矿返回对浮选过程产生的变化。

（4）掌握钨矿石浮选过程的平衡标志和闭路流程最终指标的计算方法。

3.5.7.3 主要仪器及耗材

实验过程中采用的主要仪器及耗材为实验室小型球磨机、天平、浮选机、过滤机、烘箱、装矿盆、洗瓶及制样工具等。

3.5.7.4 实验内容和步骤

（1）取代表性钨矿试验样 5~10 份。

（2）根据开路流程试验所确定的条件和中矿返回地点与方式，固定各条件因素不变，开展全闭路流程试验。

（3）从第二批试验样试验开始，根据试验现象调整捕收剂、调整剂等药剂用量，观察中矿返回对流程的影响。

（4）根据钨矿石浮选过程的平衡标志，确定闭路试验的数量。

（5）待闭路试验流程平衡后，将获得的全部产品脱水、烘干、称重、制样和送检化验。

（6）根据化验结果，计算浮选闭路试验指标，考核闭路试验结果。

3.5.7.5 数据处理与分析

将试验结果如实填写在表 3-31 中。

表 3-31 钨矿石闭路流程试验结果 （%）

试验条件	试样编号	样品名称	产率 γ	钨品位 β	钨回收率 ε
		钨精矿 1			
		钨尾矿 1			
		钨精矿 2			
		钨尾矿 2			
		⋮			
		钨精矿 n			
		钨尾矿 n			
		中矿 1			
		⋮			
		中矿 n			

3.5.7.6 实验注意事项

试验过程中，详细观察各作业浮选现象，根据现象及时调整捕收剂、调整剂的用量。

3.5.7.7 思考题

（1）闭路流程最终指标有几种确立方法。

(2) 闭路试验操作应注意的问题。

(3) 闭路试验达平衡的标志是什么。

3.5.8 实验报告撰写

3.5.8.1 参考内容

参照矿石可选性研究中的报告编写内容。

3.5.8.2 撰写要求

(1) 梳理钨矿石浮选各试验内容及结果。

(2) 如实填写试验过程现象和数据。

(3) 按组讨论分析试验结果。

(4) 正确回答各试验思考题。

3.5.8.3 主要仪器及耗材

撰写过程中采用的主要仪器及耗材为铅笔、橡皮、坐标纸、尺具和水笔等。

3.5.8.4 报告撰写内容和步骤

(1) 编写试验要求和仪器、工具等。

(2) 编写试验方案、试验流程等。

(3) 如实填写试验过程和试验现象。

(4) 根据试验结果表，正确填写试验结果。

(5) 编写对试验结果的分析。

(6) 回答试验思考题。

3.6 "认识实习"实践教学指导书

3.6.1 认识实习的目的与要求

认识实习是矿物加工专业本科生的必修专业实践课程，也是矿物加工工程专业学生进行专业学习之前，对本专业的特点和学科性质形成初步印象的重要实践课。通过认识实习，使学生对矿物加工工程专业在生产实践中的作用、选矿工艺方法、工艺设备产生基本感性认识，形成对选矿厂的整体概念认识。

认识实习的任务是初步认识选矿厂的工艺过程、主要设备和辅助设备的结构、性能和工作原理；了解这些设备的使用及操作情况。具体要求有如下几项：

(1) 结合《选矿概论》教学，增强对矿物加工工程专业及其生产过程的感性认识。

(2) 通过专题报告、生产现场参观，了解矿山生产组织管理体系。

(3) 了解选矿工艺流程结构、工艺设备、选矿药剂的种类和使用。

(4) 了解矿山技术经济指标、产品质量要求等，形成对矿山建设和选矿厂配制的总体认识。

(5) 进行现场安全教育，培养安全意识。

(6) 编写认识实习报告。

3.6.2 认识实习内容安排与要求

（1）选矿厂概况。需了解的内容如下：

1）选矿厂的地理位置、交通状况；

2）矿山发展沿革，当前生产规模，企业职工人数、职工组成及管理模式；

3）矿山的地质水文资料、气象条件、矿石类型、矿产的化学组成及矿物组成、嵌布特性，原矿物理性质（粒度、湿度、真密度、堆密度、硬度、安息角等）；

4）选矿厂选别工艺革新历史，重点了解目前选厂原则流程，回收金属种类、主要技术经济指标；

5）精矿用户、用户对精矿质量的要求；

6）选矿尾矿处理方式，环保问题。

以上内容采用请现场技术人员做技术报告的形式进行。

（2）入厂实习，按照工段了解和熟悉破碎筛分工段，内容如下：

1）了解粗碎、中碎、细碎各破碎段的主要设备的规格和型号、主要操作参数，初步了解各段破碎设备的结构特点和工作原理；

2）了解各主要破碎设备之间的连接方式，筛分设备的规格和型号及主要操作参数；

3）了解选厂破碎筛分工艺流程特点，并绘制破碎筛分工艺流程图。

磨矿工段内容如下：

1）了解球磨机、分级机的型号、操作参数以及相互之间的配置关系；

2）了解选厂磨矿工艺条件，包括磨矿浓度、分级浓度、磨机处理能力及磨矿细度；

3）了解选厂磨矿流程特点，绘制磨矿工艺流程图。

选别工段内容如下：

1）结合选厂，对选矿厂基本选别方法、选别工艺流程初步形成感性认识；

2）了解选别主要设备的规格、用途、工作原理以及主要操作参数；

3）对浮选厂，了解使用的药剂种类、名称、药剂制度、各药剂的用途和添加系统；

4）绘制磨矿选别工艺流程图。

产品处理内容如下：

1）了解精矿脱水系统及工艺流程；

2）了解浓缩机、过滤机、真空泵、空压机、砂泵的数量、规格和型号，浓缩机及过滤机单位面积生产能力，以及各设备的工作原理；

3）了解精矿的贮存和运输方式；

4）了解滤布及其他零件的使用期限，脱水车间的控制及自动排液装置；

5）了解选矿生产组织和生产控制系统，生产技术指标检测的手段和设备，检测目的和意义。

3.6.3 实习注意事项

学生在认识实习过程中应听从实习教师的指导，严格遵守实习单位的一切规章制度，特别要遵守实习单位的安全生产操作规程。实习过程中时刻坚持安全第一的思想。注意事项如下：

（1）进生产车间实习应穿工作服，戴安全帽，穿胶鞋或运动鞋。不能穿拖鞋、高跟鞋。女同学应将头发放在安全帽里面。

（2）学生跟班实习时应勤看、多问，严禁私自动手操作设备开关、按钮等。

（3）尽量不要靠近高速运转的设备部件，尤其不要站在该部件运转的同一平面内。

（4）严禁在危险场所停留。

（5）严禁高空抛落物体。

（6）严禁跨越皮带运输机。

（7）车间内实习时，注意力一定要集中，严禁嬉戏打闹。

（8）实习期间应以组为单位分组实习，不允许单独进入生产现场。

（9）遇有突发事故，坚持自救的原则，并在第一时间通知教师处理。

（10）实习期间不得擅自离开实习单位外出，如有特殊情况，严格履行请假销假制度。

3.6.4 实习成果和成绩评定

学生在实习期间应每天记实习日记，按时完成实习报告及教师布置的个人作业，实习过程中遇到疑难问题，及时向教师反映寻求解决。实习报告应包括以下几方面的内容：

（1）前言：实习的目的、意义、任务和要求。

（2）概况：对实习单位的简单介绍。

（3）工艺系统（重点）：分系统论述。工艺过程介绍（附工艺流程图），工艺流程特点及合理性评述；系统设备组成，主要相关设备及辅助设备的结构、性能和工作原理；主要设备的生产使用及操作情况（附操作规程）。

（4）合理化建议：深入分析，发现问题，解决问题，对生产单位的生产、经营和管理提出一项或几项合理化建议。

（5）结束语：实习收获、感想，对今后学习专业课的指导意义。

根据现场考查、实习日记和实习报告情况按“优、良、中、及格、不及格”五级分制综合评定认识实习成绩。成绩不及格者自行联系补实习，否则不能毕业。

3.7 “生产实习”实践教学指导书

3.7.1 生产实习的目的与要求

（1）通过实习对学生进行与专业有关的生产劳动训练，学习生产实践知识，增强学生的劳动观点，培养进行生产实践的技能。

（2）在生产劳动、生产技术教育和查询阅读选厂资料中，使学生理论联系实际，深入了解生产现场的工艺流程、技术指标、生产设备及技术操作条件、产品质量、生产成本、劳动生产率等有关管理生产和技术的情况。发现存在问题，提出自己的见解，以培养和提高学生的独立分析、解决问题的能力。

（3）通过专题报告、现场参观、了解矿山的生产组织系统，达到对全矿山和选矿厂全面了解。

（4）进行安全教育，了解选厂各种生产措施及规章制度，保证实习安全，获得生产安全技术知识，培养安全生产观点。

(5) 编写实习报告，进行实习考核；使学生受到编写工程技术报告和进行生产实践的全面训练。

3.7.2 生产实习内容安排与要求

生产实习安排在有关矿山及选矿厂，具体内容安排与要求如下：

(1) 了解矿区及选厂概况：

1) 地理位置、交通状况，矿区气象：温差、平均温度；雨量、气候、冰冻期、洪水情况；土壤允许负荷、冻结程度、地下水位、基岩情况、地震情况；

2) 矿床、原矿性质，矿床成因和工业类型、围岩特性、矿石类型；原矿矿物组成，有用矿物嵌布特性，化学组成，多元素分析，物相分析，光谱分析及试金分析，粒度，真密度，假密度，硬度，水分含量，含泥量，安息角和摩擦角，可溶性盐类；

3) 选厂供矿情况：采矿方法，开采时期原矿品位变化情况；服务年限，供矿制度，运输方法，每日供矿时间和供矿量；

4) 选厂工艺流程演变情况及其原因和效果，现有工艺流程及技术指标，主要生产设备，技术操作条件，选厂改建扩建情况；

5) 选厂尾砂处理：排放、运输、堆放方法、尾砂水中有毒物质的含量及处理方法；

6) 选矿供水水源、水质和供电情况；

7) 选厂产品种类、质量、数量、成本；用户对产品质量（品位杂质、水分、粒度）的要求；产品销售价格。

(2) 碎矿车间：

1) 工作制度和劳动组织；

2) 碎矿流程及技术指标、碎矿设备的型号及技术规格；润滑系统组成；给排矿口宽度、给矿粒度和排矿粒度；实际生产能力；闭路破碎的循环负荷；

3) 筛分机：筛子的形式、技术规格、安装坡度及使用情况；实际生产能力和筛分效率；

4) 破碎设备的连锁控制和保险设施；

5) 破碎筛分作业的防尘设施；

6) 碎矿工段存在的主要问题，解决的可能途径；改善破碎流程和作业指标，操作条件和设备配制的合理化建议。

(3) 磨矿工段，内容如下：

1) 工作制度及劳动组织；

2) 磨矿流程及技术指标；

3) 磨矿分级设备：磨机形式，润滑系统，衬板质量及其消耗量（每磨 1t 矿石衬板耗量）；球介质、装入量、充填系数，装球尺寸及补加制度；装球设施；给矿粒度和磨矿最终产品细（粒）度；磨矿浓度，给矿质量计算；按新生-0.074mm 粒级质量计算的磨矿效率；第一段闭路磨矿和第二段磨矿的循环负荷；

4) 分级机：机型，技术规格，安装坡度，溢流浓度，细度，生产能力，分级效率；

5) 水力旋流器的规格，结构参数对分级的影响，工艺参数（压力、浓度、给矿量）

对分级的影响，稳定给矿压力措施，生产能力及分级效率；

6）磨矿工段供水、供电情况，磨1t合格产品的电耗，磨矿工段存在的主要问题，解决的途径，改善磨矿流程及技术指标，设备技术操作条件的途径。

（4）浮选工段，内容如下：

1）流程：数量流程及矿浆流程；

2）主要设备：调浆槽，浮选机形式，技术规格；

3）浮选浓度：pH值，各浮选作业泡沫浓度，每日处理每吨矿物所需浮选机容积：($m^3/(d \cdot t)$)的计算及浮选时间，最终精、尾矿浓度，化学分析及粒度分析；

4）浮选中矿性质及其处理；

5）浮选药剂和加药设施：药剂种类、配制、加药点及方式，用药量，加药机型号规格；

6）浮选工段供水供电；

7）本工段存在主要问题和解决途径；改善流程、技术指标、浮选设备及操作条件的途径；

8）浮选车间的产品分类及工艺特点；本作业采用的新工艺。

（5）重选作业，内容如下：

1）重选工段任务，生产流程，设备联系图；

2）所使用的各种重选机械的型号，规格，操作参数；

3）摇床在重选中起的作用，使用经验及存在问题，改进措施，本厂有否可能使用跳汰机，圆锥选矿机，溜槽等；

4）离心选矿机的结构原理，操作参数及使用情况；

5）分级机使用情况；水力分级机，旋流器，筛分机等，在重选中起的作用在本厂使用情况，存在问题及设备未使用的原因及改进措施。

（6）磁选作业，内容如下：

1）本厂所使用的磁选设备的规格型号及操作技术参数；

2）各种磁选设备在本厂的使用情况：用于什么作业，采取的技术参数，处理量，进、排矿浆浓度，操作经验和存在问题的改进措施；

3）作业中入选矿物，磁性产物及非磁性产物的品位检测方法，本厂有哪些磁性产品及产品质量；

4）本厂的磁选工艺作业应采用哪种磁选设备为好，原因何在；

5）磁选工艺在本厂的地位和作用；应如何重视此工艺；

6）磁选的粒度，浓度及冲洗水量的调节，设备的检测及维护。

（7）精矿处理，内容如下：

1）精矿的品种，精矿车间的工作制度和劳动组织；

2）精矿的脱水流程；

3）浓缩机、过滤机、干燥机、真空泵、压风机、滤液桶（气水分离器）、除尘器的规格型号及操作参数；

4）浓缩机的给矿浓度和给矿的沉降试验情况，浓缩机的排矿浓度、溢流中的固体含量，单位面积的处理能力；溢流的化学分析，是否加絮凝剂，有无消泡的问题；

5）过滤机工作时间的真宽度，风压，滤饼的水分，过滤机的单位面积生产能力；

6）精矿的贮存和装运设备，用户对产品的要求；

7）精矿车间的供水、供电情况；

8）本工段存在主要问题，改善设备及技术操作的建议。

（8）选厂生产过程的取样，检查，控制，统计和金属平衡，内容如下：

1）取样：检查和控制的项目及目的，全厂取样点的布置；

2）取样设备，取样时间，样品加工处理方法，化验对样品的要求；检验项目：品位，粒度，水分，密度，矿物分析，安息角，摩擦角及沉降试验；

3）生产统计资料：年处理量（t/a）；产品质量：每吨原矿电耗（kW·h），水耗（m^3/t），各种药耗（g/t），碎矿衬板耗量（kg/t）磨机衬板耗量（kg/t），球耗（kg/t），机械损耗，滤布耗量（m^2/t），润滑油耗量（kg/t），磨机利用系数，劳动生产率；

4）金属平衡：选矿金属平衡和产品平衡的编制，找出不平衡的原因，工艺平衡与产品平衡不符合的原因，解决办法。

（9）专题报告及实习参观，内容如下：

1）选矿技术报告：矿床地质概况，原矿性质，选矿工艺流程，选矿工艺设备，配置技术操作情况，选厂管理技术监控及检测，浮选药剂制度，选厂新工艺，生产控制技术经验，产品情况，用户要求，选矿全部工艺指标；

2）矿山建设及经营管理报告；矿史，厂史，矿山地理位置；交通气象水文资料，矿产资料，储量，矿物性质，开采情况，存在问题，发展前景，矿山，选矿的经营管理，资产情况，预计建成后的水平；产值及赢利情况，生产管理人员配置，组织系统，经营销售情况；

3）安全教育报告；

4）实习参观：参观附属选厂；如参观尾矿设施，参观采场，顺路参观冶炼及用矿（选厂产品）单位。

3.7.3 实习注意事项

学生在认识实习过程中应听从实习教师的指导，严格遵守实习单位的一切规章制度，特别要遵守实习单位的安全生产操作规程。实习过程中时刻坚持安全第一的思想。

实习注意具体事项详见3.6节相关内容。

3.7.4 上交成果和成绩评定

上交成果和成绩评定也详见3.6节相关内容。

3.8 “毕业实习”实践教学指导书

3.8.1 毕业实习的目的与要求

（1）在选矿厂对学生进行生产劳动训练和生产实践，以增强学生的劳动观点和实践观点。

（2）通过生产劳动、生产技术教育、资料阅读和实际研究生产问题的方法，使学生理论联系实际、深入研究所在选矿厂的工艺流程及其他技术指标、工艺设备及其技术操作条件，进而研究改善工艺流程、工艺设备、技术指标、技术操作条件、生产管理、产品质量、降低产品成本和提高劳动生产率的各种可能途径，以巩固、充实、提高学生所学知识及培养学生独立分析问题和解决问题的能力。

（3）通过专题报告，生产参观和了解矿山的生产组织系统，以达到对全矿山和选矿厂有较全面的了解。

（4）通过安全教育和研究选矿厂的各种安全技术措施，以获取安全技术知识和培养安全生产的观念。

（5）收集毕业设计的材料。

3.8.2 毕业实习内容安排与要求

（1）建厂地区和选矿厂的概况，内容如下：

1）矿山和选矿厂的地理位置、交通状况；

2）矿区气象资料、最高温度、最低温度、年平均温度、雨季和雨量、冰冻期和洪水水位；

3）厂区工程地质资料：土壤允许负荷和冻结深度，地下水水位，基岩情况，地震情况；

4）矿床和原矿性质；矿床的成因和工业类型，矿石的工业类型；围岩特性；原矿性质，包括矿物组成和有用矿物的嵌布特性；化学组成：化学多元素分析，物象分析，光谱分析，试金分析；物理特性：粒度，真比重和假比重，硬度，水分含量，含泥量，安息角和摩擦角；可溶性盐类；

5）选矿厂供矿情况；采矿方法：开采时期原矿品位的变化情况，服务年限；供矿制度，运输方法，每日供矿时间和供矿量；

6）选矿工艺流程演变的原因和效果，现有的工艺流程技术指标，选矿工艺设备及其技术操作条件改革的情况；

7）选矿厂的改建和扩建情况，选矿厂新建、改建和扩建的设计说明书和图纸；

8）选矿厂尾砂处理、尾矿排放、运输和推荐方法，尾矿水中有毒物的含量和处理办法；

9）选矿厂的供水和供电情况，供水水源、水质、最大水量、最小水量和平均水量、供电电源、电压和电量；

10）产品的产品销售情况，产品种类和质量、数量、产品成本和销售价格、产品用户和地址，用户对产品质量的要求（品位、杂质、水分和粒度）。

（2）破碎车间。

1）破碎车间的工作制度和劳动组织；

2）破碎流程及技术指标，破碎流程考察报告；

3）破碎筛分设备；破碎机：形式和技术规格；润滑系统；排矿口宽度、给矿粒度、排矿粒度、实际生产能力；破碎机给矿和破碎产品的筛分分析；闭路破碎的循环负荷；破碎机给矿的水分含量和含泥量；筛分机：形式和技术规格、安装强度及其使用情况；筛分机的实际生产能力和筛分效率；给矿机的形式和技术规格及其使用情况；各条皮带运输机的形式和技术规格，拉紧装置和制动装置、安装坡度、运送物料的粒度、水分、含泥量和安息角；金属探测器和除铁器的形式和技术规格及其使用情况；

4）破碎车间检修起重机的形式和技术规格及其使用情况；

5）破碎车间设备的连锁控制；

6）破碎车间的建筑物和构筑物：破碎厂房的结构、高度、跨度和长度、地形坡度、检修场地尺寸（面积）、检修台、检修孔的结构和尺寸，门、窗的位置和尺寸；筛分转运站的结构、形式和主要尺寸；不同地点操作平台的结构和尺寸（面积），提升孔位置、用途和尺寸；原矿仓的形式、结构、尺寸、几何容积和有效容积，各面仓壁的倾角和两面仓壁交线的倾角；

7）破碎车间的保安、防火和工业卫生技术措施：通道、孔道、栈桥、梯子、栏杆和设备护罩的设置，主要尺寸及其使用情况；破碎车间的通风设施，人工通风设施的形式和技术规格，自然通风措施；破碎车间的照明设施，人工照明的灯型、排列形式如距离、自然照明、壁窗、天窗的位置、形式和尺寸；破碎车间的排水、排污设施、污水、污砂池的位置和尺寸（容积），污水、污砂泵的形式和技术规格，污水、污砂沟的位置、尺寸和坡度；破碎车间经常发生的或重大的生产事故、设备事故、人身事故或其他事故产生的原因和处理办法；

8）破碎车间的供水、供电概况：供水点、水压和供水管网；供电电压，破碎1t矿石的单位耗电量；

9）破碎车间设备配置的特点：粗、中、细碎是集中配置在一个厂房内，或是分散配置在不同的厂房内，是重叠式配置，或是阶梯式，混合式配置，返矿皮带运输机是垂直于等高线配置或是平行于等高线配置；粗、中、细破碎和筛分机是直线式配置或曲尺式配置等；

10）破碎车间存在的主要问题和解决这些问题的可能途径：改善破碎流程及其技术指标，改善破碎设备及其技术操作条件和改善破碎车间设备配置的可能途径。

(3) 磨选车间（主厂房）：

1）磨选车间的工作制度和劳动组织。

2）磨矿工段。磨矿流程及其技术指标，磨矿流程考察报告；磨矿分级设备中磨矿机的形式和技术规格、润滑系统、衬板的质量，每磨1t矿石衬板的消耗量、球的质量，装入量，充填系数，装球尺寸和比例、球的补加制度，装球设施，每磨1t矿石球的耗量；排矿溜槽的坡度；给矿粒度的磨矿最终产品粒度（细度），磨矿浓度、磨矿机按给矿质量计算和按新生成-0.074mm粒级质量计算单位容积生产能力，磨矿机按给矿质量计算和按新生成-0.074mm粒级质量计算的磨矿效率，第一段闭路磨矿容积分配关系和单位容积生产能力分配关系，第一段闭路磨矿循环和第二段闭路磨矿循环的循环负荷。分级机的形式和技术规格；安装坡度和返砂槽坡度；分级机的溢流浓度和溢流细度，分级机按溢流中固体质量计算的生产能力和按返砂中固体质量计算的生产能力，分级效率。水力旋流器的规格；结构参数（圆柱体的直径和高度，溢流管的直径和插入深度，给矿口和排砂管的直径、锥角），对分级的影响；工艺参数（给矿压力、给矿浓度和给矿量等）对分级的影响，稳定给矿压力的措施；溢流中最大粒度、溢流中的分离粒度、溢流中-0.074mm粒级含量三者之间的关系；旋流器生产能力和分级效率。磨矿工段各条皮带运输机的形式、规格、安装坡度、运送物料的粒度水分，含泥量和安息角。自动计量皮带秤或电子秤的形式，规格及其使用情况。磨矿工段检修起重机的形式、技术规格及其使用情况。磨矿工段的建筑物和构筑物：磨矿厂房的结构、高度、跨度、长度、地形坡度。检修场地尺寸（面积），检修台的结构和尺寸，门和窗的位置及尺寸；磨矿分级操作平台的结构和尺寸（面积）；细矿仓的形式、尺寸、结构、几何容积和有效容积，贮存矿量，各面仓壁的倾角和两面仓壁交线的倾角；事故放矿和检修放矿用砂池的位置、尺寸（容积）。磨矿工段供水、供电概况，供水点，水压和供水管网，供电电压、配电板的位置和开关型号、磨碎1t矿石（得合格产品）的单位耗电量。磨矿工段设备配置的特点、球磨分级机组是垂直于等高线配置，或是平行于等高线配置，第一段磨矿机和第二段磨矿机是集中配置在一个台阶上，或是分散配置在不同的台阶上等。磨矿工段存在的主要问题和解决这些问题的可能途径，改善磨矿流程及其技术指标，改善磨矿设备及其技术操作条件和改善磨矿工段配置的可能途径。

3）浮选工段。熟悉浮选流程的特点、数质量流程和矿浆流程，浮选流程考察报告；一个浮选系统的主要设备：搅拌槽、浮选机和砂泵的形式和技术规格；各浮选作业的浮选时间、浓度、pH值、浮选时间的计算，各浮选作业泡沫精矿的浓度，浮选机容积定额（即每日每吨矿石所需的浮选机容积（$m^3/(d \cdot t)$）的计算，浮选最终精矿和最终尾矿的浓度、化学分析、筛分分析；浮选中矿的性质：品位、粒度、浓度、酸碱度，中矿中有用矿物的单体解离情况和连生体的连生情况，中矿量、中矿处理、单独处理，或顺序返回，或集中返回地点；浮选药剂和加药设施、浮选药剂的种类、配制、加药地点、加药方式、加药量、加药设备的形式和技术规格；浮选工段检修起重机的形式和技术规格及其使用情况；浮选工段的建筑物和构筑物，包括浮选工段和选别工段（包括浮选和磁选等），厂房的结构、高度、跨度、长度、地形坡度、检修场地尺寸（面积），门和窗的位置及尺寸，药剂室的位置、结构、高度、宽度和长度；浮选操作平台和药剂室操作平台的结构和尺寸；浮选工段的砂泵间或砂泵池的位置及尺寸、事故放砂池和检修放砂池的位置和尺寸（容积）；浮选工段的供水和供电概况，供水点、水压、供电管网，泡沫冲洗水消耗量；浮选工段设备配置的特点：浮选机组是垂直于等高线配置，或是平行于等高线配置，阶段浮选的浮选作业是集中配置或是分散配置等；浮选工段存在的主要问题和解决这些问题的可能途径，改善浮选流程及其技术指标，改善浮选设备及其技术操作条件和改善设备配置的可能途径。

4）磁选工段。熟悉磁选流程及其技术指标、磁选流程的考察报告；磁选机和磁力脱水槽的形式和技术规格；磁选机的磁场强度、磁选机的生产能力；预磁和脱磁设备的型号和规格及其使用情况；磁选给矿的粒度、浓度和冲洗水量的调节；磁选的精矿品位，精矿水分、浮选药剂对磁选的影响和脱药措施；磁选工段的检修设施；磁选工段的设备配置；磁选工段存在的主要问题和解决这些问题的可能途径，改善磁选流程及其技术指标，改善磁选设备及其技术操作条件和改善设备配置的可能途径。

（4）精矿处理车间，熟悉：

1）精矿处理车间的工作制度和劳动组织；

2）精矿脱水流程和脱水流程考查；

3）浓缩机、过滤机、干燥机、真空泵、压风机、滤液桶（气水分离器）、除尘器；

4）浓缩机的给矿浓度和给矿的沉降试验，浓缩机的排矿浓度，浓缩机溢流中的固体含量，溢流的化学分析和水析，凝聚剂对浓缩沉淀的影响，浓缩机单位面积的生产能力；

5）过滤机工作时的真空度和风压、滤饼和水分、过滤机单位面积的生产能力；

6）干燥炉的形式及主要尺寸，干燥温度和燃料单位消耗量，干燥产品运输设备的形式和规格，干燥产品的水分；

7）最终精矿的贮存和装运工具（汽车、火车、矿斗车）；

8）精矿过滤工段，干燥工段和贮运工段的检修起重机或装载起重机的形式和技术规格；

9）精矿处理车间的建筑物和构筑物，包括过滤工段、干燥工段、贮运工段的厂房结构，高度，跨度或宽度，长度，地形坡度，检修场地尺寸（面积），门、窗的位置和尺寸，操作平台的结构和尺寸（面积）；精矿仓的形式、尺寸、结构、几何容积和有效容积，各面仓壁的倾角和两面仓壁交线的倾角；浓缩机的溢流沉淀池，事故放矿和检修放矿砂池，污砂池的位置、结构和尺寸（容积），溢流澄清水池（回水池）的位置，结构和尺寸（容积）；过滤机的溢流池和滤液池，事故放矿和检修放矿砂池，污砂池的位置、结构和尺寸（容积），干燥工段和贮运工段污砂池的位置、结构和尺寸（容积）；

10）处理车间各工段的供水、供电概况；

11）精矿处理车间各工段的设备配置；

12）精矿处理车间存在的主要问题和解决这些问题的可能途径，改善精矿处理流程及其技术指标，改善精矿设备及其技术操作条件和改善精矿处理各工段设备配置的可能途径。

（5）选矿厂生产过程的取样、检查、控制、统计和金属平衡：

1）选矿厂取样、检查和控制的项目及目的，全厂取样点的布置、取样设备，取样时间间隔，样品加工处理过程和方法，送试验室的各种样品要求（筛分、分析、矿物分析、水分、真密度和假密度、安息角和摩擦角测定等），送化验室的样品要求（质量、粒度、水分）；

2）选矿厂生产统计的主要资料：如各年处理矿量（t/a）；每年各种精矿产品的品位；每年处理原矿的平均单位耗电量（度/吨），耗水量（m^3/t），各种药剂的耗药量（g/t），破碎衬板耗量（kg/t），磨矿衬板耗量（kg/t），球耗量（kg/t），浮选叶轮耗量（kg/t），滤布耗量（平方尺/吨），润滑油脂耗量（kg/t）；各年球磨机的利用系数（按新生-0.074mm粒级质量计算或按给矿质量计算，$t/(m^3 \cdot h)$；各年选矿厂的全员劳动生产率和按生产工人计算的劳动生产率；

3）选矿厂金属平衡，熟悉选矿厂工艺金属平衡和商品平衡编制的目的和方法；选矿厂工艺金属量不平衡的原因，商品金属量不平衡的原因，工艺平衡和商品平衡不符合的原因，解决的方法。

（6）专题报告和生产参观：

1）实习期间根据具体情况，可聘请厂矿有关人员作下列报告，如各种教育报告：矿史、厂史，选矿厂保安和保密报告，选矿报告，选矿厂矿床地质概况和原矿性质、选矿工艺流程的演变，选矿工艺设备、设备配置和技术操作条件方面重大的改革，合理化建议，选矿试验研究工作简介。采矿报告：在参观采矿时进行。矿山和地质勘探报告：在参观地质勘探时进行。邀请工人、技术人员、其他有关人员进行专题座谈，以解决专门问题。

2）实习期间根据具体情况，可组织学生进行下列参观，如尾矿工段，了解尾矿处理措施（尾矿坝、尾矿沉淀池、水井和排水涵道、排洪沟、输送管道、排卸方式、加压泵站、事故放矿池及其设施、尾矿中有毒物含量和处理方法，尾矿水回收泵站、尾矿设施的看管和维修）；采矿场：主要了解供矿情况和供给矿石性质；地质勘探：主要了解矿床的成因、工业类型、围岩特性和矿石的工业类型及矿石性质；冶炼厂：主要了解选冶关系和用户对产品的质量要求和其他要求；发电站、变电站、配电所：主要了解供电情况；水泵站：主要了解供水情况及设备；机修间、机修厂、电修间的设备配等。

3.8.3 注意事项

学生在毕业实习过程中应听从实习教师的指导，严格遵守实习单位的一切规章制度，特别要遵守实习单位的安全生产操作规程。实习过程中时刻坚持安全第一的思想。

实习具体注意事项详见 3.6 节相关内容。

3.8.4 上交成果和成绩评定

上交成果和成绩评定详见 3.6 节相关内容。

3.9 “毕业设计”实践教学指导书

3.9.1 毕业设计目的

毕业设计基本目的有：

（1）综合运用所学的基础理论、基本技能和专业知识。

（2）基本掌握选矿厂设计的内容、步骤和方法。

（3）根据选矿厂日处理量进行破碎筛分、磨矿分级、选别流程和脱水流程的选择和计算、主要设备和辅助设备的选型和计算、选矿厂各车间的平断面图的绘制以及设计说明书的编写。

（4）进一步培养撰写和使用各种参考资料（专业文献、设计手册、国家标准、技术定额等）能力及独立地、创造性地解决实际问题的能力。

（5）较好地理解并贯彻我国矿山建设的方针政策和经济体制改革的有关规定，树立政治、经济和技术三者结合的设计观点。

所要绘制的图纸有：

（1）破碎筛分数质量流程图。

（2）磨浮流程数质量和矿浆流程图。

（3）粗碎车间平断面图。

（4）中细碎车间平断面图。

（5）细筛车间平断面图。

（6）主厂房平断面图。

（7）脱水车间平断面图。

（8）全厂的平面图。

通过毕业设计，全面提高学生的选矿设计、计算、绘图和写作能力以及培养学生学会使用参考书籍、国家标准、技术定额、指标和价格等资料的能力，培养学生具有全面解决矿物加工问题的能力。

3.9.2 毕业设计一般规定

（1）毕业设计题目，由指导教师分别为每个学生制定，经教研室审批，在进行设计前发给学生。发给学生的毕业设计题目及专题应根据所设计的课题性质条件制订。非经指导教师允许及教研室的审批，不准在设计过程中对题目进行任何更改。

（2）毕业设计的答疑，应该安排时间表，使学生知道答疑的时间和地点，有利于设计工作的正常进行，指导教师的答疑主要应放在引导和启发学生如何正确地、创造性地解决设计中的问题，同时必须防止学生过分依赖教师而不独立思考，为此要求学生：

1）请求答疑前必须准备好问题，并携带有关设计资料和图纸；

2）对主要方案的选择和技术决定，在任何情况下，不得向教师要答案，在答疑时，必须阐明自己的意见和设计依据，然后提出疑难，否则教师可以拒绝答疑；

3）设计中主要方案和技术决定，必须经过指导教师答疑并得到同意后，方能进行详细的设计和计算；

4）设计者意见和指导教师意见不一致时，若设计者有把握时也可以不采纳指导教师的意见，但必须经过深入细致考虑，虚心研究指导教师意见后再作决定，以免发生严重错误和重大返工；

5）除根据答疑时间表请求答疑外，必要时可以请求指导教师作临时性的答疑；

6）必须接受指导教师的检查，检查前要事先做好准备。

（3）毕业设计指导书是毕业设计的基本文件，是帮助学生更好地完成毕业设计的工具，因此要求设计开始时，系统学习，并在指导教师指导下制定设计进度计划，在设计期间严格执行，以保证完成设计任务。

（4）设计说明书应用钢笔端正书写（或打印），文字叙述力求简单、通顺明确，说明书内应包括设计内容的简述，技术经济指标汇总，主要方法或设备的选择和计算。若毕业设计中曾进行过实验研究或技术调查，则应将这些内容加以描述，列入说明书中的每一典型计算应该完整，同类型的计算可将最终结果列于表内。除文字及计算外，说明书还应包括系统图、草图、图表、表格及其他必须说明的材料。一般性问题的讨论和从某些文献摘录引证不宜过多占设计说明书篇幅。说明书应按出版要求，附上目录、图纸一览表及参考文献，书中的页、图、表应分别统一编号。

3.9.3 毕业设计计算步骤

毕业设计计算过程与步骤参照本书3.4节和4.2节进行。

3.10 “毕业论文”实践教学指导书

3.10.1 毕业论文的目的和类型

“毕业论文”是矿物加工专业的实践教学环节。

（1）主要目的是巩固加深基础理论和基本技能；培养学生综合应用所学知识和技能分析和解决实际问题、独立开展科学研究的能力。

（2）毕业论文类型：实验研究类、软件工程类。

3.10.2 毕业论文的要求

毕业论文是结合理论及生产实际所提出的问题，查阅文献，拟定研究方法和技术路线，构建试验装置，运用基本理论和试验研究方法安排试验，处理试验数据，得出试验研究结果，撰写毕业论文。

具体要求按照不同类型分为：

（1）实验研究类：

1）进行实验前的准备工作，查阅相关资料；

2）制订实验方案；

3）设计实验系统；

4）进行试验研究；

5）试验数据分析与处理；

6）编写研究报告。

（2）软件工程类：

1）按照软件工程的方法，进行项目调查、用户需求分析和项目可行性分析；

2）设计软件开发方案；

3）学习项目管理方法，绘制网络图；

4）进行程序编码；

5）进行程序调试、运行；

6）编写项目研究报告和用户使用说明书。

3.10.3 毕业论文原则

（1）应按照给定的毕业论文任务书和毕业论文大纲要求，在指导教师指导下独立完成任务。

（2）应按照国家标准、技术规范，参阅有关资料进行实验研究。

（3）应结合企业生产实际状况，采用先进技术，力求符合生产实际，使之在技术上先进而可行，在经济上节约而合理。

3.10.4 毕业论文任务及深度

毕业论文任务及深度的考虑，着眼于全面培养学生素质、培养实际动手能力，应尽量涵盖毕业论文要求，同时应考虑时间问题，尽量简化过程。

（1）实验研究类：

1）围绕所选课题广泛收集资料，查阅各种文献资料，详细了解所选课题的国内外研究现状，写出详细的文献综述；

2）在文献综述的基础上，提出自己的试验方案；

3）准备必要的试验仪器设备，开展试验研究；讨论试验结果，得出主要结论。

（2）软件工程类：

结合专业特点，完成相对独立的一块软件系统或子系统的设计，能够独立运行，实际应用，功能齐全；有可实际运行的示例程序。

3.10.5 毕业论文时间安排

毕业论文时间具体安排见表 3-32。

表 3-32 毕业论文时间安排表

周　次	实验研究类	软件工程类
1~4	资料收集、方案制定	
5~10	开展试验研究	编　程
11	数据处理，编写试验毕业论文	程序调试、编写说明书
12	毕业论文答辩	

3.10.6 试验研究论文

论文是结合科研工作进行的研究论文，主要是科研试验研究论文，科研工作可以一人或多人合作完成，其论文内容应该各有侧重。研究工作包括试验装置的调试、仪器仪表的使用、试验数据的采集及整理等，字数应在 1.5 万~2.0 万字。按照学位论文的形式编写，毕业论文应该主要包括如下内容：

（1）绪论。

（2）文献综述。了解国内外关于钨矿石选矿的工艺、设备、药剂的发展现状、发展方向、最新动态和发展趋势；介绍了黑、白钨矿的选矿技术的现状，对其浮选的捕收剂、调整剂及选矿工艺的现状和进展进行了详细的评述，并对黑、白钨矿选矿的研究方向进行了展望。

对微细粒黑钨矿选矿药剂和工艺研究现状进行了详细的评述。在总结微细粒钨和钨细泥回收存在主要问题的基础上，提出了微细粒黑钨矿选矿工艺改进的建议，进而对微细粒黑钨矿选矿的研究方向进行了展望。

（3）实验系统及试验设计。掌握钨矿石重选、磁选和浮选设备的工作原理，钨矿石选矿过程中所需的实验室设备和药剂，了解浮选的药剂制度和药剂作用机理。

（4）试验内容。掌握钨矿石重选试验过程中各种重选设备参数的条件试验；掌握钨矿石高梯度磁选试验过程中磁场强度等各种磁选参数的条件试验；掌握钨矿石浮选试验过程中磨矿细度、浮选时间、捕收剂种类、捕收剂用量、调整剂种类、调整剂用量、组合捕收剂、组合抑制剂比例等条件试验；在条件试验的基础上，掌握钨矿石选矿的开路试验及闭路试验。

（5）数据分析及结果。掌握钨矿石试验过程中的条件试验、开路试验、闭路试验结果数据的分析和讨论，对试验过程中出现的问题能进行分析；根据试验结果的算术平均值对问题作对比下结论。

（6）结论。试验过程中所得到的主要数据、结果和结论，包括采用什么样的磨矿细度、浮选时间、捕收剂种类和用量、调整剂的种类和用量、磁场强度、摇床的冲程和冲次、开路试验和闭路试验的试验条件和药剂制度等，还有最佳工艺流程得到的选矿指标等。

（7）参考文献。应该列出钨选矿方面的参考文献，而且英文文献应该占到1/3。

论文要求条例清楚，层次分明、文笔流畅、论据充分，说理严密、富有逻辑。

3.10.7 软件工程类

软件开发应分为：软件技术研究报告、软件使用说明书、软件相关技术文件。软件研究报告应按照学位论文的形式编写：

（1）绪论。

（2）文献综述。

（3）技术选择及框架设计。

（4）软件系统设计。

（5）关键技术研究。

（6）系统运行情况。

（7）结论。

（8）参考文献。

软件使用说明书：说明软件的安装、各部分的操作方法等；软件相关技术文件：包括详细的数据库的结构、各种技术参数等。

4 钨资源开发项目驱动实践教学案例

本章以黑白钨矿为例，详细介绍了钨矿资源开发项目驱动下研究方法教学案例、钨选矿厂初步设计计算和钨选矿厂工业设计的案例。

4.1 黑白钨研究方法教学案例

4.1.1 矿石性质

某白钨矿中，金属矿物以黄铁矿为主，其次为白钨矿，磁铁矿，其他金属矿物有黄铜矿和少量的辉铋矿，闪锌矿，赤铁矿，磁黄铁矿，偶尔见到方铅矿。由于辉铋矿粒度太细，回收难度较大。因此矿石中有价回收的矿物为白钨矿和黄铜矿。非金属矿物有石榴石，萤石，绿帘石，透辉石，透闪石，石英等。方解石、碳酸盐矿物、石榴石含量最多，其他矿物都较少，萤石含量也不高。

白钨矿晶体为近于八面体的四方双锥状，呈不规则粒状或致密块状集合体。其分布不均匀，仅见于少数矿块中。部分为自形、半自形板片状或粒状，部分则为形态多变的不规则状，晶体粒度较为细小，一般为 0.02~0.15mm 之间。概括起来，矿石中白钨矿主要呈粒状以星散浸染状的形式沿脉石粒间充填，少数聚合成不规则的团块状或断续延伸的细脉状，其中呈细脉状产出者细脉宽度通常小于 0.25mm，而团块状集合体个别粗者可至 0.45mm 左右，一般 0.1~0.2mm，但部分集合体中因夹杂细小的针状、毛发状或微粒状脉石残余而使其粒度发生细化。

该白钨矿矿床主要形成于花岗岩与碳酸盐类岩石的接触带，并沿着砂页岩与灰岩的互层发育成重要的似层状矿体。一般产在矽卡岩体中，接触带不超过岩体 700~1000m。矿体形态有似层状、扁豆状、囊状、脉状和短柱状等，其中以似层状最有工业意义。矿体的大小差别极大，长由几米至 1800 米，厚度由不到 1 米至 80 多米，倾斜深度由几米至 1500 米。共生矿物除石榴子石、符山石、透辉石、阳起石、透闪石等典型矽卡岩矿物外，还有石英—硫化物期形成的石英、长石、萤石和硫化物等组成，是典型的复杂矽卡岩。其原矿主要元素成分分析结果见表 4-1。

表 4-1 某白钨原矿主要元素成分分析结果 （质量分数/%）

元素	w(Cu)	w(Zn)	w(Pb)	w(S)	w(Fe)	$w(WO_3)$	$w(SiO_2)$	$w(Al_2O_3)$	w(CaO)	w(MgO)	w(Mo)
含量	0.19	0.011	0.012	2.96	9.84	0.28	27.50	11.54	19.88	4.53	0.002

4.1.2 白钨矿碎磨过程产品粒度筛析教学案例

针对上述白钨矿，在白钨矿碎矿与磨矿的过程中，需要掌握白钨矿筛分分析，绘制筛分分析曲线；振动筛的筛分效率和生产率测定；破碎前后的产品粒度组成特性及其粒度特性方程求解；可磨性测定及其磨矿动力学求解；磨矿过程影响因素等实验方法。具体实验内容和步骤，可参考《粉体工程》实践教学指导书第 3 章的内容。

4.1.2.1 筛分分析及其绘制筛分分析曲线

按照本书 3.2.1 节实验步骤对上述白钨矿在标准套筛下进行筛分测试，列出筛分分析结果见表 4-2。

表 4-2 筛分分析数据

级别		质量	质量分数	筛上累积质量分数	筛下累积质量
目	筛孔宽/mm	/g	/%	/%	分数/%
+32	+0.5	38.92	7.78	7.78	100.00
−32+45	−0.5+0.3	70.23	14.05	21.83	92.22
−45+100	−0.3+0.15	88.97	17.79	39.62	78.17
−100+150	−0.15+0.1	90.34	18.07	57.69	60.38
−150+200	−0.1+0.074	150.54	30.11	87.80	42.31
−200	−0.074	61.00	12.20	100.00	12.20
共 计		500.00	100.00	—	—

根据表 4-2 中数据，可以绘制出“粒度—质量分数”、“ 粒度—筛上累积质量分数”和“粒度—筛下累积质量分数” 等各种类型的粒度分析曲线，如图 4-1~图 4-4 所示。

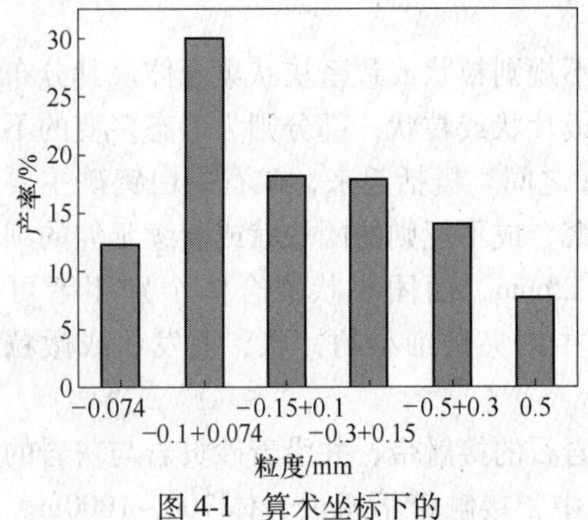

图 4-1 算术坐标下的
“粒度—质量分数” 柱状图

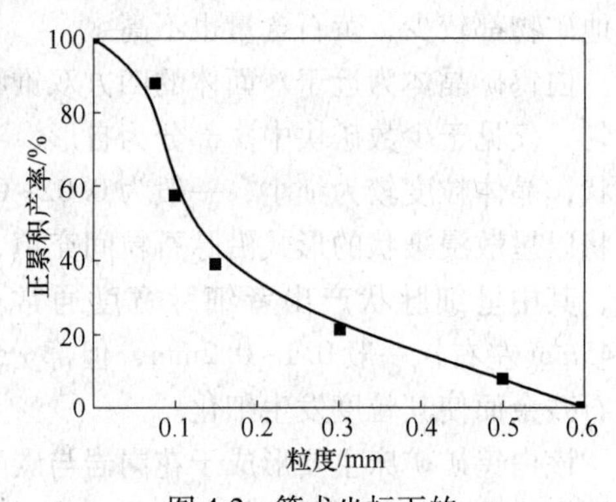

图 4-2 算术坐标下的
“粒度—筛上累积质量分数” 曲线图

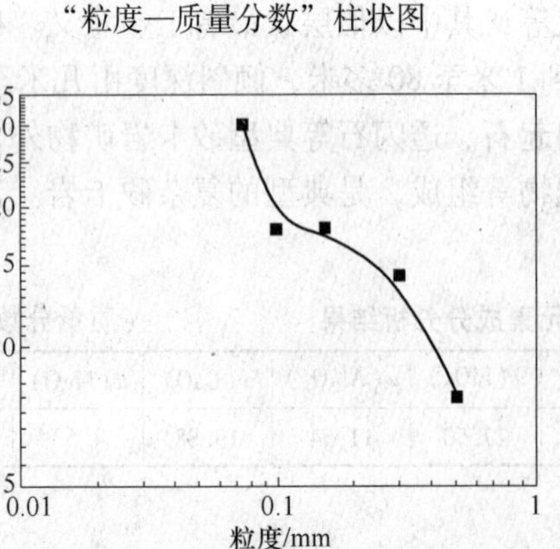

图 4-3 半对数坐标下的
“粒度—筛上累积质量分数” 曲线图

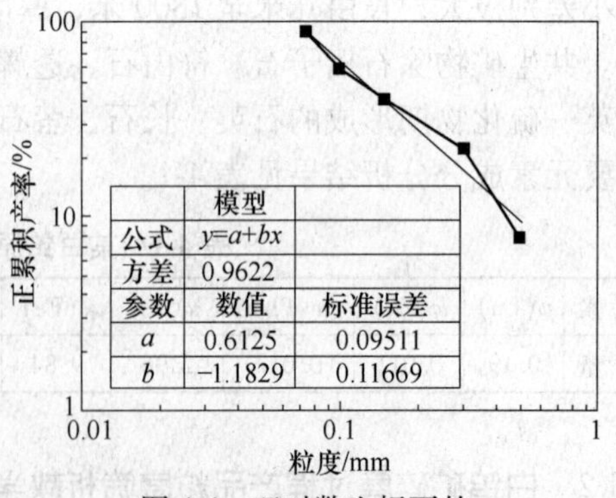

图 4-4 双对数坐标下的
“粒度—筛下累积质量分数” 曲线图

由图 4-4 可以得出，拟合的直线方程式为 $\lg y=0.788\lg x+2.251$，表示该产品的负累积产率与粒度的关系近似于直线。

4.1.2.2 振动筛的筛分效率和生产率测定

实验振动筛的筛网：长 0.6m，宽 0.3m，面积 $0.18m^2$，筛孔宽 2mm、5mm、10mm、25mm。矿料密度（δ）$6100kg/m^3$。

筛分结果见表 4-3。

表 4-3 振动筛筛分结果

项目（筛孔）	2	5	10	25
给矿质量/kg	5	5	5	5
筛上物质量/kg	3.86	2.45	1.12	0.48
筛下物质量/kg	1.14	2.55	3.88	4.52
筛分时间/min	5	5	5	5
筛上物中比筛孔小的矿粒含量/%	18.23	10.65	5.2	0.9
用 $E=C/Q\alpha$ 计算的效率	8.41	28.67	61.12	81.80
用 $E=(\alpha-\theta)/\alpha(100-\theta)$ 计算的效率	61.83	90.72	98.52	99.90

从表 4-3 可知，两种筛分效率相差较大，原因在于筛分的时间较短，筛孔的尺寸变形较大，降低了筛分效率。

4.1.2.3 白钨矿破碎产品粒度组成

对需要破碎的白钨矿进行了破碎前后的筛分分析，并记录下各粒级的质量，具体实验内容和步骤，可参考本书第三章实践教学指导书的内容。数据见表 4-4。

破碎机名称：复摆颚式 60×100；排矿口宽度 3mm；矿石名称：白钨矿。

表 4-4 白钨矿破碎前后产品粒度分析

给矿筛分分析，原重 5kg				产品筛分分析，原重 5kg				
筛孔宽/mm	质量/kg	质量分数/%	筛下累积百分率/%	筛孔宽/mm	筛孔宽/排矿口宽	质量/kg	质量百分数/%	筛下累积百分率/%
−35+26	0.24	4.80	100.00	+8	8/3	0.14	2.80	100.00
−26+15	0.78	15.60	95.20	−8+6	7/3	0.32	6.40	97.20
−15+12	1.06	21.20	79.60	−6+5	6/3	0.44	8.80	90.80
−12+8	0.88	17.60	58.40	−5+4	5/3	0.86	17.20	82.00
−8+3	0.92	18.40	40.80	−4+3	4/3	1.46	29.20	64.80
−3	1.12	22.40	22.40	−3	1	1.78	35.60	35.60
合计	5	100.00	—	—	—	5	100.00	—

根据表 4-4 中的数据，可以绘制出破碎原矿和破碎产品筛分分析曲线，如图 4-5 和图4-6 所示。

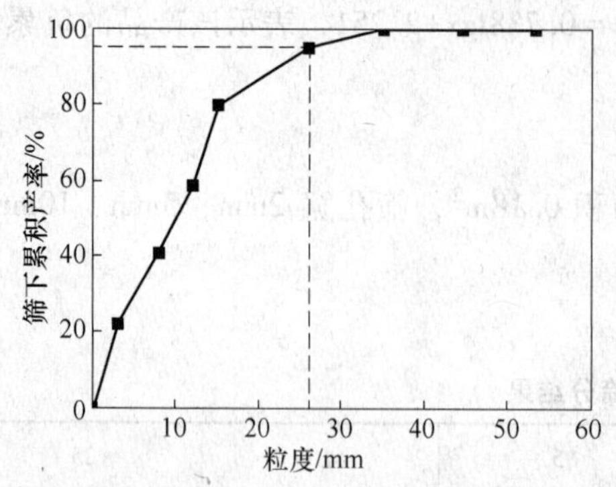

图 4-5 破碎给矿筛下累积产率与粒度曲线

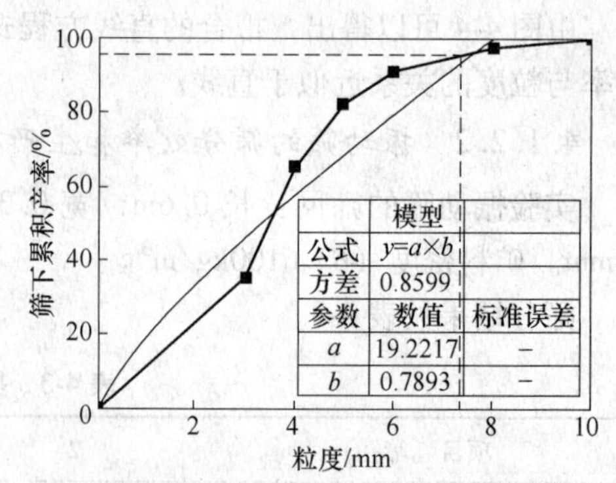

图 4-6 产品筛下累积产率与粒度曲线

根据上述两图，可以得出：给矿最大块 25.90mm；产品最大块 7.12mm；破碎比 3.64。

利用 origin 软件，可以拟合得到破碎机产品的粒度特性方程式：

$$y = 19.22x^{0.79}$$

4.1.2.4 白钨矿可磨性

对破碎后的白钨矿进行了磨矿，并记录下不同时间下+100 目质量，具体实验内容和步骤，可参考本书第三章实践教学指导书的内容。实验结果见表 4-5。

试料名称：白钨矿；每次试料质量 500g；磨矿浓度 65%。

表 4-5 不同时间下+100 目产率记录表

实验次序	磨矿时间		+100 目质量 /g	+100 目质量分数 R/%	−100 目质量分数 100−R/%	R_0/R	lg（$\lg R_0/R$）
	t/min	lg$t$					
1	3	lg3	108.28	21.66	78.34	4.02	lg0.60=−0.22
2	6	lg6	54.88	10.98	89.02	7.93	lg0.90=−0.05
3	9	lg9	14.56	2.91	97.09	29.88	lg1.48=0.17
4	12	lg12	9.85	1.97	98.03	44.16	lg1.65=0.22

注：1. R_0是被磨物料中粗级别质量分数 R_0+100 目−87%；

2. R 是经过 t 时间磨矿以后，粗粒级残留物的质量分数，+100 目物料为粗级别物料。

根据表 4-5 中的数据，可以绘制出−100 目的筛下物含量与磨矿时间的关系曲线和绘制 lg$t$ 与 lg（$\lg R_0/R$）的曲线，分别如图 4-7 和图 4-8 所示。

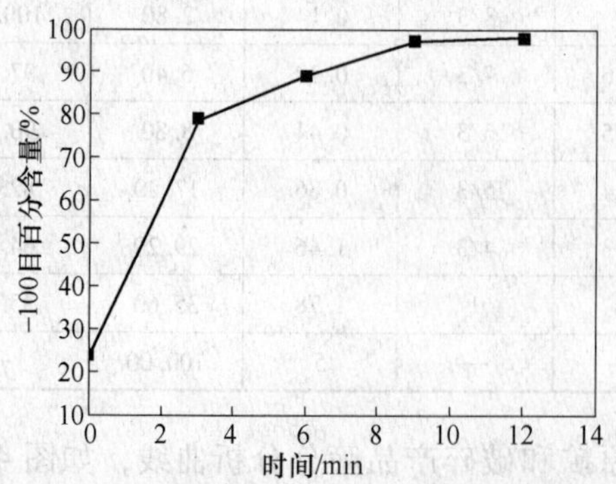

图 4-7 −100 目的筛下物含量与磨矿时间的关系曲线图

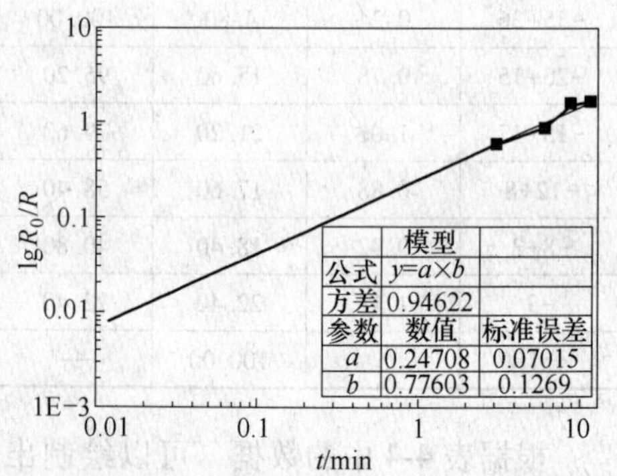

图 4-8 lg$t$ 与 lg（$\lg R_0/R$）的曲线

根据图 4-8，利用 origin 软件进行线性拟合，可求出该白钨矿磨矿动力学参数，其中，$k=0.2470/2.718=0.091$，$m=0.776$，磨矿动力学方程式为：

$$R=R_0\exp\left(-0.091t^{0.776}\right)$$

4.1.2.5 白钨矿磨矿影响因素实验

对白钨矿磨矿过程中的装矿量和磨矿浓度等影响因素进行了实验，并记录下各粒级的质量。具体实验内容和步骤，可参考本书第 3 章实践教学指导书的内容。记录下的数据见表 4-6 和表 4-7。

表 4-6 装矿量试验数据表

装矿量/g		250	500	750	1000
筛上量	质量/g	160.22	301.77	428.24	641.03
	产率/%	64.09	60.35	57.10	64.10
筛下量	质量/g	89.78	198.23	321.76	358.97
	产率/%	35.91	39.65	42.9	35.9

表 4-7 磨矿浓度试验数据表

浓度/液固比		0.5∶1(33.33%)	1∶1(50%)	1.5∶1(60%)	2∶1(66.67%)
筛上量	质量/g	202.45	103.45	97.56	101.23
	产率/%	40.49	20.69	19.51	20.25
筛下量	质量/g	297.55	396.55	402.44	398.77
	产率/%	59.51	79.31	80.49	79.75

根据表 4-6 可以看出，该白钨矿在装矿量为 750g 情况下的磨矿效果最好；根据表 4-7 可以看出，在液固比 1.5∶1 的情况下的磨矿效果最好。

4.1.3 白钨矿浮选与某黑钨矿重选实验教学案例

白钨矿通常采用浮选方法进行选别，故本节内容重点测定白钨矿的接触角、捕收剂、调整剂、浮选动力学等实验。而黑钨矿石通常采用跳汰、摇床等重选方法进行选别，故实验侧重水析、跳汰、摇床等实验。具体实验方法和步骤可参考“矿物加工学”第三章实践教学指导书。

4.1.3.1 白钨矿浮选实验教学案例

A 接触角测定

接触角的大小可以用来反映矿物表面的润湿性即亲水和疏水的程度。接触角越大，矿物的疏水性越强，可浮性越好；反之，接触角越小，亲水性越强，可浮性越差。在该白钨矿的接触角测定中，使用了蒸馏水、GYR、水杨醛肟、GYR 与水杨醛肟、组合捕收剂与水玻璃等矿浆条件进行了测定。接触角的实验结果见表 4-8。

表 4-8 白钨矿与药剂作用前后的接触角结果

矿浆条件	蒸馏水	GYR	水杨醛肟	GYR 与水杨醛肟	组合捕收剂与水玻璃
接触角/°	23.4	72.8	49.7	76.8	73.5

从表 4-7 可知，白钨矿在蒸馏水中的接触角为 23. 4°，当不添加捕收剂时，白钨矿基本不上浮；白钨矿与 GYR 作用之后，接触角增大，白钨矿的接触角增大到 72. 8°，疏水性较强；白钨矿与水杨醛肟作用后，接触角也有所增大，白钨矿接触角为 49. 7°，白钨矿的疏水性较弱；当白钨矿与组合捕收剂作用之后，白钨矿的接触角为 76. 8°，大于单独使用 GYR 作用的接触角，说明组合捕收剂的使用能增强白钨矿的疏水性，表现出一定可浮性，但是差异较小；当组合捕收剂与水玻璃共同作用后，白钨矿的接触角为 73. 5°，与单独使用组合捕收剂相比，下降幅度不明显，亲水性有所增强，可浮性差异显著，因此可以实现白钨矿与其他矿物的有效分离。

B 捕收剂实验

由于该白钨矿嵌布粒度较细，且含有部分硫化矿物，采用浮选法回收钨，在浮选白钨之前应先脱硫化矿。本试验采用白钨的高效捕收剂 ZL 浮选白钨，旨在粗选尽量提高钨的回收率，加温精选实现白钨与氟化钙和方解石的分离。粗选条件试验流程如图 4-9 所示。采用丁黄药和 2 号油浮选的一粗一扫混浮流程脱硫化矿。

捕收剂 ZL 的用量试验流程结果如图 4-10 所示。

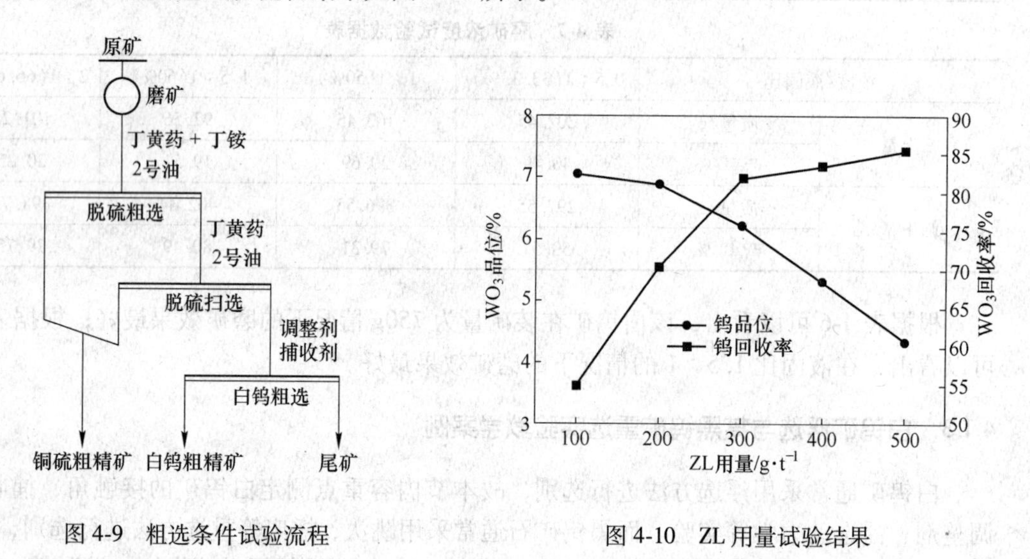

图 4-9 粗选条件试验流程

图 4-10 ZL 用量试验结果

从图 4-10 可以看出，随着 ZL 用量的增大，钨的回收率提高，但是白钨粗精矿品位下降，综合考虑，捕收剂 ZL 的用量为 300g/t 效果较好，比原来现场用氧化石蜡皂的用量小，而且回收率更高。

C 调整剂和抑制剂实验

选择 Na_2CO_3 与 Na_2SiO_3 组合作为白钨粗选的调整剂和抑制剂，试验流程如图 4-9 所示，碳酸钠用量和水玻璃用量试验结果分别如图 4-11 和图 4-12 所示。

试验结果表明：钨粗选时碳酸钠用量为 2000g/t 时效果较理想，当水玻璃用量不足时，对脉石矿物抑制不够，钨粗精矿产率大、钨品位低；当水玻璃用量过大时，白钨矿也受到抑制，钨回收率低，钨粗选时水玻璃用量以 4500~5000g/t 为宜，实验选水玻璃的用量为 5000g/t。

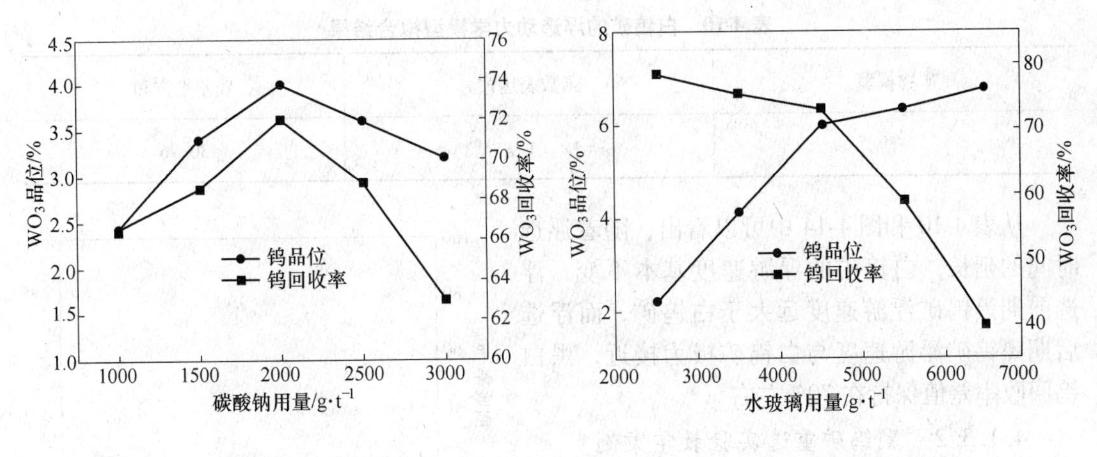

图 4-11 碳酸钠用量试验结果　　图 4-12 水玻璃用量试验结果

D 浮选动力学

浮选速度常数是矿物浮选动力学的重要特性之一。假定矿物在较短时间间隔 Δt_i 内的浮选速度常数 K 不变，且符合一级浮选动力学方程，可求出矿物在时间间隔为 Δt_1，Δt_2，…，时相应的 K_1，K_2，…，等，平均值的计算采用加权平均法求得。浮选速度常数见表 4-9。

表 4-9 白钨矿浮选速度常数

刮泡时间/min 矿物	0.1	0.2	0.3	0.4	1	1.5	平均值 K	标准差 SD
白钨矿	1.65	1.54	1.34	1.07	1.04	0.43	1.30	0.42

由表 4-9 可以看出，不加调整剂时矿物的 K 值较大且随浮选的进行 K 值逐渐降低，由标准差 SD 可知 K 值在浮选过程中波动较大。不加调整剂时，白钨矿的平均 K 值之比分别为 5.17，添加适量的柠檬酸可显著扩大矿物浮游速度之间的差异。

浮选过程中可浮性好、K 值高的矿物，以较快的速度浮出；可浮性差、K 值低的矿物，以较慢的速度浮出，在研究这种规律时，必然对在同种矿物中，具有各种不同 K 值的量究竟占多大比率感兴趣。矿物浮选过程 K 值的分布采用陈子鸣提出的积分复原法进行分析，白钨矿浮选速率常数分布计算结果如图 4-13 所示。

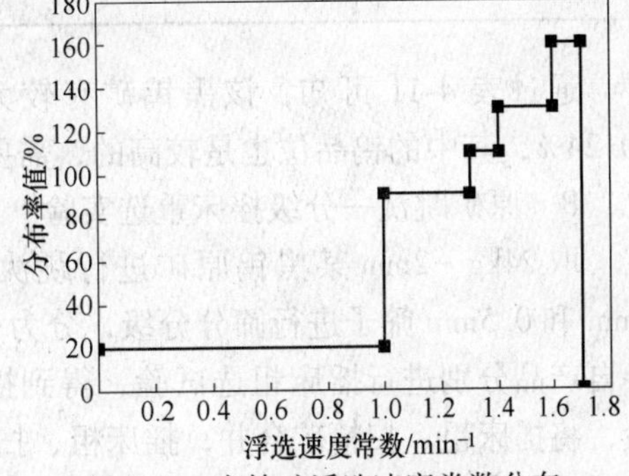

图 4-13 白钨矿浮选速度常数分布

从图 4-13 中可以看出，不加调整剂时矿物浮选速度常数分布范围较宽，白钨矿 K 值分布在 0 ~ 1.7min^{-1}，1.41 ~ 1.7min^{-1} 约占 38%，1.3~1.41 min^{-1}约占 13%，0.97~1.3 min^{-1}约占 30%，0~0.97 min^{-1}约占 19%。

白钨矿的一阶浮选动力学模型的拟合结果见表 4-10 和如图 4-13 所示。

表 4-10 白钨矿的浮选动力学模型拟合结果

矿物模型	函数表达式	残差平方和
一阶	$\varepsilon=1\times(1-\varepsilon^{-0.06t})$	30.96

从表 4-10 和图 4-14 中可以看出，随着浮选时间的延长，白钨矿的浮游速度基本不变，浮选前期黑钨矿浮游速度远大于白钨矿，而浮选后期黑钨矿浮游速度与白钨矿极为接近，黑白钨回收率差值保持在 70%左右。

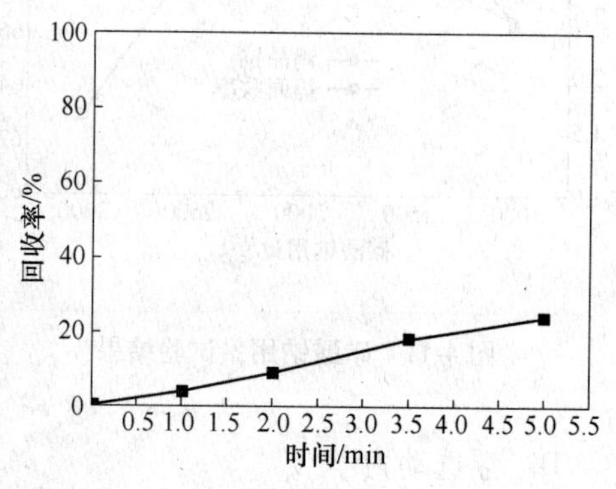

图 4-14 白钨矿浮选动力学模拟曲线

4.1.3.2 黑钨矿重选实验教学案例

A 水析实验

水析法就是根据矿粒在介质中的沉降速度，按沉降末速换算出颗粒粒度。水析法的基本原理，是利用在固定沉降高度的条件下，逐步缩短沉降时间，由细至粗地，逐步将较细物料自试料中淘析出来，从而达到对物料进行粒度分布测定。该案例对某黑钨矿进行了水析实验，实验数据记录见表 4-11。

表 4-11 水析实验记录表

粒级/mm	质量/g	产率/%		品位/%	金属分布率/%	
		本粒级	负累积		本粒级	负累积
0.074~0.037	12.41	24.82	100	0.78	26.13	100.00
0.037~0.019	19.98	39.96	75.18	1	40.66	74.03
0.019~0.01	6.93	13.86	35.22	0.54	13.13	33.37
-0.01	10.68	21.36	21.36	0.54	20.24	20.24
合 计	50.00	100.00	—	0.57	100	—

通过表 4-11 可知，该黑钨矿有较为严重的过粉碎现象，-10μm 金属分布率达到 20.24%，其中的钨品位也是较高的，需要在碎磨方面减轻其过粉碎。

B 原矿跳汰—分级摇床重选实验

取 24kg -2mm 某黑钨原矿进行跳汰试验，得到跳汰精矿和跳汰尾矿。跳汰尾矿用 1mm 和 0.5mm 筛子进行筛分分级，分为-2+1mm、-1+0.5mm、-0.5mm 三种产品，并将各自产品分别进行摇床粗选试验，得到摇床精、中、尾矿，摇床中矿再进行摇床扫选试验，将摇床粗、扫精矿合并，摇床粗、扫尾矿合并，最终得到摇床精矿（K_1、K_2、K_3）、中矿（中矿 1、中矿 2、中矿 3）、尾矿（尾矿 1、尾矿 2、尾矿 3）及摇床溢流。原矿跳汰—分级摇床分选试验流程如图 4-15 所示。跳汰—分级摇床分选试验结果和各产品指标见表 4-12、表 4-13。

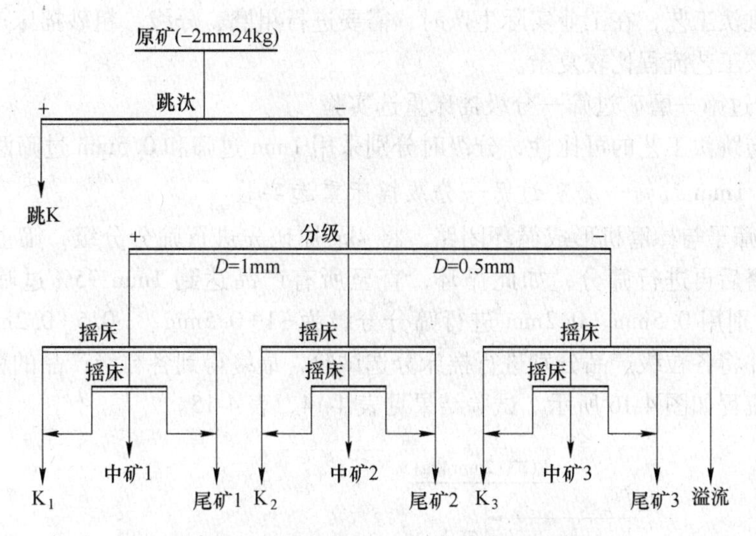

图 4-15　跳汰—分级—摇床分选试验流程

表 4-12　跳汰—分级摇床分选实验结果

分级粒度		产品	产率/%	品位/%	回收率/%
跳汰粗精矿（跳 K）			8.62	15.67	58.33
分级一	-2+1	摇床粗精矿（K_1）	0.59	9.90	2.54
		摇床中矿（中 1）	3.43	2.30	3.41
		摇床尾矿（尾 1）	35.51	0.65	9.97
分级二	-1+0.5	摇床粗精矿（K_2）	0.24	4.91	0.50
		摇床中矿（中 2）	1.84	1.27	1.01
		摇床尾矿（尾 2）	7.56	0.44	1.44
分级三	-0.5	摇床粗精矿（K_3）	1.40	15.58	9.43
		摇床中矿（中 3）	1.14	2.32	1.15
		摇床尾矿（尾 3）	28.17	0.36	4.38
		摇床溢流	11.49	1.58	7.84
合　计			100.00	2.32	100.00

表 4-13　跳汰—分级摇床分选各产品指标

产　品	产率/%	品位/%	回收率/%
混合精矿（跳 K、K_1、K_2、K_3）	10.85	15.11	70.80
混合中矿（中矿 1、中矿 2、中矿 3）	6.41	2.01	5.56
摇床溢流	11.49	1.58	7.84
混合尾矿（尾 1、尾 2、尾 3）	71.25	0.51	15.79

由表 4-12、表 4-13 可知：采用原矿直接跳汰—分级摇床分选工艺，能获得混合精矿品位含钨为 15.11%，回收为 70.80%，混合尾矿产品含钨为 0.51%，回收率 15.79%的指

标。如使用跳汰工艺，在工业实际生产时，需要进行粗磨、分级、粗砂摇床产品细磨等作业，会造成该工艺流程比较复杂。

C 原矿过筛—磨矿过筛—分级摇床重选实验

考虑到与跳汰工艺的可比性，分级时分别采用 1mm 过筛和 0.5mm 过筛两种方案。

a 原矿 1mm 过筛—磨矿过筛—分级摇床重选实验

用 1mm 筛子与棒磨机形成循环闭路。将 4kg 原矿先进行筛分分级，筛上产品返回进行棒磨，棒磨后再进行筛分，如此循环，直至所有产品达到 1mm 95%过筛。然后再将 -1mm产品分别用 0.5mm、0.2mm 进行筛分分级为 -1+0.5mm、-0.5+0.2mm、-0.2mm 三种产品，并将各粒级产品分别进行摇床分选试验，最终得到各粒级产品的精矿、中矿及尾矿。试验流程如图 4-16 所示。试验结果见表 4-14、表 4-15。

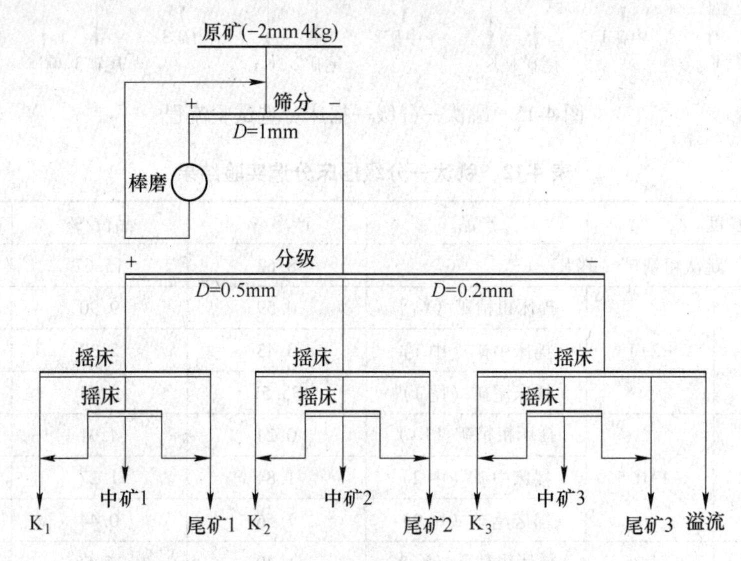

图 4-16 原矿 1mm 过筛—磨矿过筛—分级摇床重选实验

表 4-14 原矿 1mm 过筛—棒磨过筛—分级摇床重选实验结果

分级粒度	产 品	产率 2/%	品位/%	回收率/%
-1+0.5	摇床粗精矿（K_1）	2.15	24.28	21.19
	摇床中矿（中 1）	3.26	3.89	5.13
	摇床尾矿（尾 1）	31.84	0.47	6.06
-0.5+0.2	摇床粗精矿（K_2）	2.02	22.55	18.43
	摇床中矿（中 2）	6.71	2.46	6.69
	摇床尾矿（尾 2）	17.18	0.38	2.64
-0.2	摇床粗精矿（K_3）	3.22	21.35	27.81
	摇床中矿（中 3）	2.60	1.93	2.04
	摇床尾矿（尾 3）	19.35	0.39	3.06
	摇床溢流	11.67	1.47	6.95
合 计		100.00	2.47	100.00

注：1mm 过筛，相当于-200 目占 28.19%。

表 4-15 原矿 1mm 过筛—棒磨过筛—分级摇床重选实验各产品指标

产 品	产率/%	品位/%	回收率/%
混合精矿（K_1、K_2、K_3）	7.39	22.53	67.43
混合中矿（中矿 1、中矿 2、中矿 3）	12.57	2.72	13.85
摇床溢流	11.67	1.47	6.95
混合尾矿（尾 1、尾 2、尾 3）	68.37	0.42	11.76

由表 4-14、表 4-15 可知：原矿 1mm 过筛—棒磨过筛—分级摇床重选工艺能获得混合精矿含钨品位为 22.53%，回收率为 67.43%，混合尾矿含钨品位为 0.42%，回收率为 11.76%。该工艺所获指标明显优于跳汰工艺。

b 原矿 0.5mm 过筛—磨矿过筛—分级摇床重选实验

用 0.5mm 筛子与棒磨机形成循环闭路，将 4kg 原矿先进行筛分分级，筛上产品返回进行棒磨，如此循环，直至所有产品达到 0.5mm 95% 过筛。然后将 -0.5mm 产品用 0.2mm 进行筛分分级为 -0.5+0.2mm、-0.2mm 两种产品，并将各粒级产品分别进行摇床分选试验，最终得到各粒级产品的精矿、中矿及尾矿。试验流程如图 4-17 所示。试验结果见表 4-16、表 4-17。

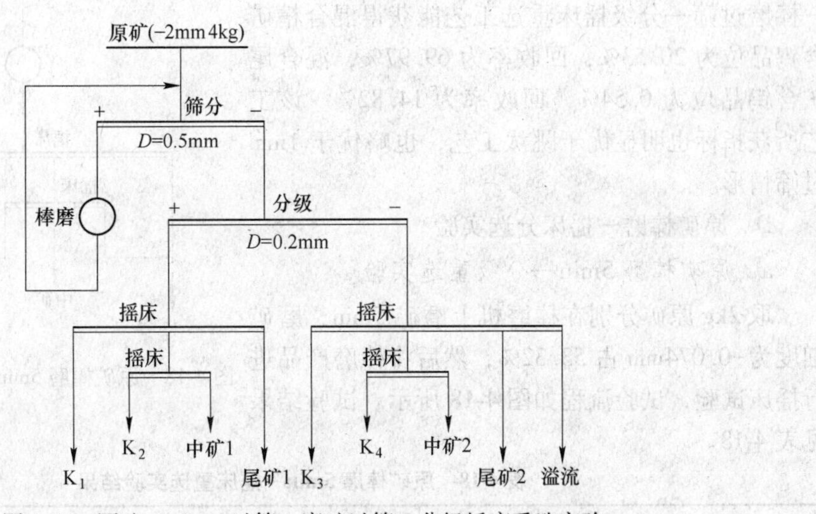

图 4-17 原矿-0.5mm 过筛—磨矿过筛—分级摇床重选实验

表 4-16 原矿 0.5mm 过筛—棒磨过筛—分级摇床重选实验结果

分级粒度	分级产率/%	产 品	产率/%	品位/%	回收率/%
-0.5+0.2	44.07	摇床粗精矿（K_1）	2.33	27.95	25.92
		摇床粗精矿（K_2）	1.91	8.40	6.38
		摇床中矿（中 1）	2.61	2.71	2.81
		摇床尾矿（尾 1）	37.71	0.54	8.10

续表 4-16

分级粒度	分级产率/%	产　品	产率/%	品位/%	回收率/%
-0.2	55.93	摇床粗精矿（K_3）	3.09	25.78	31.68
		摇床粗精矿（K_4）	1.24	12.16	5.99
		摇床中矿（中2）	2.59	3.57	3.69
		摇床尾矿（尾2）	31.82	0.53	6.71
		摇床溢流	16.71	1.31	8.71
合　计	100.00	—	100.00	2.51	100.00

注：0.5mm 过筛，相当于-200 目 40.11%。

表 4-17　原矿 0.5mm 过筛—棒磨过筛—分级摇床重选各产品指标

产　品	产率/%	品位/%	回收率/%
混合精矿（K_1、K_2、K_3、K_4）	8.56	20.53	69.97
混合中矿（中1、中2）	5.20	3.14	6.50
摇床溢流	16.71	1.31	8.71
混合尾矿（尾1、尾2）	69.53	0.54	14.82

由表 4-16、表 4-17 可知：原矿 0.5mm 过筛—棒磨过筛—分级摇床重选工艺能获得混合精矿含钨品位为 20.53%，回收率为 69.97%，混合尾矿含钨品位为 0.54%，回收率为 14.82%。该工艺所获指标也明显优于跳汰工艺，也略优于 1mm 过筛情形。

D　原矿棒磨—摇床分选实验

a　原矿棒磨 5min—分级重选实验

取 2kg 原矿分别在棒磨机上磨矿 5min，磨矿细度为-0.074mm 占 53.32%，然后将棒磨产品进行摇床试验，试验流程如图 4-18 所示。试验结果见表 4-18。

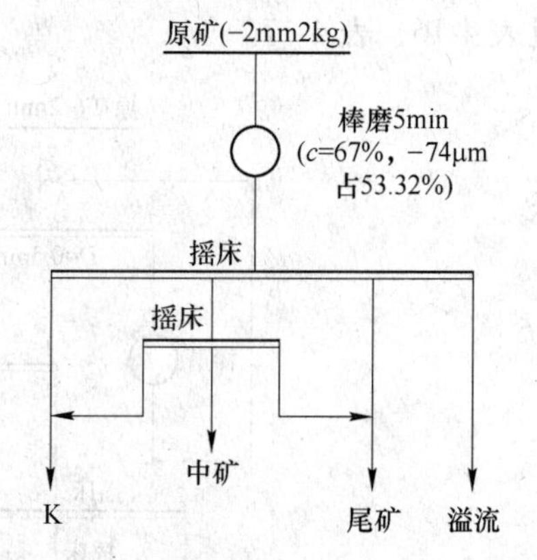

图 4-18　原矿棒磨 5min—摇床分选试验流程

表 4-18　原矿棒磨 5min—摇床重选实验结果

产　品	产率/%	品位/%	回收率/%
摇床精矿	8.80	20.47	70.46
摇床中矿	2.68	3.74	3.91
摇床尾矿	67.76	0.51	13.52
摇床溢流	20.76	1.49	12.10
合　计	100.00	2.56	100.00

注：棒磨 5min，相当于-200 目占 53.32%。

由表 4-18 可知：原矿棒磨 5min—摇床分选试验分选指标较好。摇床精矿品位为 20.47%，回收率为 70.46%。尾矿品位降至含钨 0.51%。原矿直接棒磨—摇床工艺要比原矿预先筛分—棒磨筛分—摇床工艺获得的指标要略差些，但前者工艺设备却要简单得多。

b　原矿棒磨 3min—分级重选实验

取 6kg 原矿分别在棒磨机上磨矿 3min，磨矿细度为-0.074mm 占 39.71%，然后将棒磨产品进行摇床试验，试验流程如图 4-19 所示。试验结果见表 4-19。

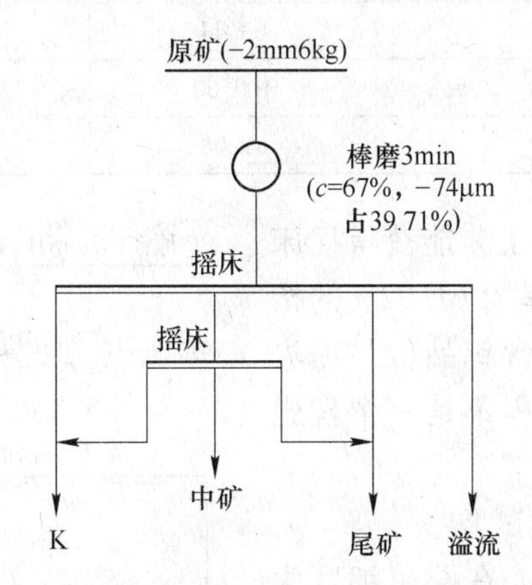

图 4-19　原矿棒磨 3min—摇床分选试验流程

表 4-19　原矿棒磨 3min—摇床重选实验结果

产　品	产率/%	品位/%	回收率/%
摇床精矿	8.95	17.76	66.68
摇床中矿	9.95	2.63	10.98
摇床尾矿	58.25	0.33	8.06
摇床溢流	22.85	1.49	14.28
合　计	100	2.38	100

由表 4-19 可知：原矿棒磨 3min—摇床分选试验分选指标较好。摇床精矿品位为 17.76%，回收率为 66.68%。尾矿品位降至含钨 0.33%。原矿直接棒磨 3min 的分选效果比原矿直接棒磨 5min 的分选效果要好，是上述所有工艺中尾矿品位最低的。

E　原矿棒磨—强磁选—摇床富集试验

在上述原矿棒磨—摇床分选工艺的基础上，先将棒磨产品直接进入高梯度强磁选机进行强磁选，然后再将磁选精矿进行摇床实验，试验流程如图 4-20 所示，试验结果见表 4-20。

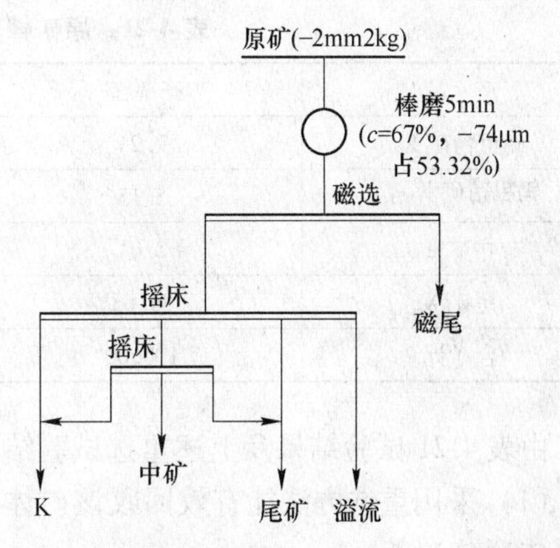

图 4-20　棒磨—强磁选—摇床分选工艺流程

表 4-20　棒磨—强磁选—摇床分选工艺试验结果

产　品	产率/%	品位/%	回收率/%
摇床精矿	3.65	40.53	61.92
摇床中矿	1.84	2.68	2.07

续表 4-20

产 品	产率/%	品位/%	回收率/%
摇床尾矿	23.63	0.69	6.82
摇床溢流	7.42	3.34	10.37
磁选尾矿	63.44	0.71	18.83
合 计	100.00	2.39	100.00
混合尾矿（摇尾、磁尾）	87.08	0.70	25.65

由表 4-20 可知：强磁选工艺能获得摇床精矿品位为 40.53%，回收率为 61.92%的指标。但磁选尾矿及摇床尾矿含钨品位与损失的回收率均较高，该工艺流程不是一个理想的流程结构。

F 原矿棒磨—浮选富集试验

取 1kg 原矿样进行棒磨，在磨矿细度为 -0.074mm 占 53.32%下进行先脱硫再选钨浮选试验。

脱硫药剂为：丁黄 80g/t，2 号油 21g/t；

浮钨药剂为：粗选、调整剂用水玻璃 2000g/t，$Al_2(SO_4)_3$ 450g/t，$PbNO_3$ 400g/t；捕收剂：GYB 380g/t，GYR 24g/t；扫选捕收剂用 GYB 200g/t，GYR 12g/t。试验流程如图 4-21 所示。试验结果见表 4-21。

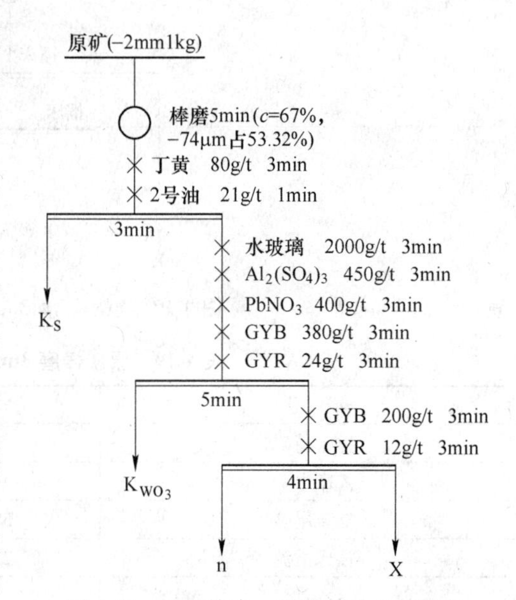

图 4-21 原矿棒磨—浮选试验工艺流程

表 4-21 原矿棒磨—浮选工艺试验结果

产 品	产率/%	品位/%	回收率/%
硫粗精矿 Ks	7.21	0.31	0.91
钨粗精矿 K_{WO_3}	5.15	0.73	1.53
中矿 n	2.01	1.32	1.08
尾矿 X	85.63	2.76	96.47
合 计	100.00	2.45	100.00

由表 4-21 试验结果及上述重选试验结果，可得到以下规律：

（1）采用重选方法能有效回收该矿体中的钨，混合钨精矿最高回收率能达到 73%以上（未脱硫）。

（2）采用强磁选—重选方法虽然也能回收钨，但白钨全部损失在磁选尾矿中，导致钨总回收率不高。

（3）采用浮选方法回收以黑钨为主的矿石，因为黑钨密度大，浮选过程中容易沉槽，全部富集在尾矿中。需要后续采用重选方法回收这部分黑钨。另外，黑白钨混合浮选后需要进行黑白钨分离、白钨加温浮选，流程异常复杂，不建议采用浮选方法。

（4）从几种重选方法的比较上看，结合未来的流程改造，建议采用“原矿棒磨—摇床分选”方案。考虑到钨矿呈粗粒嵌布，适当放粗磨矿细度，有助于提高钨回收率。

G 尾矿回收钨试验

a 摇床溢流离心选矿试验

对原矿含钨2.48%经棒磨5min—摇床分选得到的摇床溢流（含钨1.55%），进行了离心选矿试验，试验结果见表4-22。

表4-22 摇床溢流离心选矿试验结果

产 品	作业产率/%	品位/%	作业回收率/%
离心粗精矿	8.43	10.58	60.72
离心尾矿	91.57	0.63	39.28
合 计	100.00	1.47	100.00

由表4-22可知：采用离心选矿方法，能富集得到钨细泥精矿。其含钨品位为10.58%，作业回收率为60.72%。但离心选矿富集比仅为7.20，若要使钨细泥含钨达到20%以上，需要采用一粗一精离心选矿工艺。

含钨1.265%的混合矿经棒磨3min—摇床分选得到的摇床溢流（含钨0.65%）而进行一粗一精离心选矿分选的结果，见表4-23。

表4-23 摇床溢流一粗一精离心选矿试验结果

产 品	产率/%	品位/%	作业回收率/%
离心粗精矿	2.69	12.66	52.57
离心中矿	6.32	1.70	16.57
离心尾矿	90.99	0.22	30.86
合 计	100.00	0.65	100.00

从表4-23可以看出：在入选品位含钨为0.65%条件下，采用一粗一精离心选矿工艺，才能获得含钨品位12.66%的钨细泥精矿，作业回收率为52.57%。

b 摇床溢流悬振锥面选矿试验

对原矿含钨1.24%经棒磨3min—摇床分选得到的摇床溢流（含钨0.67%），进行了悬振锥面选矿试验，试验结果见表4-24。

表4-24 悬振锥面选矿机选矿试验结果

产 品	产率/%	品位/%	作业回收率/%
悬振精矿	0.39	26.18	15.29
悬振中矿	1.40	15.40	32.10
悬振尾矿	98.21	0.36	52.62
合 计	100	0.67	100

注：考虑到悬振中矿品位较高可以并入悬振精矿，故混合精矿为悬振精矿加悬振中矿。

由表4-24可知：采用悬振锥面选矿方法，能富集得到钨细泥精矿。其混合精矿含钨品位为17.76%，作业回收率为47.39%。比起离心选矿，悬振锥面选矿的富集比更高，达到26.51，一般一次选别即可获得合格的钨细泥精矿。且悬振锥面选矿机能连续作业，操作也比离心选矿机更简单，运行和维护也更方便。

H 钨粗精矿脱硫浮选试验

a 摇床粗精矿浮选脱硫试验

摇床作业所获的精矿产品为含钨、含硫的粗精矿，需要进行脱硫以进一步提高钨品位。脱硫浮选采用一粗一扫一精浮选工艺，试验流程如图 4-22 所示，试验结果见表 4-25。

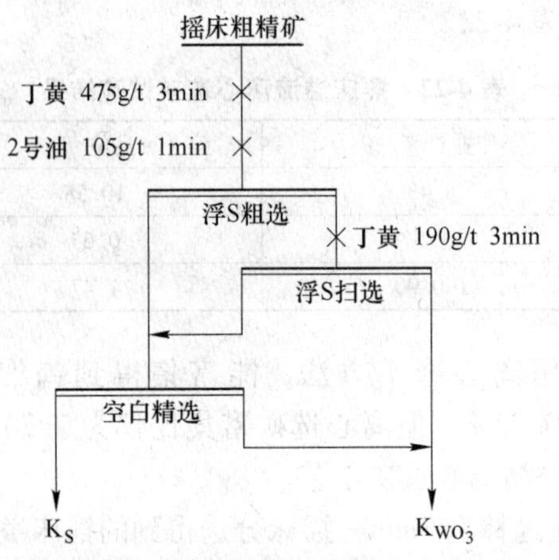

图 4-22 摇床粗精矿浮选脱硫试验流程

表 4-25 摇床粗精矿浮选脱硫试验结果

作业条件	产品	产率/%	作业产率/%	品位/%	作业回收率/%
棒磨 5min 原矿含钨 2.48%	硫粗精矿 Ks	3.44	62.54	2.62	5.85
	钨粗精矿 K_{WO_3}	2.06	37.46	70.35	94.15
	合 计	5.50	100.00	27.99	100.00
棒磨 3min 原矿含钨 2.48%	硫粗精矿 Ks	5.24	58.54	0.72	2.37
	钨粗精矿 K_{WO_3}	3.71	41.46	41.85	97.63
	合 计	8.94	100.00	17.77	100.00
棒磨 3min 原矿含钨 1.24%	硫粗精矿 Ks	2.80	51.56	0.10	0.34
	钨粗精矿 K_{WO_3}	2.63	48.44	31.60	99.66
	合 计	5.43	100.00	15.36	100.00
棒磨 3min 原矿含钨 0.86%	硫粗精矿 Ks	2.88	33.03	0.42	1.93
	钨粗精矿 K_{WO_3}	5.84	66.97	10.53	98.07
	合 计	8.72	100.00	7.19	100.00
棒磨 3min 原矿含钨 1.265%	硫粗精矿 Ks	3.88	66.87	0.65	2.97
	钨粗精矿 K_{WO_3}	1.92	33.13	43.01	97.03
	合 计	5.80	100.00	14.69	100.00

由表 4-25 可知：摇床粗精矿脱硫化矿后，其作业回收率均在 94%以上，钨在浮选时的损失率不大，属正常范围。摇床粗精矿产率的高低，决定着摇床粗精矿脱硫化矿后钨精矿品位的高低。

b 离心重选粗精矿浮选脱硫试验

为了与棒磨5min—摇床粗精矿进行脱硫浮选试验指标进行对比，对棒磨5min—离心重选粗精矿和棒磨3min—离心重选粗精矿分别进行浮选脱硫试验。试验流程如图4-23所示，试验结果见表4-26。

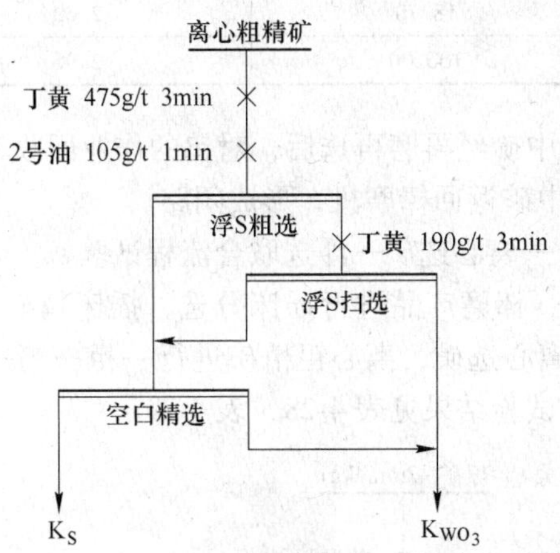

图4-23 离心重选粗精矿浮选脱硫试验流程

表4-26 摇床粗精矿浮选脱硫试验结果

作业条件	产 品	产率/%	品位/%	作业回收率/%
棒磨5min 原矿含钨2.48%	硫粗精矿 Ks	32.15	4.67	18.42
	钨粗精矿 K_{WO_3}	67.85	9.80	81.58
	合 计	100.00	8.15	100.00
棒磨3min 原矿含钨2.48%	硫粗精矿 Ks	16.59	1.86	6.70
	钨粗精矿 K_{WO_3}	83.41	5.15	93.30
	合 计	100.00	4.60	100.00

由表4-26可知：离心重选粗精矿脱硫化矿后，钨精矿品位比较低。需要在钨细泥回收时采用离心选矿一粗一精流程，提高离心重选粗精矿含钨品位。棒磨3min所得钨粗精矿浮选脱硫的作业回收率达到93%以上。

I 摇床中矿再磨再选试验

推荐的原矿棒磨3min—摇床粗选—摇床扫选工艺流程结构中，摇床中矿中钨的回收率占总回收率10%左右。为了考查该摇床中矿中钨的可回收性，进行了摇床中矿再磨再选实验。试验流程如图4-24所示，试验结果见表4-27。

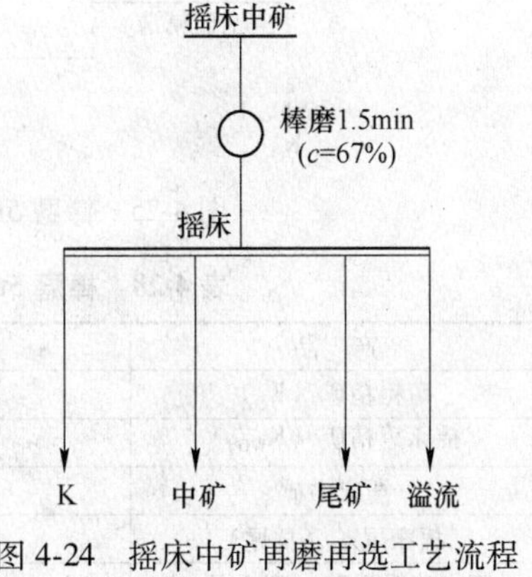

图4-24 摇床中矿再磨再选工艺流程

表4-27 摇床中矿再磨再选试验结果

产 品	产率/%	品位/%	回收率/%
摇床精矿	13.44	12.65	57.48

续表 4-27

产　品	产率/%	品位/%	回收率/%
摇床中矿	30.36	1.70	17.45
摇床尾矿	37.50	0.68	8.62
摇床溢流	18.70	2.60	16.44
合　计	100.00	2.96	100.00

由表 4-27 可知：摇床中矿经再磨再选后，对钨的作业回收率达到 57.48%。因此工业生产时应考虑到把该部分中矿返回棒磨机，形成闭路。

J　棒磨—摇床—浮选—离心选矿—浮选联合流程试验

对原矿进行棒磨 5min，棒磨产品进行摇床分选，摇床精矿进行一粗一精一扫脱硫化矿浮选钨，摇床溢流进行离心选矿，离心粗精矿进行一粗一精一扫脱硫化矿浮选钨试验。试验流程如图 4-25 所示，试验结果见表 4-28、表 4-29。

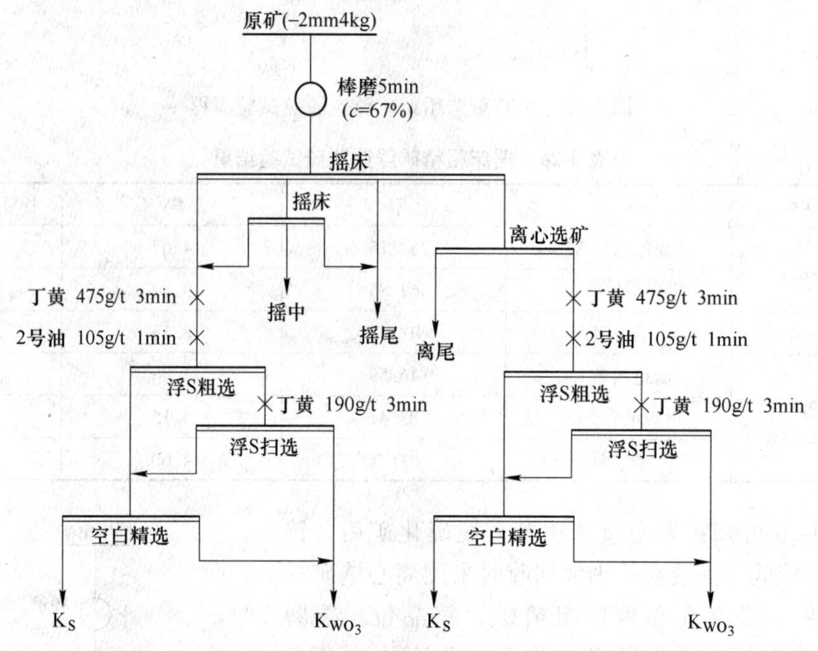

图 4-25　棒磨 5min—摇床—浮选—离心选矿—浮选试验流程

表 4-28　棒磨 5min—摇床—浮选—离心选矿—浮选试验结果

产　品	产率/%	品位/%	回收率/%
硫粗精矿（K_S）	5.43	1.08	2.42
摇床钨精矿（K_{WO_3}）	2.53	62.55	65.31
摇床中矿	1.74	3.05	2.19
摇床尾矿（摇尾）	59.99	0.48	11.88
离心硫粗精矿（离心 K_S）	1.27	4.67	2.45
离心钨精矿（离 K_{WO_3}）	2.68	9.80	10.85
离心尾矿（离尾）	26.36	0.45	4.90
合　计	100.00	2.42	100.00

注：倒矿时不小心把部分离 K_{WO_3} 倒入离 K_S 中导致离 K_S 品位偏高。

表 4-29 棒磨 5min—摇床—浮选—离心选矿—浮选分选各产品指标

产 品	产率/%	品位/%	回收率/%
混合钨精矿（K_{WO_3}、离 K_{WO_3}）	5.21	35.40	76.16
中矿	1.74	3.05	2.19
混合尾矿（摇尾、离尾）	86.35	0.47	16.78
混合硫精矿（K_S、离心 K_S）	6.70	1.76	4.87
合 计	100	2.42	100

由表 4-28、表 4-29 可知：对棒磨 5min 重浮联合流程，能获得混合钨精矿含钨品位 35.40%，回收率 76.16%；混合尾矿含钨品位 0.47%，回收率 16.87%的分选指标。

将上述棒磨 5min—摇床—浮选—离心选矿—浮选流程棒磨时间降低至 3min，其余条件保持不变，试验结果见表 4-30、表 4-31。

表 4-30 棒磨 3min—摇床—浮选—离心选矿—浮选试验结果

产 品	产率/%	品位/%	回收率/%
硫粗精矿（K_S）	5.24	0.72	1.58
摇床钨精矿（K_{WO_3}）	3.71	41.85	65.10
摇床中矿	9.95	2.63	10.98
摇床尾矿（摇尾）	58.25	0.33	8.06
离心硫粗精矿（离心 K_S）	1.02	1.86	0.80
离心钨精矿（离 K_{WO_3}）	5.14	5.15	11.10
离心尾矿（离尾）	16.70	0.34	2.38
合 计	100.00	2.38	100.00

表 4-31 棒磨 3min—摇床—浮选—离心选矿—浮选分选各产品指标

产 品	产率/%	品位/%	回收率/%
混合钨精矿（KW_{O_3}、离 K_{WO_3}）	8.85	20.53	76.20
中矿	9.95	2.63	10.98
混合尾矿（摇尾、离尾）	74.94	0.33	10.44
混合硫精矿（K_S、离心 K_S）	6.26	0.91	2.38
合 计	100	2.38	100

由表 4-30、表 4-31 可知：与棒磨 5min—摇床—浮选—离心选矿—浮选流程相比，棒磨产品粒度放粗后能保持混合钨精矿回收率大于 76%时，混合尾矿含钨品位降低至 0.33%，回收率损失率也从 16.87%降至 10.44%。该工艺所获指标更为理想，所以该黑钨矿最终采用“棒磨—摇床—浮选—悬振选矿—浮选”的工艺流程。

4.1.4 黑钨矿加工工厂设计教学案例

本节案例是以广东某黑钨矿山的选别流程来进行设计的，该黑钨矿根据光谱定性半定量分析和多元素化验分析，试料中可供回收的主要元素为钨，其次为铅、锌、银。含

WO_3 2.48%，含铅、锌、银分别为0.46%、0.65%和7.9%。根据物质组成研究结果，黑钨相、白钨相、钨华所占的比例分别为86.70%、9.10%、4.20%，脉石矿物主要为石英。该试样是一个以黑钨为主的石英脉型钨矿床。

根据矿物性质和选矿探索实验，提出采用“原矿棒磨—摇床分选—浮选脱硫、摇床中矿再磨再选、摇床溢流—悬振选矿”主体工艺，能获得含钨品位为20.53%、回收率为76.20%的钨粗精矿。

全流程采用“原矿棒磨—摇床分选—浮选脱硫、摇床中矿再磨再选、摇床溢流—悬振选矿—浮选脱硫、脱硫钨精矿摇床分选”处理工艺，开路实验能获得：含钨品位65.15%、回收率49.36%的合格钨精矿以及含钨品位20%、回收率26%以上的钨细泥（中间产品）；尾矿含钨品位0.23%，且以白钨为主；硫粗精矿含钨0.63%、钨损失率为1.92%。扫选尾矿、悬振尾矿和硫粗精矿泵入铅锌厂进行铅锌的回收。钨精矿中Pb损失回收率为0.65%，Zn损失回收率为0.20%；钨中矿中Pb损失回收率为0.99%，Zn损失回收率为3.66%。考虑到悬振精矿和摇床中矿返回形成闭路作业，则钨产品中Pb损失回收率为2%，Zn损失回收率为4%。

推荐“原矿破碎—棒磨—分级—摇床—浮选脱硫、摇床中矿再磨再选、摇床溢流—悬振选矿—浮选脱硫、脱硫钨精矿摇床分选”选矿处理工艺作为该黑钨矿选矿厂设计工艺流程。流程图如图4-26所示。

根据上节所介绍的选矿试验结果，对设计流程所涉及的各种选矿设备进行了计算及选择。按照要求，设计选矿厂规模为100t/d。实验室所测矿石的堆密度为1.89g/m^3，真密度为2.91 g/m^3。

4.1.4.1 破碎设备的选择和计算

由于实际场地条件限制，破碎流程设计为两段一闭路破碎，要求破碎设备的运行时间为15~16h，按2班运行。

拟选用颚式破碎机+圆锥破碎机+自定中心振筛构成两段一闭路破碎流程，现就进行流程中的主要设备计算及选择：

（1）工艺流程参数计算。根据实际经验和设计要求的处理能力，结合现场的采矿条件，给矿粒度要求为200mm以下，最终破碎产品为12mm（95%通过），由此可知总破碎比为：200/12=16.67，两段破碎的平均破碎比为4.1。根据现场经验，选择一段破碎比为5，二段破碎比为3.33，则一段排矿最大粒度为：200/5=40mm，二段排矿口为40/3.33=12.0mm。

（2）颚式破碎机的选择和计算。根据实际经验和设计要求的处理能力，初步选择PE250×400复摆型颚式破碎机作为一段破碎的破碎设备。其进料口最大为210mm，排矿口调整范围为20~80mm，破碎比为5。

颚式破碎机处理量可计算为：

$$Q = K_1 K_2 K_3 K_4 Q_s$$

式中 Q——在设计条件下破碎机的处理量，t/h；

Q_s——标准条件下（中硬矿石、松散密度为1.6t/m^3）开路破碎时的处理量，t/h。按下式计算：

$$Q_s = q_o e$$

式中 q_o——颚式、旋回破碎机，标准、中型、短头圆锥破碎机单位排矿口宽度的处理量，t/(mm·h)，根据经验值取0.4；

e——破碎机排矿口宽度，mm，$e=40/1.6=25$mm；

K_1——矿石可碎性系数，取0.9；

K_2——矿石密度修正系数，K_2=矿石堆密度/1.6=1.89/1.6=1.18；

K_3——给矿粒度或破碎比修正系数，K_3=最大给矿粒度/进料口尺寸=200/210=0.95；

K_4——水分修正系数，取1.0。

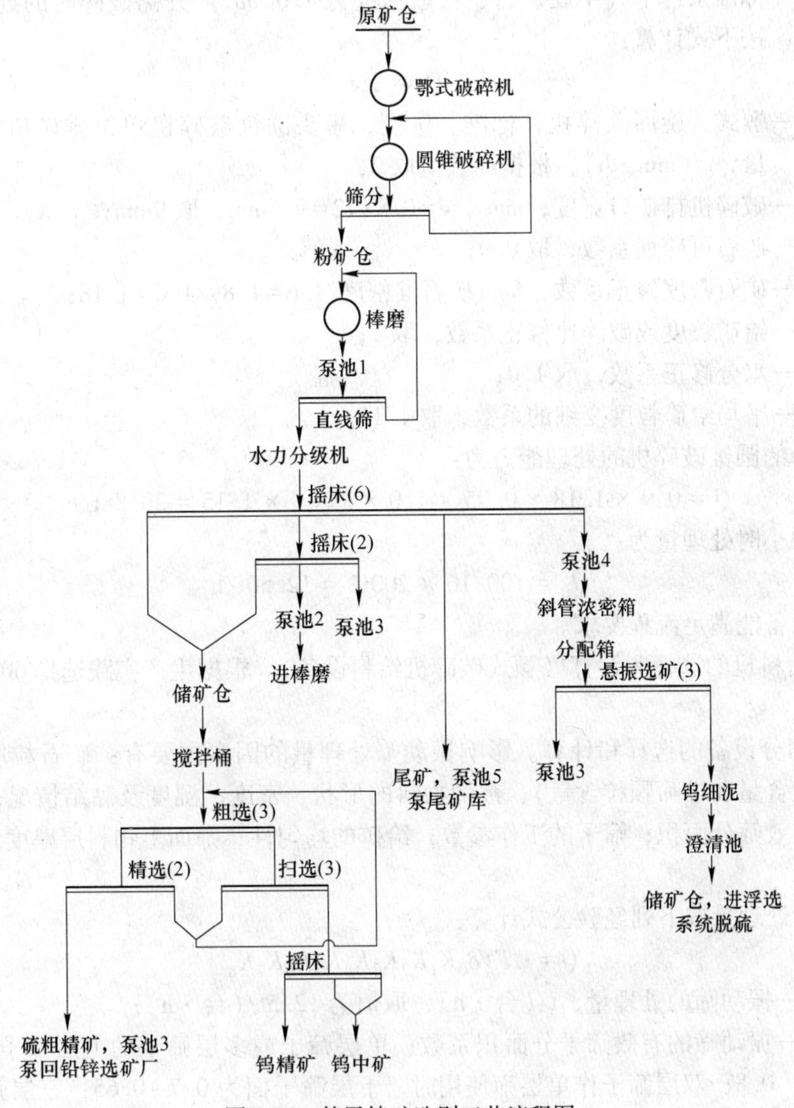

图4-26 某黑钨矿选别工艺流程图

所选择的颚式破碎机的处理能力为：

$$Q=0.9\times1.18\times0.95\times1.0\times0.4\times25=10.10\text{t/h}$$

流程中小时处理量为：

$$Q_0 = 100 \div 16 = 6.25\text{t/h}$$

因此所选设备能满足流程要求。

（3）圆锥破碎机的选择和计算。根据实际经验和设计要求的处理能力，初步选择PYD-600短头型圆锥破碎机作为二段破碎的破碎设备。其排矿口调整范围为3~13mm，破碎比为4.2。闭路破碎循环负荷为200%。

圆锥破碎机处理量按下式计算：

$$Q = K_1K_2K_3K_4Q_sK_c$$

式中 Q——在设计条件下破碎机的处理量，t/h；

Q_s——标准条件下（中硬矿石、松散密度为1.6t/m^3）开路破碎时的处理量，t/h，按下式计算：

$$Q_s = q_o e$$

q_o——颚式、旋回破碎机，标准、中型、短头圆锥破碎机单位排矿口宽度的处理量，t/(mm·h)，根据经验值取2；

e——破碎机排矿口宽度，mm，$e=0.8\times12=9.6$mm，取9mm；

K_1——矿石可碎性系数，取0.9；

K_2——矿石密度修正系数，K_2=矿石堆密度/1.6=1.89/1.6=1.18；

K_3——给矿粒度或破碎比修正系数，取1；

K_4——水分修正系数，取1.0；

K_c——平均给矿粒度变细的系数，取1.15。

所选择的圆锥破碎机的处理能力为：

$$Q = 0.9 \times 1.18 \times 0.95 \times 1.0 \times 2 \times 9 \times 1.15 = 20.88\text{t/h}$$

流程中小时处理量为：

$$Q_0 = 100/16 \times 200\% = 12.50\text{t/h}$$

所选设备能满足流程要求。

（4）给料机的选择和计算（颚式破碎机给料设备）。根据生产实践选择600×500槽式给矿机。

（5）筛分设备的选择和计算。影响振动筛处理量的因素主要有：矿石粒度特性（如粗、细粒级含量和难筛颗粒含量）；被筛物料的形状、密度、湿度及黏结情况；要求的筛分效率；有效筛分面积；筛子的工作参数；给矿的均匀性；筛面上物料层厚度以及筛分方法等。

振动筛处理量按下列经验公式计算：

$$Q = \psi FV\delta_0K_1K_2K_3K_4K_5K_6K_7K_8$$

式中 Q——振动筛的处理量，t/(台·h)，取值为12.5t/(台·h)；

ψ——振动筛的有效筛子分面积系数：单层筛子或多层筛子的上层筛子面为0.9~0.8；双层筛子作单层筛使用时，下层筛子面为0.7~0.65；三层筛子的第三层筛面为0.6~0.5；取$\psi=0.85$；

δ_0——筛分物料的松散密度，t/m^3，$\delta_0=1.89$t/m^3；

F——振动筛筛网名义面积，m^2，$F=1.03$m^2；

V——振动筛单位筛分面积的平均容积处理量，$V=20.1$；

K_1——给矿中细粒影响系数，$K_1=0.77$；

K_2——给矿中粗粒影响系数，$K_2=1.16$；

K_3——筛分效率系数，$K_3=0.88$；

K_4——物料种类和颗粒形状系数，$K_4=1.0$；

K_5——物料湿度影响系数，$K_5=0.75$；

K_6——筛分方法影响系数，$K_6=1.0$；

K_7——筛子运动参数系数，$K_7=0.75$；

K_8——筛面种类和筛孔形状系数，$K_8=0.85$。

选用振动筛型号及尺寸为：SZZ800mm×1600mm，筛孔尺寸12mm×12mm，筛网材质为聚氨酯。

（6）带式运输机的选择和计算。带式输送机是一种应用极为广泛的物料搬运设备。我国已经定型的产品有：TD型通用固定式带式输送机，其胶带用棉织或尼龙帆布做芯体，适用于短距离物料运输；DX型钢绳芯带式输送机，其胶带用镀铜或镀锌钢丝绳子做芯体，适用于长距离物料运输；GH69型花纹带式输送机，其胶带表面铸有凸起的花纹，适用于高倾角物料运输。虽然各类输送机胶带结构不同，但设计中也可选用各类部件混合组成所需要的输送机。近年来，除国家已定型号三种产品外，许多厂家还研制了性能更带式输送机。

带式运输机输送能力 Q 的计算。

采用国际标准ISO5048计算法：

$$Q = S \cdot VC$$

式中 Q——输送能力，m^3/s 取值为0.0276；

S——截面积，m^2 取值为0.0142；

C——输送倾角系数，取值为0.955；

V——带速，m/s，$V=0.21m/s$，可选用1m/s带速。

选择固定式TD型带式输送机，输送带宽 $B=500mm$，电动机功率为10.0kW。

4.1.4.2 *磨矿设备的选择和计算*

（1）棒磨机的选择及计算。为避免钨矿物的过粉碎，一段闭路磨矿采用棒磨机，磨机计算采用功耗法进行。

首先计算磨碎单位质量矿石所消耗的功 W。

其中采用经验棒磨机粗磨部分的 W_i 为24.73kW·h/t（参考斑岩铜矿值14.55×1.7）。实验要求最终磨矿产品粒度为 $P_{80}=1mm$。

磨碎单位质量矿石所消耗的功可计算为：

$$W_0 = 10 \times (W_i\sqrt{P_{80}} - W_i\sqrt{F_{80}})$$

式中 W_0——磨碎单位质量矿石所消耗的功，kW·h/t；

W_i——邦德功指数，kW·h/t；

P_{80}——产品粒度，指磨机排矿产品中80%回来矿石量能通过筛孔的尺寸大小，μm；

F_{80}——给矿粒度，指给矿中80%矿石量能通过筛孔的尺寸大小，μm。

$$W_0 = 10 \times (24.73\sqrt{1000} - 24.73\sqrt{10000}) = 5.34\text{kW} \cdot \text{h/t}$$

流程中小时处理量为：100/24=4.17t/h

所需总功率：P=4.17×5.34=22.28kW

根据功率可选 ϕ900×2400 湿式棒磨机。

磨机负荷率为：22.28/30=74.27%

（2）摆式给矿机的选择和计算。摆式给料机多作为磨机集矿带式输送机的给料设备。

生产量计算：
$$Q_t = 60bhly n\psi$$

式中 Q_t——生产量，t/h；

b——排矿口宽度，m；取 0.4；

h——阀扇与阀体间隙高度，m；取 0.10；

l——给料机摆动行程，m；取 0.18；

n——偏心轮转数，r/min；取 45；

ψ——系数，一般 ψ=0.3；

γ——物料松散密度，t/m³；取 1.89。

$$Q_t = 60bhly n\psi = 60 \times 0.4 \times 0.10 \times 0.18 \times 45 \times 0.3 \times 1.89 = 11.1\text{t/h}$$

选用 400×400 摆式给料机两台，一开一备。

4.1.4.3 分级设备的选择和计算

磨矿回路中的分级设备，按其工作原理基本上可分为两大类：

（1）利用重力或离心力，按颗粒在流体中的沉降规律进行了物料分级的设备，如螺旋分级机、水力旋流器、圆锥分级机和槽形分级机等。

（2）控制筛孔尺寸，按粒度大小进行物料分级的设备，如振动筛、弧形或细筛等。

根据原矿性质及实验的工艺要求，参照国内同类型钨矿的实际生产数据，与磨机联合作业的分级设备拟选用高频细筛，具体数据见表 4-32。

表 4-32 不同分级高频细筛的工艺参数

分级类型	给矿浓度 /%	分离粒度 /mm	筛网面积 /m²	筛孔尺寸 /mm	处理量 /t·h⁻¹	分级效率 /%	电机功率 /kW
GPS-3 高频细筛	30~40	0.2	0.63×3	0.2	13~16	70~80	1.7
	20~25	0.15		0.15	5~8	60~70	
	36~39	0.1		0.1	3~8	53~75	
GPS800×1600 高频细筛	50	0.2	0.6×2	0.2	6~8	90~95	4.4
	55	0.15		0.15	12~16	50~65	
	65	0.1		0.1	20~25	40~50	

为尽量减少钨矿物的过粉碎现象，按磨机的循环负荷 200%计算，流程中分级设备的处理量为：4.17×300%=12.50t/h，建议选择 GPS-3 型高频细筛，筛孔尺寸为 0.7mm，筛网材质为聚氨酯。

4.1.4.4 重选设备的选择和计算

钨矿常见的重选设备有重介质溜槽、重介质旋流器、跳汰机、枱浮摇床、摇床等。由于现场的场地条件限制，拟选用摇床对该矿石进行重选作业，国内钨矿山使用的摇床主要有云锡摇床、6S 摇床、CC-2 型摇床等，其实际生产数据见表 4-33。

表 4-33 不同摇床设备的工艺参数

型号	床面 $/m^2$	给矿粒度 /mm	给矿量 $/t\cdot(d\cdot台)^{-1}$	给矿浓度 /%	冲程 /mm	冲次 $/次\cdot min^{-1}$	坡度 /(°)	床面尺寸 /mm×mm	床条断面	电机功率 /kW
云锡摇床（细砂）	7.4	0.5	10~20	20~25	11~16	290~320	2.5~4.5	4395×1825	锯齿形	1.5
6-S 摇床	7.6	3	15~22	20~30	18~24	250~300	2~3.66	4520×1832	矩形	1.0
CC-2 摇床	7.6	2	28~36	15~20	14~17	280~300	2~2.5	4500×1830	锯齿形	1.5

摇床的生产能力可按下式计算：

$$Q = 0.1 \times \rho \times [F \times d_{cp} \times (\rho_1 - 1/\rho_2 - 1)]^{0.6}$$

式中 Q——在设计条件下摇床的处理量，t/h；

ρ——矿石密度，g/cm^3；

F——摇床有效面积，m^2；

d_{cp}——给矿平均粒径，mm，按工艺实验为 0.2mm；

ρ_1——重矿物密度，g/cm^3，黑钨矿取 7.34；

ρ_2——脉石矿物密度，g/cm^3，石英取 2.65。

由上式计算出三种摇床的处理量数据分别为：

$Q_{云锡}$ = 0.83t/h，日处理能力为：0.83 × 24 = 19.92t/(d · 台)

Q_{6-S} = 0.84t/h，日处理能力为：0.84 × 24 = 20.16t/(d · 台)

Q_{CC-2} = 0.84t/h，日处理能力为：0.84 × 24 = 20.16t/(d · 台)

考虑到选矿厂规模和配置因素及设备安装和维护的简单，为提高选别回收率，建议选择 8 台 6-S 摇床用于粗选作业，其中细砂、矿泥摇床各四台。

根据流程实验结果，粗选摇床中矿的产率为 13.2%，日需处理量为 13.2t，建议选择两台 6-S 摇床用于中矿扫选作业，其中细砂、矿泥摇床各一台，分别对应粗选摇床的细砂和矿泥作业。

根据流程实验，粗粒钨精矿产率为 2%，为获得 65%钨精矿，同样按一个白班处理计算，日需处理量为 2t，建议选择 1 台 6S 摇床用于精选作业。摇床设备型号为：6-S 细砂摇床。

4.1.4.5 浮选设备的选择和计算

（1）浮选机的选择及计算。根据重选全流程实验结果，浮选按 8h 每天作业时间计算，进入浮选脱硫的产率为 6%~8%，进入扫选作业的产率为 4%~6%，进入空白精选作业的产率为 5%~7%。则白班浮选总处理量为 8~10t。

粗选时间为 10min、扫选时间为 10min，空白精选时间为 5min。

粗选作业浓度为 25%，扫选作业浓度为 20%，精选作业浓度为 15%。

根据同类型矿山的生产数据，初步选择 SF-0.37 浮选机进行反浮选作业，现对设备进行计算。

浮选矿浆体积按下式计算：

$$W = [K_1 Q(R + 1/\rho)]/60$$

式中 W——计算矿浆体积，m^3/min；

Q——设计作业流程量，t/h；

R——液固比；

ρ——矿石密度，t/m^3；

K_1——处理量不均匀系数，浮选前为球磨时取 1。

由上式分别计算粗、精、扫选的矿浆体积分别为：

$$W_{粗} = 1 \times 10/8 \times (3 + 1/2.91)/60 = 0.072m^3$$

$$W_{扫} = 1 \times 8/8 \times (4 + 1/2.91)/60 = 0.072m^3$$

$$W_{精} = 1 \times 7/8 \times (85/15 + 1/2.91)/60 = 0.088m^3$$

浮选机槽数计算及确定，浮选机槽数按下式计算：

$$n = W \times t/V \times K_2$$

式中 n——浮选机计算槽数；

W——计算矿浆体积，m^3/min；

V——浮选机的几何容积，m^3；

t——浮选时间，min；

K_2——浮选机有效容积与几何容积之比，取 0.8。

按上式分别计算各浮选作业所需要的浮选机槽数，分别为：

$n_{粗} = 0.072 \times 10/(0.37 \times 0.8) = 2.4$，需 3 槽 SF－0.37 浮选机

$n_{扫} = 0.072 \times 10/(0.37 \times 0.8) = 2.4$，需 3 槽 SF－0.37 浮选机

$n_{精} = 0.088 \times 5/(0.37 \times 0.8) = 1.48$，需 2 槽 SF－0.37 浮选机

（2）搅拌桶的选择及计算。按用途划分搅拌槽可分为药剂搅拌槽和矿浆搅拌槽两种，矿浆搅拌槽用于浮选作业前的矿浆搅拌，使矿浆与药剂充分混合，为选别作业创造条件。如果某些药剂添加在磨矿机内或添加在浮选前的砂泵池和分配器内，则可不设搅拌槽。矿浆搅拌槽既有搅拌作用又有提升作用，提升高度可达 1.2m，如果设备配置中矿浆自流高差不足并相差较少时，可考虑选用此设备。

搅拌槽容积按下式计算：

$$V = K_1 Q(R + 1/\rho)t/60$$

式中 V——搅拌槽容积，m^3；

Q——进入搅拌槽的设计流程量（包括返矿量），t/h；

R——矿浆的液体与固体质量之比；

ρ——矿石密度，t/m^3；

K_1——处理量不均衡系数，取 $K_1 = 1.3$；

t——搅拌时间，min；由试验确定，如缺乏资料，可取 $t = 5min$。

$$V = 1.3 \times 1.25 \times (3 + 1/2.91) \times 5/60 = 0.46m^3$$

选用直径 $D = 1000mm$ 的提升搅拌槽可满足要求。

4.1.4.6 细泥设备的选择与计算

摇床溢流中含有大量钨细泥，产率约25%，占钨总回收率12%左右，应尽量回收。钨细泥有效回收设备主要有离心选矿机和悬振锥面选矿机。

方案一：离心选矿机的选择和计算

为确保整体选矿回收率能达到设计要求，对矿泥部分采用离心选矿机进行回收，进入离心选矿机的产率约25%，其基本参数见表4-34。

表4-34 离心选矿机的工艺参数

型　号	给矿浓度 /%	给矿粒度 /mm	处理量 $/t \cdot h^{-1}$	富集比	电机功率 /kW
LX-ϕ1600×900（转鼓）	20~25	0.074~0.01	4~5	2.5~3.5	10
YX-ϕ800×600（精选）	20~25	0.074~0.01	1.2~1.5	2~3	3

由于离心选矿机不能连续作业，根据流程中所需要处理的矿量（25t/d），建议粗选采用LX-ϕ1600×900（转鼓）式离心选矿机，精选采用YX-ϕ800×600离心选矿机。

方案二：悬振锥面选矿机的选择和计算

悬振锥面选矿机在微细粒重选方面有着富集比大、能耗低、回收率高等工艺优势和特点，它已经在湖南柿竹园有色金属有限责任公司、湖南瑶岗仙矿业有限责任公司、章源钨业股份有限公司、江西铁山垅钨业有限公司、江西会昌金龙锡业等钨矿山得到了工业应用，目前工业机型为DSLXZ-4000。其主要基本参数见表4-35。

表4-35 悬振锥面选矿机的工艺参数

型　号	给矿浓度 /%	给矿粒度 /mm	处理干量 $/t \cdot h^{-1}$	富集比	电机功率 /kW
DSLXZ-4000	18~30	0.01~0.010	0.5~1.25	10~30	1.1

综合考虑到富集比、回收率、连续作业、操作、运行成本和维修等因素，建议选择悬振锥面选矿机。

4.1.4.7 主体设备选型汇总表

该黑钨选矿厂主体设备选型汇总见表4-36。

表4-36 黑钨选厂主体设备选型汇总表

作业名称	设　备	设备型号	安装功率 /kW	总处理量 $/t \cdot h^{-1}$	总作业时间 /h	作业班次	台数
破碎	颚式破碎机	PE250×400	17	6.25	16	2	1
	圆锥破碎机	PYD600	30	12.5	16	2	1
	槽式给矿机	600×500	4	6.25	16	2	1
	自定中心振动筛	SZZ800×1600	2.2	18.75	16	2	1
磨矿分级	棒磨机	ϕ900×2400	30	12.5	24	3	1
	高频细筛	GPS-3(0.7mm)	1.7	12.5	24	3	1
	摆式给矿机	300×300	1.1	10	24	3	2

续表 4-36

作业名称	设 备	设备型号	安装功率/kW	总处理量/$t \cdot h^{-1}$	总作业时间/h	作业班次	台数
摇床	粗选摇床	6-S 细砂摇床	1.5	2.1	24	3	4
		6-S 矿泥摇床	1.5	2.1	24	3	4
	扫选摇床	6-S 细砂摇床	1.5	0.30	24	3	1
		6-S 矿泥摇床	1.5	0.30	24	3	1
浮选	提升搅拌桶	ϕ1000×1000	4	1	8	1	1
	粗选	SF-0.37	2.2	1	8	1	3
	扫选	SF-0.37	2.2	1	8	1	3
	精选	SF-0.37	2.2	1	8	1	2
细泥选矿	悬振锥面选矿机	DSLXZ-4000	1.1	1.2	24	3	3
	斜管浓密机	TY-10M^2	—	1.2	24	3	1
脱硫精矿精选	精选摇床	6-S 细砂摇床	1.5	0.30	8	1	1
泵	磨机排矿至高频筛	2PN 渣浆泵	11	30~58m^3/h	24	3	1
	至斜管浓密机	1PN 渣浆泵	3	7~16m^3/h	24	3	1
皮带运输机	固定式 TD 型带式输送机	TD-500	10	10	16	2	3

4.1.4.8 辅助设施选型汇总表

该黑钨选矿厂辅助设施选型汇总见表 4-37。

表 4-37 黑钨选矿厂辅助设施选型汇总表

作业名称	规格大小/mm×mm×mm	有效容积/m^3	数量	可作业时间/h	说明
粗矿仓	6000×6000×3000	80	1	24	长×宽×高
粉矿仓	ϕ6000mm×3000mm	70	1	24	圆柱形
钨粗精矿仓	2000×1500×1000	1.5	1	24	长×宽×高
钨精矿仓	1000×1500×1000	1.5	1	24	长×宽×高
钨细泥精矿仓	500×1500×1000	0.75	2	48	长×宽×高
至高频筛泵池	1000×1000×1200	1	1	1/6	长×宽×高
至尾矿泵池	1500×1500×2000	4	1	—	长×宽×高
摇床扫选中矿储矿仓（原泵池 2）	2000×2000×1000	7	2	72	长×宽×高
至斜管浓密机泵池	800×800×1000	0.5	1	1/12	长×宽×高
至铅锌选矿泵池	1500×1500×2000	4	1	—	长×宽×高

4.1.4.9 主要设备参数表

该黑钨选矿厂建厂各主要设备参数见表 4-38 至表 4-51。

表 4-38 破碎设备参数表

作业名称	设备名称及规格	台数	最大给矿粒度/mm	设计给矿粒度/mm	排矿口/mm	最大排矿粒度/mm	处理量/$t \cdot h^{-1}$	流程中给矿量/$t \cdot h^{-1}$	破碎比	电机功率/kW	外形尺寸（长×宽×高）/mm×mm×mm
粗碎	颚式破碎机 PE250×400	1	210	200	25	40	10.10	6.25	5	15	1100×1060×1400
细碎	短头型圆锥 PYD200	1	40	40	10	12	20.88	12.50	3.33	30	2760×1330×1470
颚破给矿	槽式给矿机 600×500	1	205	200	—	—	18	6.25	—	4	2750×910×855

表 4-39 筛分设备参数表

作业名称	设备名称及规格	台数	筛孔/mm	振动频率/次·min^{-1}	选择的面积/m^2	流程的给矿量/$t \cdot h^{-1}$	处理量/$t \cdot h^{-1}$	电机功率/kW	筛网材质	外形尺寸（长×宽×高）/mm×mm×mm
筛分	自定中心振动筛 SZZ 800×1600	1	12	1000	1.28	18.75	22	2.2	聚氨酯	2140×1328×475

表 4-40 皮带运输设备参数表

作业名称	设备名称及规格	台数	长度/m	皮带倾角/(°)	电机功率/kW	外形尺寸
颚破至筛分	固定式带式输送机 TD-500	1	56	10	10	—
筛分至圆锥	固定式带式输送机 TD-500	1	46	10	10	—
磨机给矿	固定式带式输送机 TD-500	1	26	10	5	—

表 4-41 磨矿设备参数表

作业名称	设备名称及规格	台数	给矿粒度/mm	产品粒度 -0.074mm/%	处理矿量/$t \cdot h^{-1}$	需要的功率/kW	选择的功率/kW	外形尺寸（长×宽×高）/mm×mm×mm
磨矿	湿式棒磨机 ϕ900×2400	1	10	40	4.17	22.28	30	5670×3380×2020

表 4-42 分级设备参数表

作业名称	设备名称及规格	台数	给矿粒度/mm	给矿浓度/%	振动次数/次·min^{-1}	振幅/mm	功率/kW	筛孔尺寸/mm	筛网尺寸（长×宽）/mm×mm	给矿路数	外形尺寸（长×宽×高）/mm×mm×mm
分级	GPS900-3 型高频细筛	1	0~1	40	2850	0.2~0.35	1.7	0.7	700×900（3 块）	3	2700×1400×3200

表 4-43 磨机给矿设备参数表

作业名称	设备名称及规格	台数	最大给矿粒度/mm	摆动次数/次·min^{-1}	给料量/t·h^{-1}	功率/kW	出料口（长×宽）/mm×mm	外形尺寸（长×宽×高）/mm×mm×mm
磨机给矿	摆式给矿机 400×400	2	100	68	10	1.1	400×125	980×550×570

表 4-44 水力分级机参数表

作业名称	设备名称及规格	台数	给矿粒度/mm	给矿浓度/%	上升水压/kPa	筛口尺寸/mm×mm	处理量/t	外形尺寸（长×宽×高）/mm×mm×mm
重选	水力分级机 240×240	1	0~3	20~26	150~200	240×240	5~8	1818×1138×1680

表 4-45 摇床设备参数表

作业名称	设备名称及规格	台数	给矿粒度/mm	给矿浓度/%	冲次/次·min^{-1}	冲程/mm	功率/kW	床条断面形状	横向坡度/(°)	床面尺寸（长×宽）/mm×mm	外形尺寸（长×宽×高）/mm×mm×mm
粗选、扫选及精选	6-S 细砂摇床	6	0~0.7	20~25	290~320	11~16	1.5	锯齿形	1.5~3.5	4500×1825	5600×1825×1560
粗选及扫选	6-S 矿泥摇床	5	0~0.1	15~20	320~360	8~11	1.5	刻槽	1~2	4500×1825	5600×1825×1560

表 4-46 矿泥重选设备参数表

作业名称	设备名称及型号	给矿浓度/%	给矿粒度/mm	处理干量/t·h^{-1}	富集比	电机功率/kW	外形尺寸（长×宽×高）/mm×mm×mm
矿泥重选	悬振锥面选矿机 DSLXZ-4000	18~30	0.01~0.02	0.5~1.25	10~30	1.1	4516×4366×1625

表 4-47 浓密设备参数表

作业名称	设备名称及型号	给矿浓度/%	产品浓度/mm	电机功率/kW	外形尺寸（长×宽×高）/mm×mm×mm
矿浆浓缩	斜管式高效浓密机 TY-10M^2	5~10	15~25	—	7160×2350×3500

表 4-48 浮选设备参数表

作业名称	设备名称及规格	台数	有效容积/m^3	给矿浓度/%	刮板转速/r·min^{-1}	叶轮转速/r·min^{-1}	浮选电机功率/kW	刮板电机功率/kW	充气量/m^3·(m^2·min)$^{-1}$	浮选时间/min	外形尺寸（长×宽×高）/mm×mm×mm
粗选	A 型浮选机 SF-0.37	3	0.37	25~30	18	455	2.2	0.55	0.6~0.9	10	700×700×800
扫选	A 型浮选机 SF-0.37	3	0.37	20~25	18	455	2.2	0.55	0.6~0.9	10	700×700×800
精选	A 型浮选机 SF-0.37	2	0.37	15~20	18	455	2.2	0.55	0.6~0.9	5	700×700×800

表 4-49 搅拌桶参数表

作业名称	设备名称及规格	台数	有效容积/m^3	桶内直径/mm	桶内高度/mm	叶轮直径/mm	主轴转速/$r \cdot min^{-1}$	电机功率/kW	外形尺寸（长×宽×高）/mm×mm×mm
浮选	搅拌桶 XB-1000	1	0.7	1000	1000	250	400	1.5	1000×1000×1000

表 4-50 矿浆输送设备参数表

作业名称	设备名称及规格	台数	转数/$r \cdot min^{-1}$	扬程/m	流量	电机功率/kW	外形尺寸
磨机排矿至高频筛	2PN 渣浆泵	1	1450	17~22	30~58	11	—
摇床粗选矿泥至斜管浓密机	1PN 渣浆泵	1	1430	12~14	7~16	3	—

表 4-51 起重设备参数表

厂房名称	最大最重件设备名称	最重装配件		最重检修件		起重机	
		名称	质量/t	名称	质量/t	吨位/t	形式
破碎厂房	颚式破碎机 PE250×400	皮带轮、飞轮及动颚轴	1.29	皮带轮、飞轮及动颚轴	1.29	2	电动单梁
球磨、重选、浮选厂房	湿式棒磨机 ϕ900×2400	筒体质量	2.55	筒体质量	2.55	5	电动单梁

4.1.4.10 钨选厂设备排布图绘制

根据提供的地形图，在各设备供应商提供设备外形尺寸的基础上，绘制了该黑钨选厂设备排布图和高程图，用于矿山建厂。

钨选厂设备排布图如图 4-27 所示，高程布置图如图 4-28 所示。

4.1.5 白钨矿研究方法实验教学案例

“研究方法实验”是一门实践性很强的课程，它主要以试验为主，是继课堂教学后进行的第二个教学环节，其目的是：

（1）通过 60 个课时的试验技能的训练，使课堂教学和实践结合起来，为将来从事选矿方面的科学研究和解决生产实际问题打下基础。

（2）培养学生正确地掌握试验的操作技术，正确地使用各种实验室常用的选别设备，取得准确的试验数据和结果。

（3）培养学生独立工作和思想的能力，实事求是的科学态度，准确、认真、整洁的良好习惯以及掌握科学的研究方法。

本节案例以湖北某白钨矿为研究对象，按照《研究方法实验》内容要求，对其进行了研究，具体研究方法和步骤可参考本书第三章《研究方法实验》实践教学指导书。

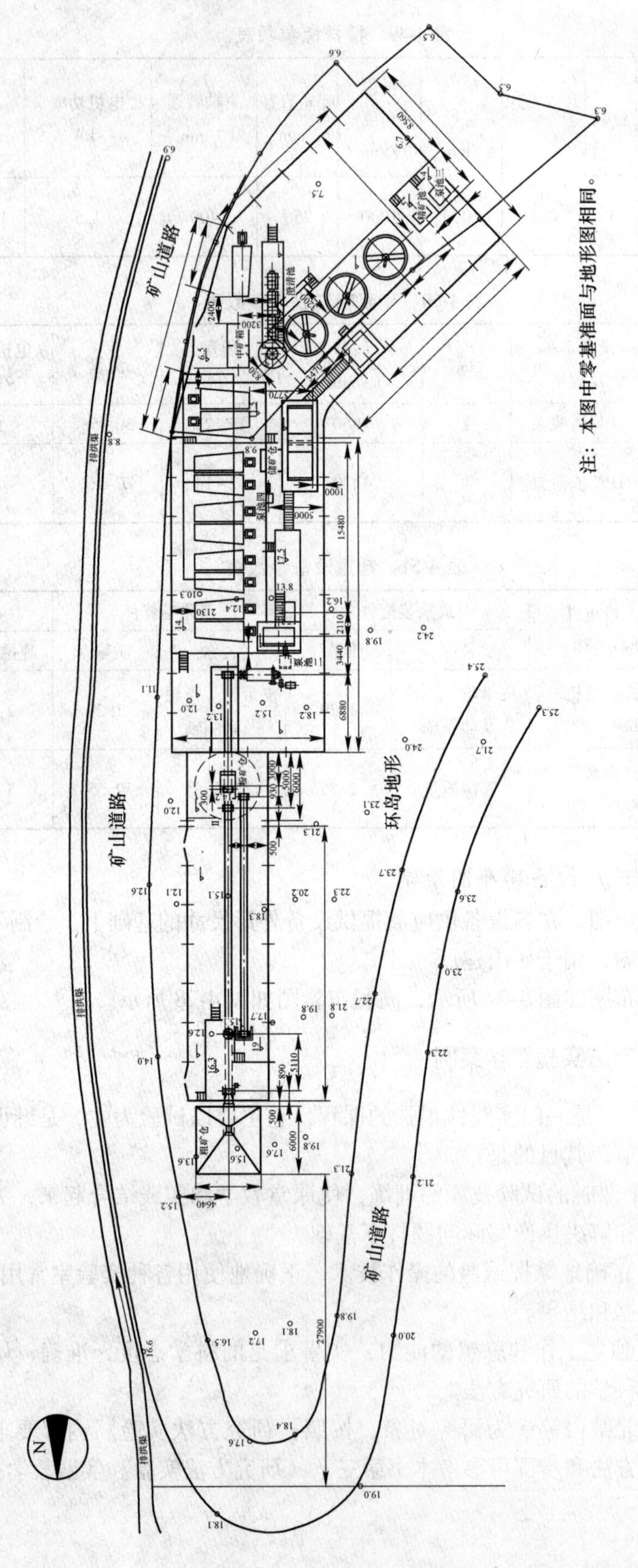

注：本图中零基准面与地形图相同。

图4-27 设备排布图

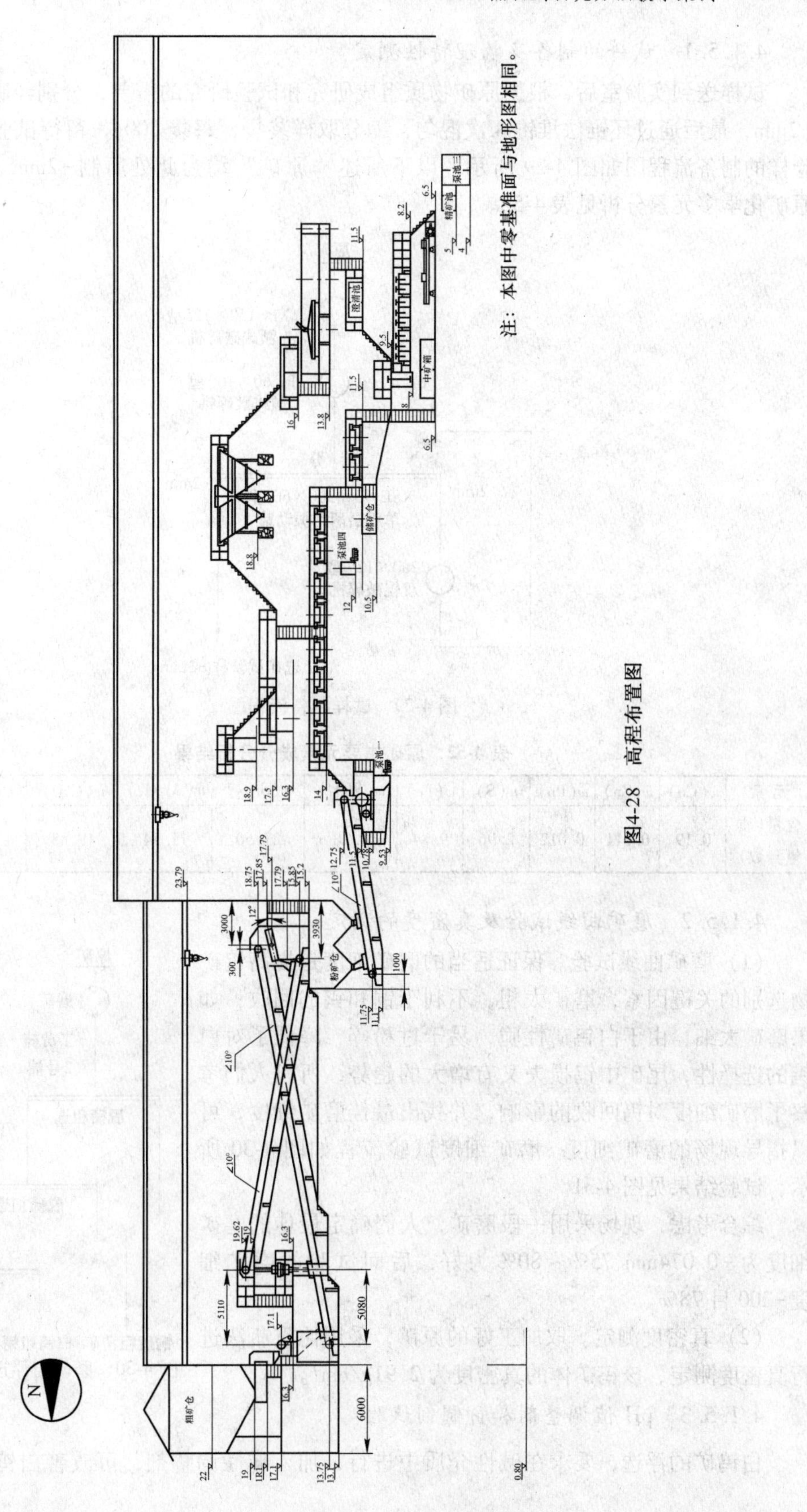

注：本图中零基准面与地形图相同。

图4-28 高程布置图

4.1.5.1　试料的制备及物理特性测定

试样送到实验室后，根据原矿物质组成研究和试验研究的需要，分别经破碎、筛分到-2mm，最后通过环锥法堆锥 4 次混匀，缩分取样装袋，每袋 500g，留待试验用。选矿试验样的制备流程图如图 4-29 所示。以下所述“原矿”均为此处所制-2mm 选矿试验样，原矿化学多元素分析见表 4-52。

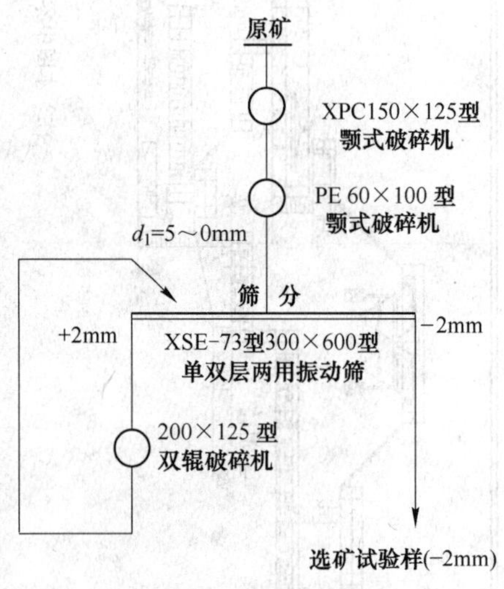

图 4-29　试样制备流程图

表 4-52　原矿主要元素成分分析结果　(%)

元 素	$w(Cu)$	$w(Zn)$	$w(Pb)$	$w(S)$	$w(Fe)$	$w(WO_3)$	$w(SiO_2)$	$w(Al_2O_3)$	$w(CaO)$	$w(MgO)$	$w(Mo)$
含量(质量分数)	0.19	0.011	0.012	2.96	9.84	0.28	27.50	11.54	19.88	4.53	0.002

4.1.5.2　磨矿曲线试验及真密度的测定

(1) 磨矿曲线试验。保证适当的磨矿细度是提高钨矿物选别的关键因素，磨矿太粗，不利于铜和钨的回收；如果磨矿太细，由于白钨矿性脆，易于过粉碎，降低了对白钨的选择性，尾矿中钨损失又有增大的趋势，所以人们考察了磨矿细度对钨回收的影响，并找出最佳磨矿细度，可以指导现场的磨矿细度。磨矿细度试验流程如图 4-30 所示，试验结果见图 4-31。

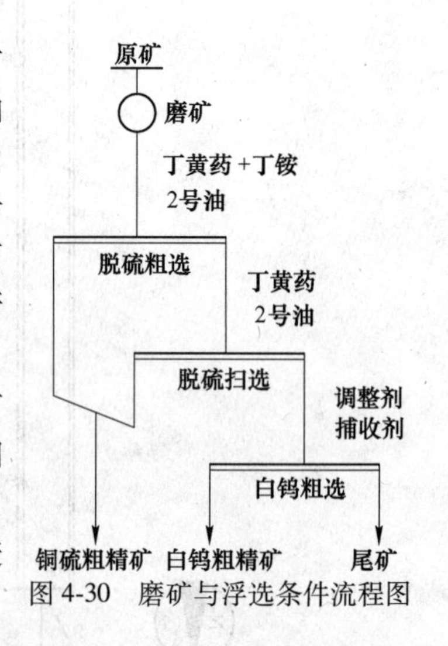

图 4-30　磨矿与浮选条件流程图

综合考虑，现场采用一段磨矿，人们确定最佳的磨矿细度为-0.074mm 75%～80%为好，后面试验的磨矿细度-200 目 78%。

(2) 真密度测定。取加工好的原矿，采用比重瓶法进行真密度测定，该钨矿体的真密度为 2.91g/cm^3。

4.1.5.3　pH 值调整剂和抑制剂试验

白钨矿的浮选，要求在碱性介质中进行，加入碱性调整剂，可改善白钨矿石表面活性，加快白钨浮游速度。但在白钨矿浮选的 pH 值范围内，萤石、方解石等含钙矿物与白钨矿的可浮性极为相似，必须添加抑制剂来增大白钨矿与脉石矿物的可浮性差异，才能达到白钨矿与脉石矿物的有效分离。对几种组合调整剂（氢氧化钠+水玻璃、碳酸钠+水玻璃、石灰+碳酸钠+水玻璃、碳酸钠+水玻璃+硫酸铝）进行了对比，试验流程如图4-30所示，试验结果如图 4-32 所示。

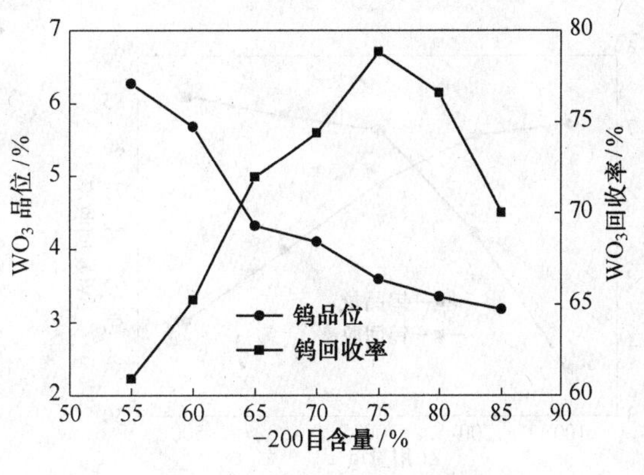

图 4-31 磨矿细度试验结果

试验结果表明：调整剂组合以碳酸钠+水玻璃较适合于该矿样的粗选，Na_2CO_3与 Na_2SiO_3组合选择性较好，价格也更便宜。因此确定 Na_2CO_3与 Na_2SiO_3组合作为白钨粗选的调整剂。

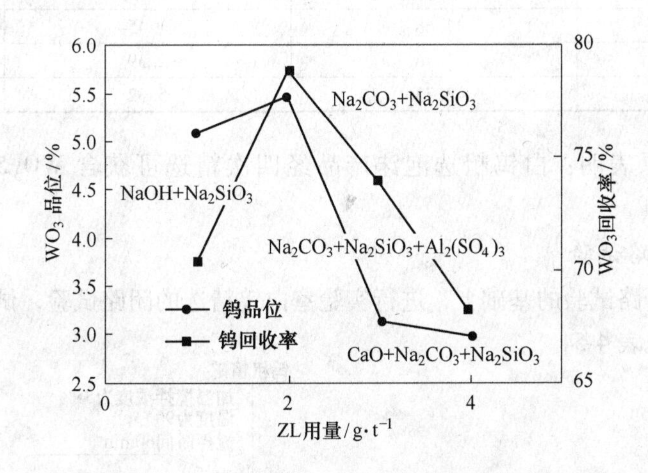

图 4-32 钨粗选调整剂选择试验结果

4.1.5.4 捕收剂用量试验

捕收剂的用量试验流程如图 4-30 所示，结果如图 4-33 所示。

从图 4-33 可知，随着 ZL 捕收剂用量的增大，钨的回收率提高，但是白钨粗精矿品位下降。综合考虑，捕收剂的用量为 300g/t 时效果较好，比原来现场用氧化石蜡皂的用量小，而且回收率更高。

4.1.5.5 精选开路条件试验

白钨矿浮选成功的关键是精选段能使含钙的脉石矿物与白钨矿有效分离。分离条件是适当的水玻璃用量、合适的矿浆浓度、充分的搅拌，使脉石矿物表面吸附的捕收剂解析下来被抑制，而白钨矿仍具有可浮性。加温精选过程中，加入 ZL、Na_2S、NaOH、Na_2CO_3和水玻璃进行加温浮选，加温搅拌浓度为 55%，温度为 90℃，搅拌时间为 1h。白钨精选的试验流程如图 4-34 所示，试验结果见表 4-53。

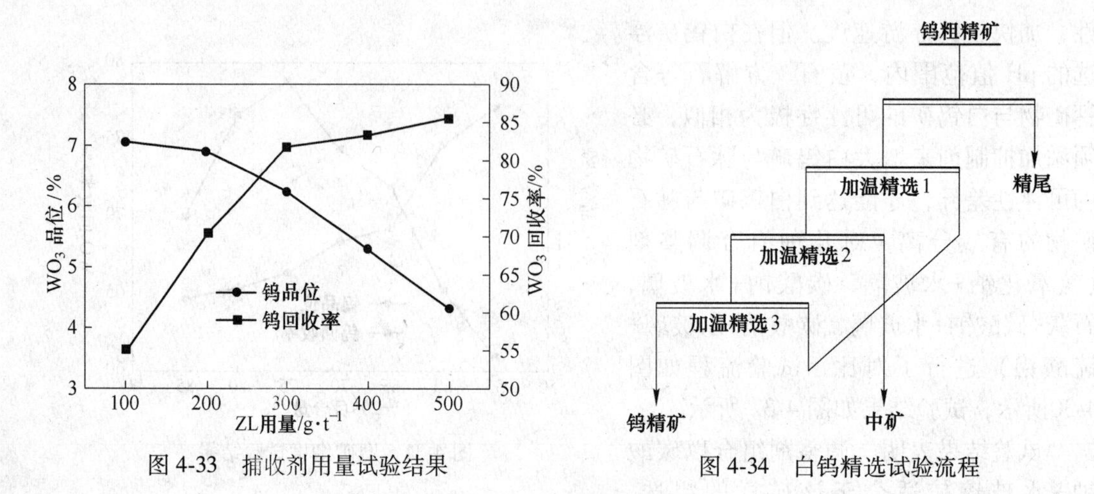

图 4-33 捕收剂用量试验结果 图 4-34 白钨精选试验流程

表 4-53 白钨精选试验结果 (%)

产品名称	产率（γ）	WO_3品位（β）	WO_3回收率（ε）
钨精矿	0.25	55.64	70.09
精尾矿	1.68	1.45	12.28
中矿	1.46	2.39	17.63
钨粗精矿	3.73	5.32	100.00

精选试验结果表明：白钨粗选泡沫产品经四次精选可获含 WO_3 55.64%、回收率70.09%的白钨精矿。

4.1.5.6 闭路试验

在综合条件开路试验的基础上，进行实验室白钨精选的闭路试验，试验流程如图 4-35 所示，试验结果见表 4-54。

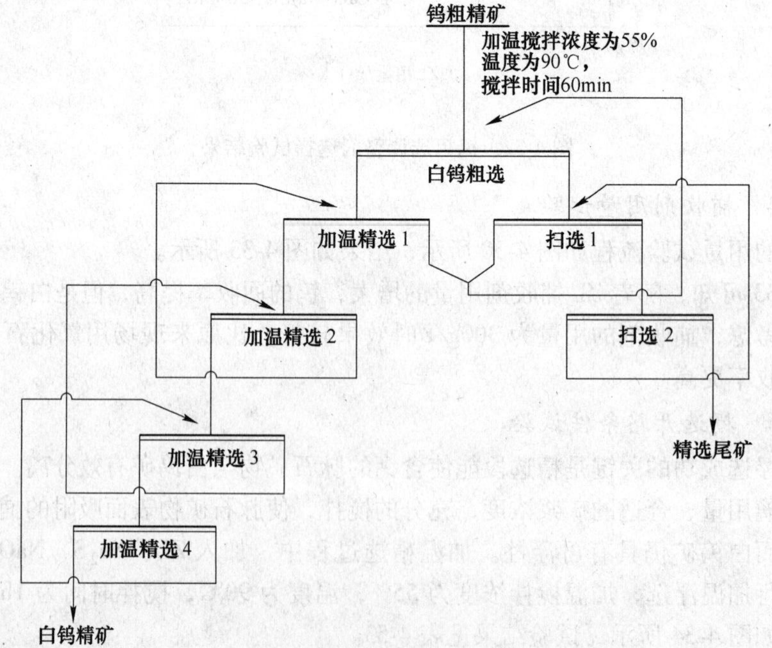

图 4-35 加温精选闭路试验流程图

表 4-54 闭路试验结果 (%)

产品名称	产率 (γ)	WO_3品位 (β)	WO_3回收率 (ε)
硫化矿	4.62	0.091	1.56
白钨精矿	0.37	54.56	74.77
精选尾矿	3.35	0.157	1.95
尾 矿	91.66	0.064	21.72
合 计	100.00	0.27	100.00

闭路试验结果表明：在试验确定的白钨浮选药剂制度条件下，当含钨品位0.27%原矿，白钨精矿经过一粗二扫四次精选可获得白钨精矿含 WO_3 54.56%，WO_3 回收率为74.77%的选矿指标。

4.2 某4500t/d黑白钨选矿厂初步设计

4.2.1 矿石性质

本设计矿石为大型接触交代矽卡岩型矿床，主要有价元素以钨为主，共伴生资源有钼、铋、铁、硫、萤石等，需要考虑综合回收。

矿石中矿物组成复杂，金属矿物中：钨矿物有白钨矿、黑钨矿、假象半假象白钨矿、灰钨矿、钨华；铋矿物有辉铋矿、自然铋、铋华、斜方辉铅铋矿、辉铅铋矿、块状辉铅铋矿、硫铋银矿、叶碲铋矿、碲铋齐；钼矿物有辉钼矿、钼华；其他金属矿物油锡石、黄铜矿、斑铜矿、黝铜矿、方铅矿、铁闪锌矿、磁铁矿、黄铁矿、磁黄铁矿、赤铁矿、钛铁矿、白铁矿、毒砂、褐铁矿、自然金、自然银等；主要非金属矿物中有：萤石、石榴石、石英、长石、云母及其他矽卡岩和云英岩矿物。

矿石中主要矿物含量见表4-55。

表 4-55 矿石中主要矿物组成含量

矿物名称	石榴石	石英、长石	萤石	方解石	磁铁矿	黄铁矿
矿物含量（质量分数）/%	27.32	25.85	16.46	6.50	1.94	0.86
矿物名称	白钨矿	黑钨矿	辉钼矿	辉铋矿	自然铋	辉石
矿物含量（质量分数）/%	0.27	0.12	0.13	0.14	0.03	2.82
矿物名称	角闪石	白云母、绢云母		绿泥石、绿帘石		黑云母
矿物含量（质量分数）/%	2.26	6.22		3.66		3.0

原矿化学多元素分析及有关化学物相分析见表4-56、表4-57。

表 4-56 原矿化学多元素分析 (%)

元 素	$w(WO_3)$	$w(Mo)$	$w(Bi)$	$w(Sn)$	$w(TFe)$	$w(Mn)$	$w(Pb)$	$w(Zn)$
含量（质量分数）	0.39	0.06	0.11	0.12	8.61	0.33	0.013	0.014

续表 4-56

元 素	$w(Cu)$	$w(Be)$	$w(S)$	$w(P)$	$w(F)$	$w(C)$	$w(FeO)$	$w(TiO_2)$
含量（质量分数）	0.015	0.009	0.68	0.015	8.02	0.78	3.62	0.10
元 素	$w(CaO)$	$w(MgO)$	$w(SiO_2)$	$w(Al_2O_3)$	$w(K_2O)$	$w(Na_2O)$	$Au/g \cdot t^{-1}$	$Ag/g \cdot t^{-1}$
含量（质量分数）	21.92	0.76	46.31	9.34	1.58	0.74	0.25	4.13

表 4-57 钨化学物相分析

钨物相	黑钨矿	白钨矿	钨 华	总 钨
占有率/%	29.41	65.61	4.98	100.00
钼物相	硫化钼	氧化钼	—	总 钼
占有率/%	98.83	1.17	—	100.00
铋物相	硫化铋	自然铋	氧化铋	总 铋
占有率/%	84.51	3.66	11.83	100.00
铁物相	磁铁矿	赤（褐）铁矿	黄（磁黄）铁矿	总 铁
占有率/%	31.62	53.31	15.07	100.00

矿石中钨主要以钨酸盐类矿物形式存在，占钨总量的 95.02%。白钨矿中的钨占总量的 65.61%；黑钨矿中的钨占总量的 29.41%。铋主要以铋矿物出现，辉铋矿、自然铋中铋占总量的 81.62%。铋华中铋占总量的 16.27%，可选性差，又嵌布在脉石中，难以回收。钼主要分布在辉钼矿中，占总量的 87.68%。白钨矿中也含有钼，占总量的 3.23%。也有辉钼矿微晶被包裹在黄铁矿等金属硫化矿，占总量的 5.29%。

经显微镜下测定：辉铋矿的平均粒径只有 0.01mm，白钨矿的平均粒径为 0.028mm，黑钨矿的平均粒径为 0.03mm，辉钼矿的平均粒径为 0.079mm，萤石的平均粒径为 0.078mm。通过矿物单体解离度的测定和选矿细度试验，有利于综合回收钨、钼、铋、萤石四种矿物的最佳磨矿细度-200 目占 90%。

经测定，原矿密度为 3.14t/m³，原矿松散密度为 1.86t/m³，水分含量 3%，属中硬矿石。

4.2.2 工艺流程设计

4.2.2.1 破碎流程设计

根据采矿设计和选矿厂址规模，确定原矿的最大块度为 550mm。破碎最终产物粒度应遵守“多碎少磨”的原则，尽量将碎矿和磨矿的综合成本降至最低。考虑现有的碎矿技术生产水平，破碎产物粒度缩小受破碎机排矿口的限制，确定破碎最终产物粒度为 10mm。则总破碎比：

$$S=\frac{D_{max}}{d_{max}}=\frac{550.00}{10.00}=55$$

选厂设计规模为4500t/d，矿石属于中硬矿石，含水含泥均小于3%，故设计破碎流程是不考虑洗矿。考虑给矿粒度粗，总破碎比大的因素，经过流程的多方案比较，最终确定破碎流程采用三段一闭路流程，破碎前不设洗矿作业，在细碎前设预先及检查筛分以达到控制最终产物粒度的目的。

设计的破碎工艺流程如图4-36所示。

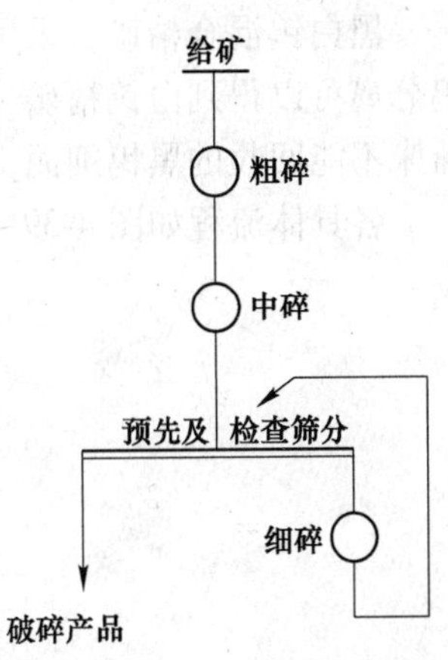

图4-36 设计破碎工艺流程图

4.2.2.2 磨矿流程设计

本选厂设计回收的主元素钨，根据原矿性质可知，要求磨矿的细度-200目占90%。根据选矿厂设计原则，当磨矿产品粒度达到-200目72%~80%，甚至更高时，则多采用二段磨矿。

本设计的处理规模为中型选矿厂，故选用二段磨矿流程。至于是二段全闭路磨矿还是阶段磨矿阶段选别流程，应结合浮选流程确定。根据资料可知，当磨矿细度达到-200目50%时，-0.074mm粒级下钨金属分布率达到68%。考虑到钨矿属于性脆易碎，矿石又属于中硬矿石，容易在磨矿过程中产生过粉碎。故优先考虑阶段磨矿阶段选别流程。

设计的阶段磨矿阶段选别工艺流程如图4-37所示。

4.2.2.3 选别流程设计

(1) 选别流程确定的总原则。考虑矿石性质，本次选别方案设计采用先脱硫再浮钨、阶段磨矿阶段选别、黑白钨混合浮选再分离浮选的总原则，该方案充分考虑到钨矿在磨矿过程中的过磨现象，有助于提高钨的回收率。本设计中不考虑硫化矿的精选回收问题，在此不做进一步浮选设计。该选钨原则流程如图4-38所示。

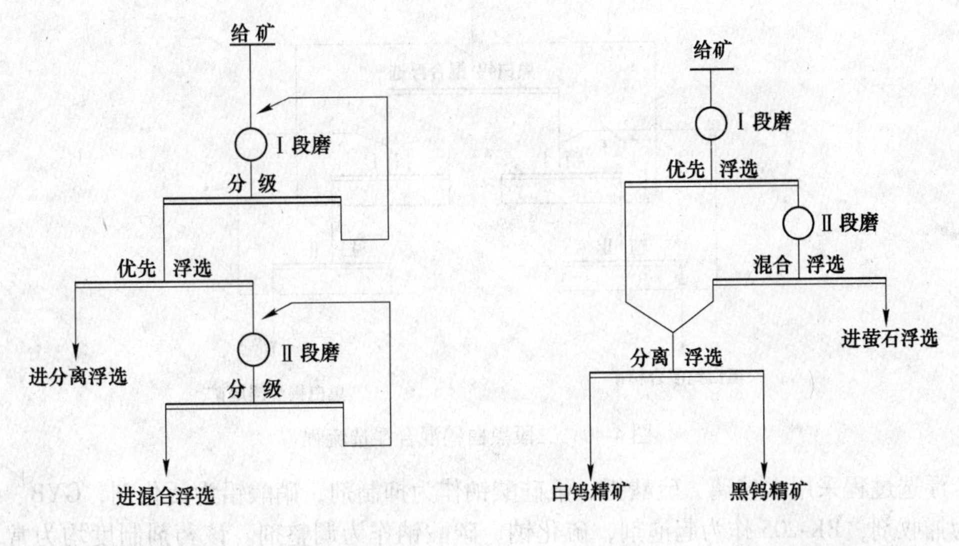

图4-37 阶段磨矿阶段选别工艺流程图

图4-38 浮选原则流程图

（2）浮选流程设计。为降低钨矿在磨矿过程中产生太多次生细泥，提高钨的总回收率，故采用阶段磨矿阶段选别流程。因一段磨矿分级后-200 目含量可以达到 50%~60%，采用先脱硫再浮钨，一粗二精一扫混合优先浮选得到黑白钨混合精矿 1。优先浮选尾矿经浓缩后进入二段磨矿流程，磨矿细度-200 目含量达到 90%时进行浮选作业，采用先脱硫再浮钨，一粗二精两扫混合浮选得到黑白钨混合精矿 2，混合浮选尾矿进入萤石选矿，在此不做赘述。

黑白钨混合精矿，采用加温浮选方法（即彼得诺夫法），一粗三精三扫流程进行黑白钨分离可以得到白钨精矿。白钨尾矿采用两段摇床重选方法回收较粗粒级的黑钨精矿，对摇床不能回收的黑钨细泥，则进一步采用一粗四精三扫浮选流程进行回收，得到钨细泥。

各具体流程如图 4-39~图 4-43 所示。

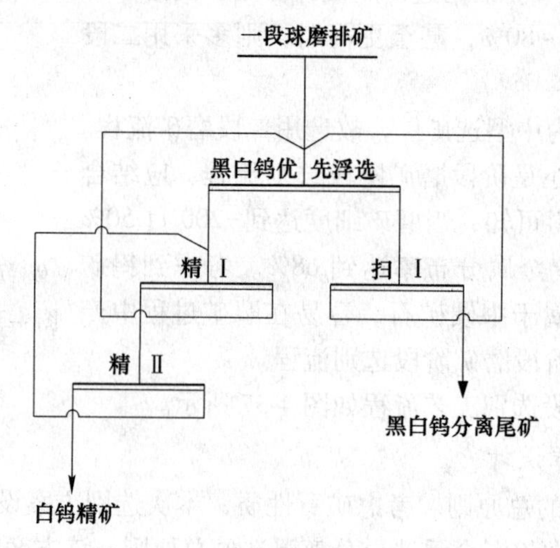

图 4-39　一段黑白钨优先浮选流程

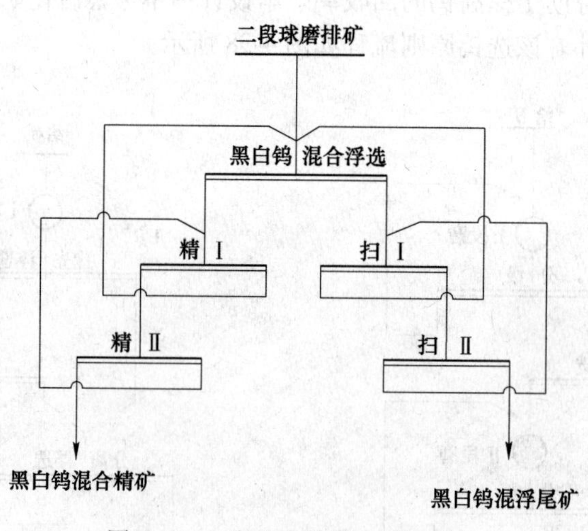

图 4-40　二段黑白钨混合浮选流程

浮选过程采用水玻璃、硫酸铝、氟硅酸钠作为抑制剂，硝酸铅为活化剂，GYB、GYR 作为捕收剂，BK-205 作为起泡剂，硫化钠、碳酸钠作为调整剂。该药剂制度均为常见选钨药剂。

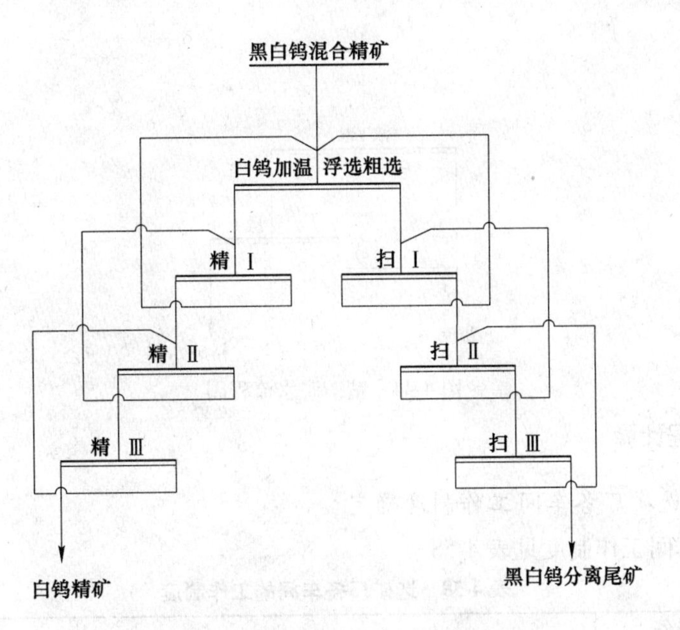

图 4-41 黑白钨分离浮选流程

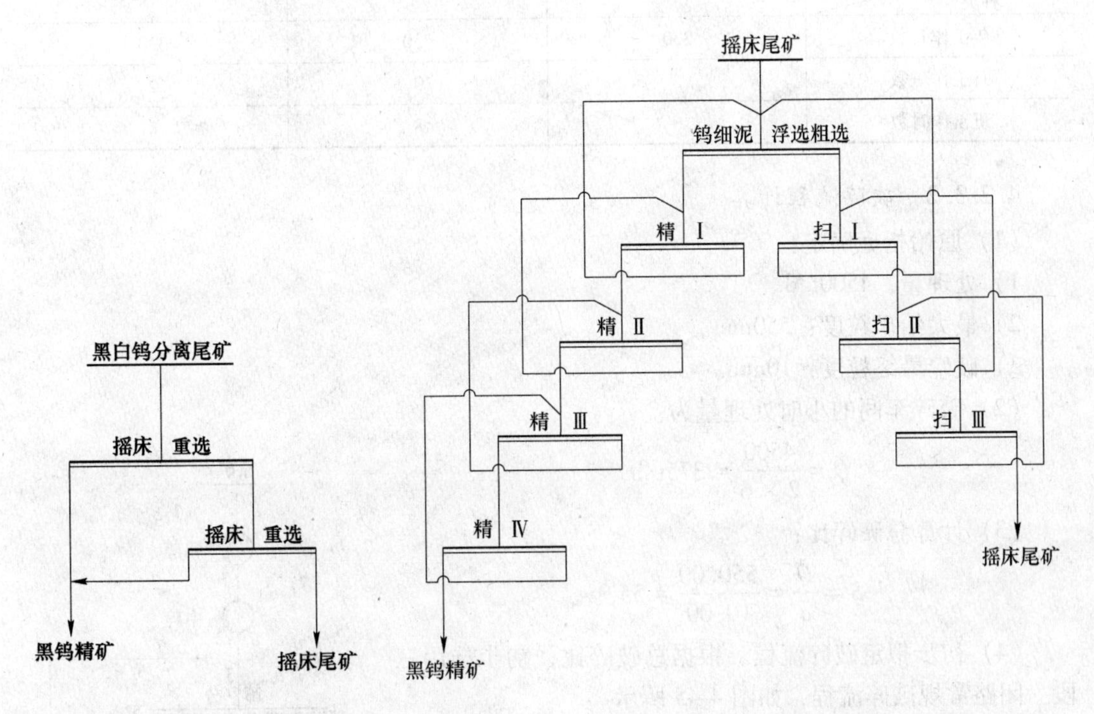

图 4-42 黑钨摇床重选流程

图 4-43 黑钨细泥浮选流程

4.2.2.4 精矿脱水流程设计

为保证精矿产品的出厂质量，必须对选别后的精矿进行脱水处理。根据黑白钨精矿的冶炼要求，精矿脱水流程采用直接浓缩再干燥作业，使精矿的含水率在4%以下。其精矿脱水流程如图 4-44 所示。

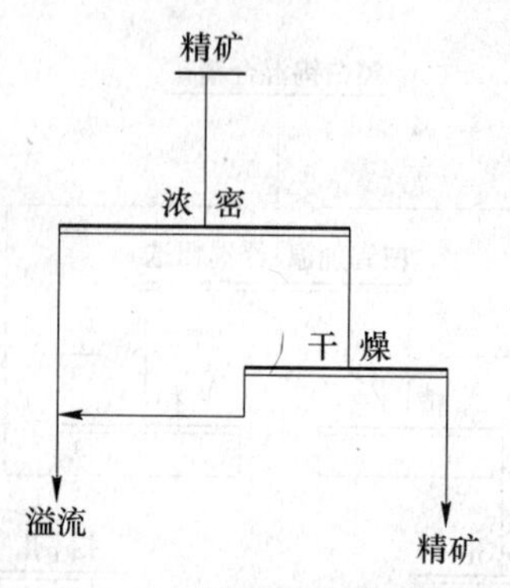

图 4-44　精矿脱水流程图

4.2.3　工艺流程计算

4.2.3.1　选矿厂各车间工作制度确定

选矿厂各车间工作制度见表 4-58。

表 4-58　选矿厂各车间的工作制度

种类 \ 工段名	破　碎	磨　浮	精矿脱水
年工作日数	330	330	330
日工作班数	2	3	2
班工作时数	6	8	8

4.2.3.2　破碎流程计算

（1）原始指标确定：

1）处理量：4500t/d。

2）最大给矿粒度：550mm。

3）破碎最终粒度：10mm。

（2）破碎车间的小时处理量为：

$$Q = \frac{4500}{2 \times 6} = 375\text{t/h}$$

（3）计算总破碎比：

$$S = \frac{D}{d} = \frac{550.00}{10.00} = 55$$

（4）初步拟定破碎流程。根据总破碎比，初步选用三段一闭路常规破碎流程，如图 4-45 所示。

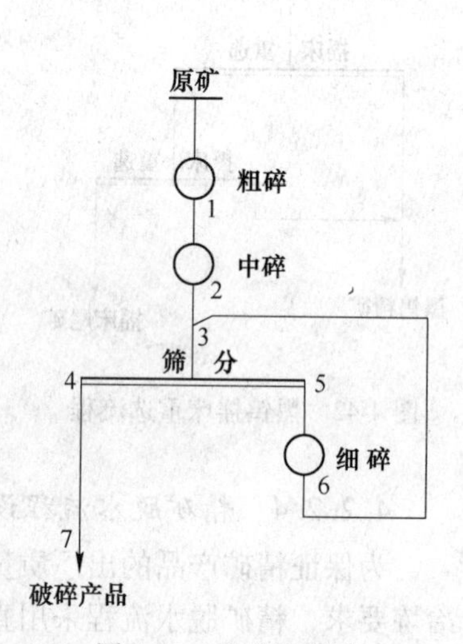

图 4-45　破碎流程图

（5）计算各段破碎比。

平均破碎比：

$$S_a = \sqrt[3]{55} = 3.80$$

取 $S_1 = 3.0$，$S_2 = 3.0$，略小于 S_a。

根据总破碎比等于各段破碎比的乘积，则第 3 段破碎比 S_3 为：

$$S_3 = \frac{S}{S_1 \times S_2} = \frac{55.00}{3.0 \times 3.0} = 6.11$$

（6）计算各段破碎产物的最大粒度：

$$d_2 = \frac{D}{S_1} = \frac{550}{3.0} = 183.33\text{mm}$$

$$d_3 = \frac{d_2}{S_2} = \frac{183.33}{3} = 61.10\text{mm}$$

$$d_6 = \frac{d_3}{S_3} = \frac{61.10}{6.11} = 10\text{mm}$$

（7）计算各段破碎机排矿口宽度。破碎机排矿口宽度与破碎机形式有关，初步确定粗碎用旋回破碎机，中碎用标准型圆锥破碎机，细碎用短头圆锥破碎机，则各破碎机的排矿口宽度为：

$$e_2 = \frac{d_2}{Z_{1\max}} = \frac{183.33}{1.6} = 114.58\text{mm，取 }115\text{mm}$$

$$e_6 = \frac{d_3}{Z_{2\max}} = \frac{61.10}{1.9} = 32.16\text{mm，取 }33\text{mm}$$

e_4 根据等值筛分制度，则 $e_4 = 0.8d_6 = 0.8 \times 10 = 8\text{mm}$。

（8）选择筛孔尺寸和筛分效率。

常规筛分工作制度：$a_1 = d_6 = 10\text{mm}$，筛分效率 $E_1 = 85\%$。

等值筛分工作制度：

1）取 $a_1 = 1.1d_5$，即 $a_1 = 1.1 \times 10 = 11\text{mm}$，$e_6 = 0.8d_5 = 0.8 \times 10 = 8\text{mm}$，$E_1 = 73\%$。

2）取 $a_1 = 1.2d_5$，即 $a_1 = 1.2 \times 10 = 12\text{mm}$，$e_6 = 0.8d_5 = 0.8 \times 10 = 8\text{mm}$，$E_1 = 65\%$。

3）取 $a_1 = 1.3d_5$，即 $a_1 = 1.3 \times 10 = 13\text{mm}$，$e_6 = 0.8d_5 = 0.8 \times 10 = 8\text{mm}$，$E_1 = 60\%$。

本设计采用等值筛分工作制度的第2种情况，即 $a_1 = 12\text{mm}$，$e_6 = 8\text{mm}$，$E_1 = 65\%$。

（9）计算各段各产物的产率和质量。

1）粗碎作业：

$$Q_1 = 375\text{t/h}, \quad \gamma_1 = 100\%$$

2）中碎作业：

$$Q_2 = 375\text{t/h}, \quad \gamma_2 = 100\%$$

3）细碎作业：

$$Q_4 = (Q_2\beta_2^{-12} + Q_6\beta_6^{-12})E_1$$

式中 β_2^{-12}——产物2中小于12mm的粒级含量；

β_6^{-12}——产物6中小于12mm的粒级含量。

可直接用中碎机排矿产物中小于12mm的粒级含量，细筛筛孔尺寸与中碎机排矿口宽度之比 $Z_3 = 12/33 = 0.37$，查“选矿厂设计”可知：$\beta_2^{-12} = 0.25$。

根据细筛筛孔尺寸与细碎机排矿口宽度之比 $Z_3 = 12/10 = 1.2$，查《最新中国选矿厂设备手册》可知，$\beta_6^{-12} = 0.95$。

由此可计算 Q_6：

$$Q_6 = 508.6\text{t/h}$$

则

$$\gamma_6 = \frac{Q_6}{Q_1} \times 100\% = \frac{508.60}{375} \times 100\% = 135.63\%$$

$$Q_5 = Q_6 = 508.6\text{t/h}$$

$$\gamma_5 = \gamma_6 = 135.63\%$$

$$Q_3 = Q_4 + Q_5 = 375 + 508.6 = 883.60\text{t/h}$$

$$\gamma_3 = \frac{Q_3}{Q_1} \times 100\% = \frac{883.60}{375} \times 100\% = 235.63\%$$

（10）计算结果数据统计：

将破碎流程计算结果汇总见表 4-59。

表 4-59　破碎流程数据统计表

产　率	γ_1	γ_2	γ_3	γ_4	γ_5	γ_6
数　量/%	100	100	235.63	100	135.63	135.63
产　量	Q_1	Q_2	Q_3	Q_4	Q_5	Q_6
数量/t · h^{-1}	375	375	883.60	375	508.60	508.60

4.2.3.3　*磨矿流程计算*

本设计要求的磨矿细度要求为-0.074mm 80%。由于磨矿细度较高，故采用两段全闭路流程。根据工艺流程，该二段磨矿流程为阶段磨矿阶段选别流程。

第一段磨矿流程如图 4-46 所示。第二段磨矿流程如图 4-47 所示。

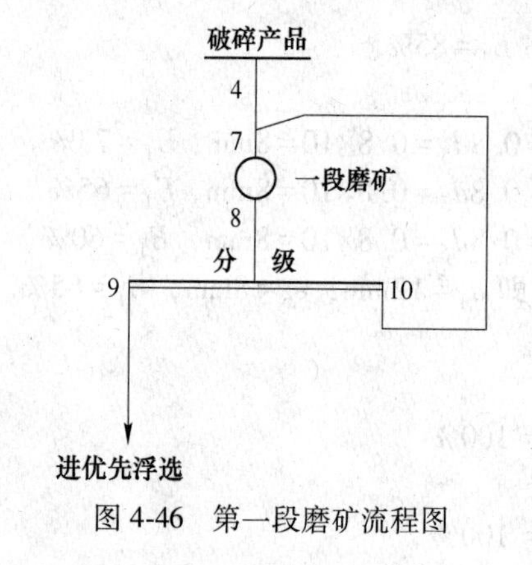

图 4-46　第一段磨矿流程图

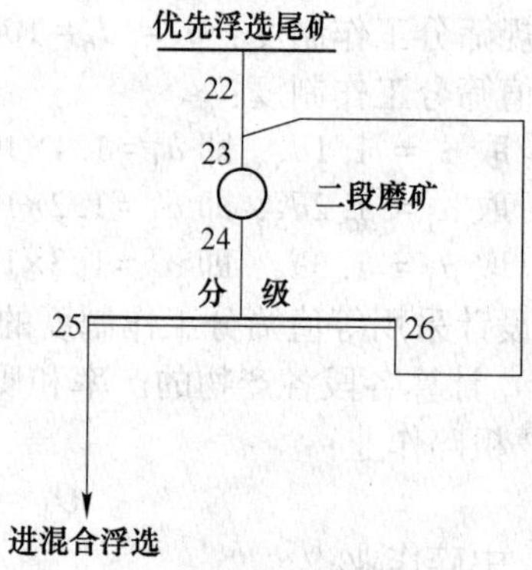

图 4-47　第二段磨矿流程图

A　原始指标

单位处理能力：　　$Q = \frac{4500}{3 \times 8} = 187.5\text{t/h}$

循环负荷 C 的确定：根据《选矿厂设计手册》，取 $C_1 = 200\%$，$C_2 = 300\%$。

该矿石为中等可碎性矿石，给矿粒度为 10mm，根据《选矿厂设计手册》，取 $\beta_1 = 10\%$。

B　磨矿流程计算

（1）一段磨矿流程计算：

$$Q_9 = Q_4 = 187.5\text{t/h}$$

$$Q_{10} = C_1 Q_9 = 2.0 \times 187.5 = 375\text{t/h}$$

$$Q_7 = Q_8 = Q_4 + Q_{10} = 375 + 187.5 = 562.5\ \text{t/h}$$

$$\gamma_4 = \gamma_9 = 100\%$$

$$\gamma_8 = \gamma_7 = \frac{Q_8}{Q_4} \times 100\% = \frac{562.5}{187.5} \times 100\% = 300\%$$

$$\gamma_5 = \frac{Q_{10}}{Q_4} \times 100\% = \frac{375}{187.5} \times 100\% = 200\%$$

（2）二段磨矿流程计算：

$$Q_{22} = Q_{25} = 185.16\text{t/h}$$

$$C = 300\%$$

$$Q_{26} = C_2 Q_{12} = 3.0 \times 185.16 = 555.48\text{t/h}$$

$$Q_{24} = Q_{26} + Q_{22} = 185.16 + 555.48 = 740.64\text{t/h}$$

$$\gamma_{22} = \gamma_{25} = 100\%$$

$$\gamma_{23} = \gamma_{24} = \frac{Q_{24}}{Q_{22}} \times 100\% = \frac{740.64}{187.5} \times 100\% = 400\%$$

$$\gamma_{26} = \frac{Q_{26}}{Q_{22}} \times 100\% = \frac{555.48}{187.5} \times 100\% = 300\%$$

（3）计算结果数据统计。磨矿流程计算结果汇总见表4-60。

表4-60　磨矿流程数据统计表

产　率	γ_4	γ_7	γ_8	γ_9	γ_{10}	γ_{22}	γ_{23}	γ_{24}	γ_{25}	γ_{26}
数量/%	100	300	300	100	200	98.75	395.00	395.00	98.75	296.25
产　量	Q_4	Q_7	Q_8	Q_9	Q_{10}	Q_{22}	Q_{23}	Q_{24}	Q_{25}	Q_{26}
数量/$\text{t}\cdot\text{h}^{-1}$	187.50	562.50	562.50	187.50	375.00	185.16	740.63	740.63	185.16	555.47

4.2.3.4　选别流程的计算

A　确定必要充分的原始指标数

其计算公式为：

$$N_p = C(n_p - a_p)$$

式中　N_p——原始指标数；

C——计算成分，$C=1+e$；

e——参与流程计算的金属种类数；

n_p——流程中的选别产物数；

a_p——流程中的选别作业数。

B　原始指标数的分配

$$N_p = N_\gamma + N_\varepsilon + N'_\varepsilon + N_\beta + N'_\beta$$

$$N_\gamma \leqslant n_p - a$$

$$N_\varepsilon \leqslant n_p - a_p$$

$$N'_\varepsilon \leqslant n_p - a_p$$

$$N_\beta \leqslant 2(n_p - a_p)$$

$$N'_\beta \leqslant 2(n_p - a_p)$$

C 原始指标值的选择及必要而充分的原始指标数

大多选用原矿及精矿产品中的品位和回收率，从而利于计算。

D 流程计算

（1）用金属质量平衡法求得已知品位产物的产率值。

（2）按公式 $Q_n = Q_1\gamma_n$ 计算精矿的质量，其余产物的质量按平衡法求得。

（3）按公式 $\varepsilon = \dfrac{\gamma \cdot \beta}{\beta_1}$ 计算已知品位产物的 ε，再根据质量平衡法求其余产物的 ε。

（4）按公式 $\beta = \dfrac{\beta \cdot \varepsilon}{\gamma}$ 计算未知产物的品位。

计算结果数据见表 4-61。

表 4-61 数质量流程各作业指标

编 号	Q /t·h^{-1}	β /%	W /m^3·h^{-1}	V /m^3·h^{-1}	C /%	r /%	ε /%	R_n
7	562.50	0.39	187.50	—	75.00	300.00	100.00	0.33
8	562.50	0.39	—	—	—	300.00	100.00	—
9	187.50	0.39	229.17	—	45.00	100.00	100.00	1.22
10	375.00	0.39	93.75	—	80.00	200.00	100.00	0.25
11	223.27	0.42	334.90	406.01	40.00	119.08	126.86	1.50
12	11.39	1.95	12.34	15.96	48.00	6.07	30.37	1.08
13	211.88	0.33	322.56	390.04	39.64	113.00	96.49	—
14	4.39	4.88	5.37	6.76	45.00	2.34	29.27	1.22
钨优选精二	4.39	4.88	17.56	18.96	20.00	2.34	29.27	4.00
15	9.04	0.64	34.91	37.79	20.56	4.82	7.85	—
16	26.73	0.52	49.65	58.16	35.00	14.26	19.01	1.86
17	185.16	0.31	272.92	331.88	40.42	98.75	77.48	—
18	13.43	2.02	40.28	44.55	25.00	7.16	37.11	3.00
19	2.34	7.00	2.86	3.61	45.00	1.25	22.52	1.22
20	2.04	2.42	14.70	15.35	12.18	1.09	6.75	—
21		0.00	193.57	—	—	—	—	—
22	185.16	0.31	79.35	—	70.00	98.75	77.48	0.43
23	740.63	0.31	317.41	—	70.00	395.00	77.48	0.43
24	740.63	0.31	411.46	—	64.29	395.00	77.48	—
25	185.16	0.31	226.30	—	45.00	98.75	77.48	1.22
26	555.47	0.31	185.16	—	75.00	296.25	77.48	0.33
27	204.24	0.31	306.36	371.40	40.00	108.93	85.70	1.50
28	21.34	2.44	23.11	29.91	48.00	11.38	71.19	1.08
29	182.90	0.06	283.24	341.49	39.24	97.55	14.51	—
30	30.15	2.33	90.46	100.06	25.00	16.08	95.96	3.00
31	11.06	5.80	13.52	17.04	45.00	5.90	87.73	1.22

续表 4-61

编 号	Q /t·h^{-1}	β /%	W /m^3·h^{-1}	V /m^3·h^{-1}	C /%	r /%	ε /%	R_n
钨混浮精二	11.06	5.80	44.24	47.77	20.00	5.90	87.73	4.00
32	19.09	0.31	76.94	83.02	19.88	10.18	8.22	—
33	6.75	8.16	8.25	10.39	45.00	3.60	75.28	1.22
34	4.31	2.11	36.00	37.37	10.70	2.30	12.45	—
35	28.04	0.40	52.07	61.00	35.00	14.95	15.34	1.86
钨混浮扫选精一	28.04	0.40	84.11	93.04	25.00	14.95	15.34	3.00
36	186.27	0.01	328.15	387.47	36.21	99.34	3.06	—
37	214.31	0.06	380.22	448.47	36.05	114.30	18.39	—
38	4.50	2.00	5.50	6.94	45.00	2.40	12.31	1.22
39	23.54	0.09	78.61	86.11	23.04	12.55	3.03	—
40	7.87	0.08	18.36	20.87	30.00	4.20	0.86	2.33
41	178.41	0.01	309.79	366.60	36.54	95.15	2.20	—
41.1	9.09	7.86	11.11	14.00	45.01	4.85	97.80	—
42	14.90	7.43	22.35	27.10	40.00	7.95	151.43	1.50
43	2.26	24.20	2.45	3.17	48.00	1.21	74.81	1.08
44	12.64	4.43	19.90	23.93	38.84	6.74	76.62	—
45	2.60	23.39	7.79	8.62	25.00	1.38	83.04	3.00
46	1.01	50.63	1.87	2.19	35.00	0.54	69.75	1.86
47	1.59	6.11	5.92	6.42	21.17	0.85	13.29	—
48	4.21	7.00	5.15	6.49	45.00	2.25	40.34	1.22
49	14.94	4.55	24.18	29.17	38.18	7.97	92.93	—
50	10.72	3.59	19.01	22.43	36.06	5.72	52.59	—
51	1.12	48.98	6.34	6.70	15.00	0.60	74.94	5.67
52	0.78	62.32	1.83	2.08	30.00	0.42	66.71	2.33
黑白钨分离精三	0.78	62.32	4.44	4.69	15.00	0.42	66.71	5.67
53	0.34	17.91	4.51	4.62	6.93	0.18	8.23	—
54	14.57	3.96	28.00	32.64	34.23	7.77	78.93	—
55	2.29	5.20	4.26	4.99	35.00	1.22	16.31	1.86
56	12.28	3.73	23.74	27.65	34.09	6.55	62.62	—
57	0.67	67.00	1.57	1.78	30.00	0.36	61.52	2.33
58	0.11	34.08	2.87	2.90	3.73	0.06	5.19	—
59	3.85	5.00	8.99	10.22	30.00	2.05	26.34	2.33
60	8.43	3.15	14.75	17.44	36.35	4.49	36.28	—
摇床粗选	8.44	3.15	14.75	-	36.38	4.49	36.28	—
61	0.12	45.00	0.29	—	30.00	0.07	7.55	2.33

续表 4-61

编　号	Q /t·h^{-1}	β /%	W /m^3·h^{-1}	V /m^3·h^{-1}	C /%	r /%	ε /%	R_n
62	8.30	2.25	14.47	—	36.47	4.43	28.73	—
63	8.30	2.25	14.47	—	36.47	4.43	28.73	—
64	0.24	37.00	0.56	—	30.00	0.13	12.17	2.33
65	8.06	1.50	13.91	—	36.71	4.30	16.56	—
66	8.06	1.50	13.91	—	24.84	4.30	16.56	—
67		0.00	5.84	—	—	—	—	—
68	8.06	1.50	8.06	10.63	50.00	4.30	16.56	1.00
69	0.36	41.13	0.85	0.96	30.00	0.19	19.72	2.33
70	10.49	1.99	12.82	16.16	45.00	5.59	28.49	1.22
71	0.61	11.50	0.66	0.86	48.00	0.33	9.60	1.08
72	9.88	1.40	12.16	15.30	44.83	5.27	18.89	—
73	0.83	11.05	2.48	2.75	25.00	0.44	12.50	3.00
74	0.38	19.30	0.71	0.83	35.00	0.20	10.03	1.86
75	0.45	4.04	1.78	1.92	20.12	0.24	2.47	—
76	16.96	1.46	25.31	30.71	40.12	9.05	33.91	—
77	1.98	3.50	2.96	3.59	40.00	1.05	9.45	1.50
78	14.99	1.19	22.35	27.12	40.14	7.99	24.45	—
79	0.53	18.71	1.58	1.74	25.00	0.28	13.44	3.00
80	0.31	25.00	0.46	0.56	40.00	0.16	10.53	1.50
81	0.22	9.78	1.11	1.18	16.32	0.12	2.90	—
82	19.50	1.18	32.89	39.10	37.23	10.40	31.43	—
83	7.08	1.55	13.16	15.41	35.00	3.78	15.02	1.86
84	12.42	0.97	19.73	23.68	38.63	6.62	16.41	—
85	0.38	24.39	1.53	1.66	20.00	0.20	12.78	4.00
86	0.24	28.80	0.71	0.79	25.00	0.13	9.38	3.00
92	0.24	28.80	0.95	1.03	20.00	0.13	9.38	4.00
87	0.15	17.15	0.82	0.87	15.06	0.08	3.41	—
88	4.52	1.13	10.54	11.97	30.00	2.41	6.98	2.33
89	7.90	0.87	9.19	11.71	46.22	4.21	9.44	—
90	0.16	32.00	0.38	0.43	30.00	0.09	7.13	2.33
91	0.08	21.87	0.57	0.60	11.60	0.04	2.25	—

4.2.3.5 矿浆流程的计算

A 磨矿流程浓度，水量，补加水的选择与计算

（1）确定各作业浓度 C_n。

原矿含水率4%，即原矿浓度 $C_0=96\%$；

磨矿作业浓度：$C_{m1}=75\%$，$C_{m2}=75\%$；

分级溢流浓度：$C_{c1}=45\%$，$C_{c2}=45\%$；

分级返砂浓度：$C_{s1}=80\%$，$C_{s2}=75\%$。

（2）按 $R_n=\dfrac{100-C_n}{C_n}$ 计算液固比。

（3）按 $W_n=Q_nR_n$ 计算水量。

（4）按 $L_n=W_{作业}-\sum W_n$。

B 浮选流程浓度，水量，补加水的选择与计算

（1）各作业必须保证的浓度 C_n。

各作业必须保证的浓度如下：

黑白钨优先浮选粗选作业浓度 $C=40\%$；

黑白钨优先浮选精选Ⅰ作业浓度 $C=25\%$；

黑白钨优先浮选精选Ⅱ作业浓度 $C=20\%$；

黑白钨混合浮选粗选作业浓度 $C=40\%$；

黑白钨混合浮选精选Ⅰ作业浓度 $C=25\%$；

黑白钨混合浮选精选Ⅱ作业浓度 $C=20\%$；

黑白钨混合浮选扫选精选Ⅰ作业浓度 $C=25\%$；

黑白钨分离浮选粗选作业浓度 $C=40\%$；

黑白钨分离浮选精选Ⅰ作业浓度 $C=25\%$；

黑白钨分离浮选精选Ⅱ作业浓度 $C=30\%$；

黑白钨分离浮选精选Ⅲ作业浓度 $C=15\%$；

黑钨细泥浮选粗选作业浓度 $C=45\%$；

黑钨细泥浮选精选Ⅰ作业浓度 $C=25\%$；

黑钨细泥浮选精选Ⅱ作业浓度 $C=25\%$；

黑钨细泥浮选精选Ⅲ作业浓度 $C=20\%$；

黑钨细泥浮选精选Ⅳ作业浓度 $C=20\%$。

（2）不可调节的选别精矿浓度 C_n。

黑白钨优先浮选粗选精矿浓度 $C=48\%$；

黑白钨优先浮选精选Ⅰ精矿浓度 $C=45\%$；

黑白钨优先浮选精选Ⅱ精矿浓度 $C=45\%$；

黑白钨混合浮选粗选精矿浓度 $C=40\%$；

黑白钨混合浮选精选Ⅰ精矿浓度 $C=45\%$；

黑白钨混合浮选精选Ⅱ精矿浓度 $C=45\%$；

黑白钨混合浮选扫选精选Ⅰ精矿浓度 $C=45\%$；

黑白钨分离浮选粗选精矿浓度 $C=48\%$；

黑白钨分离浮选精选Ⅰ精矿浓度 $C=35\%$；
黑白钨分离浮选精选Ⅱ精矿浓度 $C=30\%$；
黑白钨分离浮选精选Ⅲ精矿浓度 $C=30\%$；
黑钨细泥浮选粗选精矿浓度 $C=48\%$；
黑钨细泥浮选精选Ⅰ精矿浓度 $C=35\%$；
黑钨细泥浮选精选Ⅱ精矿浓度 $C=40\%$；
黑钨细泥浮选精选Ⅲ精矿浓度 $C=25\%$；
黑钨细泥浮选精选Ⅳ精矿浓度 $C=30\%$；
黑白钨优先浮选扫选Ⅰ精矿浓度 $C=35\%$；
黑白钨混合浮选扫选Ⅰ精矿浓度 $C=30\%$；
黑白钨分离浮选扫选Ⅰ精矿浓度 $C=45\%$；
黑白钨分离浮选扫选Ⅱ精矿浓度 $C=35\%$；
黑白钨分离浮选扫选Ⅲ精矿浓度 $C=30\%$；
黑钨细泥浮选扫选Ⅰ精矿浓度 $C=40\%$；
黑钨细泥浮选扫选Ⅱ精矿浓度 $C=35\%$；
黑钨细泥浮选扫选Ⅲ精矿浓度 $C=30\%$。

（3）计算过程。

1）按公式 $R_n = \dfrac{100 - C_n}{C_n}$ 计算液固比；

2）按公式 $W_n = Q_n R_n$ 计算水量；

3）按公式 $R_n = \dfrac{W_n}{Q_n}$ 计算未知的 R_n；

4）按公式 $V_n = Q_n\left(R_n + \dfrac{1}{\delta}\right)$ 计算已知 R_n 产物的矿浆体积，其余用平衡法求得；

5）平衡法计算其余作业及产物的水量和补加水量；

6）按公式 $C_n = \dfrac{1}{1 + R_n}$ 计算其余的矿浆浓度。

上述计算结果见表 4-61。

C 选厂各作业总补加水量以及选厂单位耗水量的计算

（1）磨矿流程各作业总补加水量的计算。

$$L_{m1} = W_{m1} - W_3 - W_{10} = 187.5 - 15.63 - 93.75 = 78.13\text{m}^3/\text{h}$$

$$L_{m2} = W_{m2} - W_{22} - W_{26} = 317.41 - 79.35 - 185.16 = 52.90\text{m}^3/\text{h}$$

$$L_{c1} = W_9 + W_{10} - W_{m1} = 229.17 + 93.75 - 187.50 = 135.42\text{m}^3/\text{h}$$

$$L_{c2} = W_{25} + W_{26} - W_{m2} = 226.30 + 185.16 - 317.41 = 94.05\text{m}^3/\text{h}$$

$$\sum L_1 = L_{m1} + L_{m2} + L_{c1} + L_{c2} = 78.13 + 52.90 + 135.42 + 94.05 = 360.49\text{m}^3/\text{h}$$

（2）选别流程各作业总补加水量的计算。

$$L_{黑白钨优先浮选粗选} = W_{粗选} - W_9 - W_{15} - W_{16} = 21.19\text{m}^3/\text{h}$$

$$L_{黑白钨优先浮选精Ⅰ} = W_{精Ⅰ} - W_{12} - W_{20} = 13.24\text{m}^3/\text{h}$$

$$L_{黑白钨优先浮选精Ⅱ} = W_{精Ⅱ} - W_{14} = 12.20\text{m}^3/\text{h}$$
$$L_{黑白钨混浮粗选} = W_{粗选} - W_{32} - W_{25} = 3.12\text{m}^3/\text{h}$$
$$L_{黑白钨混浮精Ⅰ} = W_{精Ⅰ} - W_{28} - W_{34} - W_{38} = 25.84\text{m}^3/\text{h}$$
$$L_{黑白钨混浮精Ⅱ} = W_{精Ⅱ} - W_{31} = 30.73\text{m}^3/\text{h}$$
$$L_{黑白钨混浮扫选精Ⅰ} = W_{精Ⅰ} - W_{35} = 32.04\text{m}^3/\text{h}$$
$$L_{黑白钨分离粗选} = W_{粗选} - W_{41.1} - W_{47} - W_{48} = 0.17\text{m}^3/\text{h}$$
$$L_{黑白钨分离精Ⅰ} = W_{精Ⅰ} - W_{43} - W_{53} = 0.83\text{m}^3/\text{h}$$
$$L_{黑白钨分离精Ⅱ} = W_{精Ⅱ} - W_{46} - W_{58} = 1.60\text{m}^3/\text{h}$$
$$L_{黑白钨分离精Ⅲ} = W_{精Ⅲ} - W_{52} = 2.61\text{m}^3/\text{h}$$
$$L_{钨细泥浮选粗选} = W_{粗选} - W_{68} - W_{75} - W_{77} = 0.04\text{m}^3/\text{h}$$
$$L_{钨细泥浮选精Ⅰ} = W_{精Ⅰ} - W_{71} - W_{81} = 0.71\text{m}^3/\text{h}$$
$$L_{钨细泥浮选精Ⅱ} = W_{精Ⅱ} - W_{74} - W_{87} = 0.05\text{m}^3/\text{h}$$
$$L_{钨细泥浮选精Ⅲ} = W_{精Ⅲ} - W_{80} - W_{91} = 0.50\text{m}^3/\text{h}$$
$$L_{钨细泥浮选精Ⅳ} = W_{精Ⅳ} - W_{86} = 0.24\text{m}^3/\text{h}$$
$$\begin{aligned}\sum L_2 &= L_{黑白钨优先浮选粗选} + L_{黑白钨优先浮选精Ⅰ} + \cdots + L_{钨细泥浮选精Ⅲ} + L_{钨细泥浮选精Ⅳ} \\ &= 21.19+13.24+\cdots+0.50+0.24 \\ &= 145.07\text{m}^3/\text{h}\end{aligned}$$

(3) 浓密流程各作业总补加水量的计算。

$$L_1 = W_{22} - W_{17} = -193.57\text{m}^3/\text{h}$$
$$L_2 = W_{68} - W_{66} = -5.84\text{m}^3/\text{h}$$

(4) 选厂总补加水量$\sum L$的计算。

$$\begin{aligned}\sum L_0 &= \sum L_1 + \sum L_2 + L_1 + L_2 \\ &= 306.15\text{m}^3/\text{h}\end{aligned}$$

校核:

$$\begin{aligned}\sum L_0 &= W_{41} + W_{89} + W_{57} + W_{69} + W_{95} + W_{90} - W_7 \\ &= 306.15\text{m}^3/\text{h}\end{aligned}$$
$$\sum L = 1.12 \times \sum L_0 = 342.89$$

(5) 选厂单位矿石总耗水量 W_g的计算。

$$W_g = \frac{\Sigma L_0}{Q} = \frac{342.89}{187.5} = 1.83\text{m}^3/(\text{t}\cdot\text{h})$$

本设计计算的数质量流程图如图 4-48 所示。

4.2.4 主要设备选择与计算

4.2.4.1 破碎设备的选择与计算

A 粗碎设备的选择与计算

选矿厂破碎硬度较大或中等可碎性矿石时主要选择颚式破碎机和旋回破碎机。旋回破碎机已有 100 多年的生产历史，由于其生产能力比颚式破碎机高 3~4 倍，所以是大型矿山和其他工业部门粗碎各种坚硬物料的典型设备。本设计 4500*T/D*，为大型选厂，考虑到

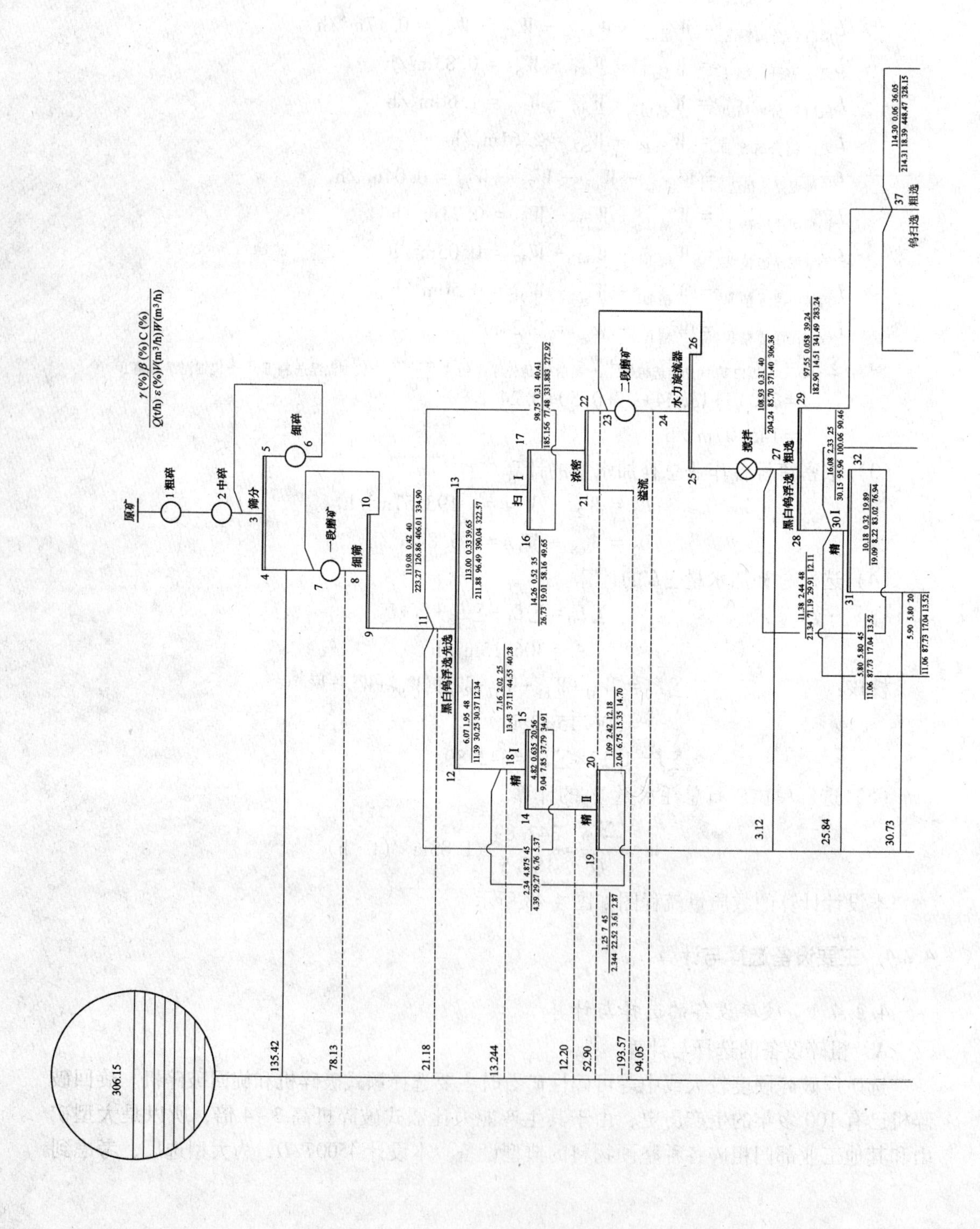
γ(%) β(%) C(%)
Q(t/h) ε(%) V(m³/h) W(m³/h)
原矿
1 粗碎
2 中碎
3 筛分
细碎
一段磨矿
细筛
黑白钨浮选先选
扫 Ⅰ
精 Ⅰ
精 Ⅱ
浓密
溢流
二段磨矿
水力旋流器
搅拌
粗选
黑白钨浮选
精 Ⅰ
钨扫选
粗选
306.15

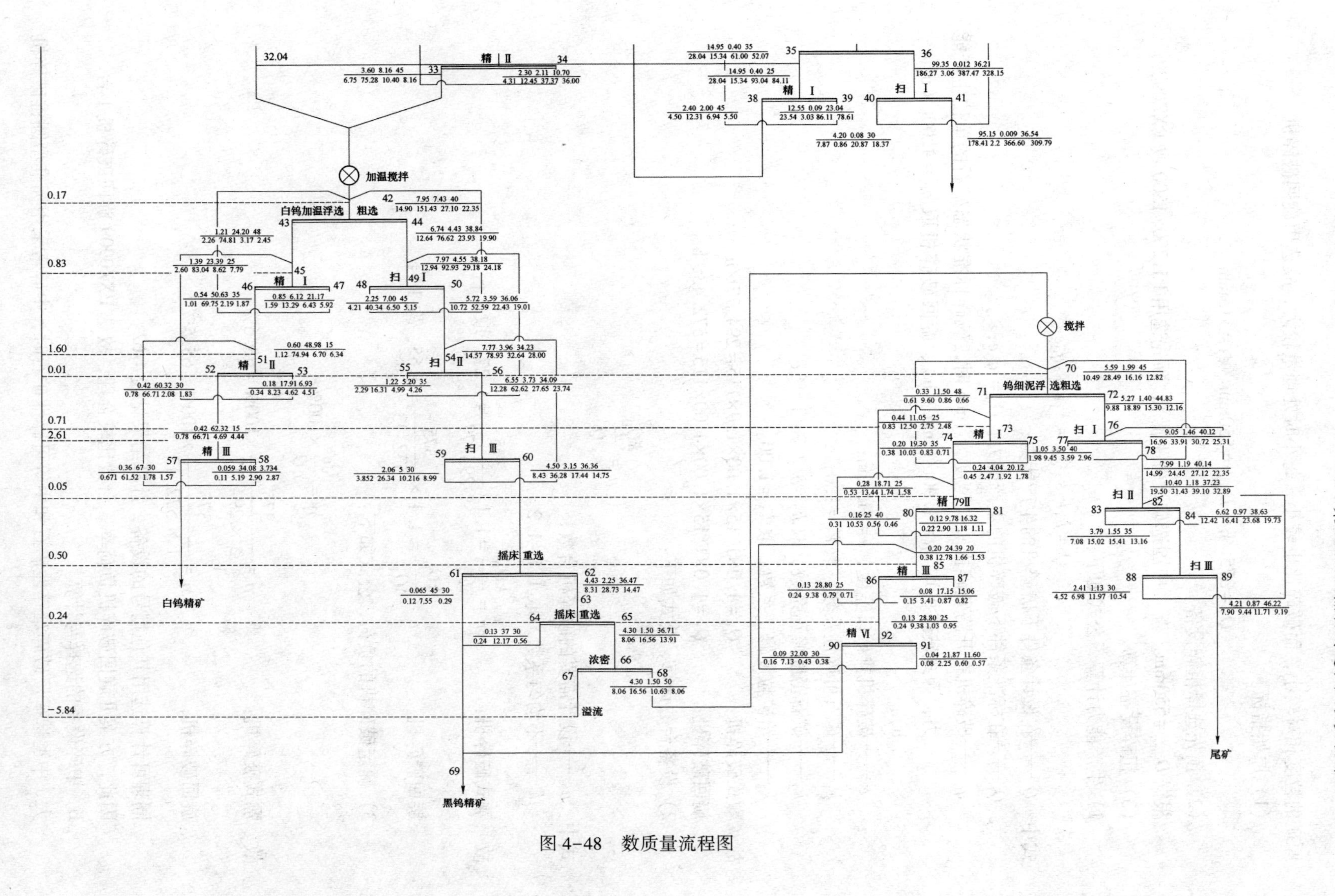
加温搅拌
白钨加温浮选 粗选
精 Ⅰ
扫 Ⅰ
精 Ⅱ
扫 Ⅱ
精 Ⅲ
扫 Ⅲ
白钨精矿
摇床 重选
浓密
溢流
黑钨精矿
搅拌
钨细泥浮选粗选
精 Ⅵ
尾矿

图 4-48 数质量流程图

原矿的粒度相对较小，而破碎比也较小，每小时处理量较大，故选用旋回破碎机。

（1）原始指标。

$$Q_1 = 375\text{t/h} \quad D_{max} = 550\text{mm} \quad e_2 = 115\text{mm}$$

（2）预先选择粗碎设备。

根据 D_{max} = 550mm，查《中国选矿设备手册》，预先选用 PJ1200×1500 或 PXZ0909。

（3）粗碎设备计算。

1）生产能力计算，公式如下：

$$Q = k_1 k_2 k_3 Q_0 = k_1 k_2 k_3 q_0 e$$

式中 Q ——在设计条件下破碎机的生产能力；

Q_0——在标准条件下破碎机的生产能力，$Q_0 = q_0 e$；

q_0——破碎机在开路破碎排矿口宽度为 1mm 时，破碎标准状态矿石的单位生产能力，颚式破碎机取 q_0 = 1.90t/(mm·h)、旋回破碎机取 q_0 = 4.00t/(mm·h)；

e ——破碎机排矿口宽度，e = 115mm；

k_1——矿石可碎性系数，取 k_1 = 1.0；

k_2——矿石密度修正系数，取 $k_2 = \delta/2.7 = 1.16$；

k_3——给矿粒度修正系数，取 k_3 = 1.00。

故 颚式破碎机： $Q_1 = 1.0 \times 1.15 \times 1.00 \times 1.9 \times 115 = 294.77\text{t/h}$

旋回破碎机： $Q_1 = 1.0 \times 1.15 \times 1.00 \times 4.00 \times 115 = 572.43\text{t/h}$

2）设备台数计算，公式如下：

$$n = \frac{kQ_0}{Q}$$

式中 n ——设计需要的破碎机台数；

k ——不均匀系数，取 1.1~1.2。

故 颚式破碎机： $n = \frac{kQ_0}{Q_1} = 1.1 \times \frac{375}{294.77} = 1.27$，取 2 台

旋回破碎机： $n = \frac{kQ_0}{Q_1} = 1.1 \times \frac{375}{572.43} = 0.65$，取 1 台

3）确定破碎机的负荷，公式如下：

$$\eta = \frac{Q_0}{nQ} \times 100\%$$

故 颚式破碎机： $\eta = \frac{375}{2 \times 294.77} \times 100\% = 63.6\%$

旋回破碎机： $\eta = \frac{375}{1 \times 572.43} \times 100\% = 65.5\%$

同理可计算选用其他型号的设备，计算结果见表 4-62。

因此，方案Ⅱ旋回破碎机负荷率、台数比较合理，故选 PXZ0909 旋回破碎机 1 台。

B 中碎设备的选择与计算

大、中型选矿厂破碎难碎性矿石和中等可碎性矿石时，中碎常采用标准型圆锥破碎机

和中型圆锥破碎机，本设计采用标准型圆锥破碎机。

表4-62 破碎设备一览表

方　案	型号规格	台数	生产量/t·h^{-1}	负荷/%
Ⅰ	PJ1200×1500	2	294.77	63.6
Ⅱ	PE-1200×1500	1	572.43	65.5

（1）原始指标。

$$Q_2 = 375\text{t/h} \qquad e_3 = 33\text{mm}$$

（2）预先选择粗碎设备。

根据《中国选矿设备手册》，预先选用PYY2200/350液压标准型圆锥破碎机、PYB2200标准圆锥破碎机。

（3）中碎设备的计算。

1）生产能力计算：

$$Q = k_1 k_2 k_3 Q_0 = k_1 k_2 k_3 q_0 e$$

式中，各符号代表的意义同粗碎。

其中 $k_1 = 1.0$，$k_2 = 1.16$，$k_3 = 1.0$，$q_0 = 16$，$e = 33$

故 $Q = k_1 k_2 k_3 q_0 e = 1.0 \times 1.16 \times 1.0 \times 16 \times 33 = 614.06\text{t/h}$

2）设备台数计算：

$$n = \frac{kQ_0}{Q}$$

式中，各符号代表的意义同上。

则 $n_1 = \frac{kQ_0}{Q_1} = 1.1 \times \frac{375}{614.06} = 0.61$，取1台

3）确定破碎机的负荷：

$$\eta = \frac{Q_0}{nQ} \times 100\%$$

故 $\eta = \frac{375}{1 \times 614.06} \times 100\% = 61.1\%$

同理可计算选用其他型号的设备，计算结果见表4-63。

表4-63 中碎设备一览表

方案	型号规格	台数	生产量/t·h^{-1}	负荷/%
Ⅰ	PYB2200	1	576.92	65.00
Ⅱ	PYY2200/350	1	614.06	61.1

因此方案Ⅱ的标准型圆锥破碎机的负荷率较为合理，选用PYY2200/350液压标准型圆锥破碎机1台。

C　细碎设备的选择与计算

细碎时常采用短头型圆锥破碎机，不仅破碎指标好，而且容易管理，操控方便。这种选择已经基本定性，故本设计也沿用这一选择。考虑到本设计中细碎的破碎比较大，筛分

的处理量较大，且细碎的处理量大，从而选择国外较先进的设备。

（1）原始指标。

$$Q_6 = 508.6\text{t/h} \qquad e_7 = 8\text{mm}$$

（2）预先选择细碎设备。

根据《中国选矿设备手册》，预先选用山特维克 HP7800 圆锥破碎机。

（3）细碎设备的计算。

1）生产能力计算，公式如下：

$$Q = k_1 k_2 k_3 Q_0 = k_1 k_2 k_3 q_0 e$$

式中 Q——在设计条件下破碎机的生产能力；

Q_0——在标准条件下破碎机的生产能力，$Q_0 = q_0 e$；

q_0——破碎机在开路破碎排矿口宽度为 1mm 时，破碎标准状态矿石的单位生产能力，取 $q_0 = 25.0\text{t/(mm·h)}$；

e——破碎机排矿口宽度，$e = 8\text{mm}$；

k_1——矿石可碎性系数，取 $k_1 = 1.0$；

k_2——矿石密度修正系数，取 $k_2 = \delta/2.7 = 1.16$；

k_3——给矿粒度修正系数，取 $k_3 = 1.20$。

其中 $k_1 = 1.0$，$k_2 = 1.15$，$k_3 = 1.70$，$q_0 = 24$，$e = 12$

故 $Q_1 = k_1 k_2 k_3 q_0 e = 1.0 \times 1.16 \times 1.20 \times 25.0 \times 8 = 418.68\text{t/h}$

2）设备台数计算，公式如下：

$$n = \frac{kQ_0}{Q}$$

式中，各符号代表的意义同上。

则 $$n = \frac{kQ_0}{Q_1} = 1.1 \times \frac{508.6}{418.68} = 1.21\text{，取 2 台}$$

3）确定破碎机的负荷，公式如下：

$$\eta = \frac{Q_0}{nQ} \times 100\%$$

故 $$\eta = \frac{508.6}{2 \times 418.68} \times 100\% = 60.5\%$$

同理可计算选用其他型号的设备，计算结果见表 4-64。

表 4-64 细碎设备一览表

方案	型号规格	台数	生产量/t·h^{-1}	负荷/%
Ⅰ	HP4800	3	187.57	90
Ⅱ	HP7800	2	418.68	60.5

因此方案Ⅱ的 HP7800 圆锥破碎机的负荷率较为合理，选用山特维克 HP7800 圆锥破碎机 2 台。

4.2.4.2 筛分设备的选择与计算

细碎前的预先筛分和检查筛分能提高筛分的效率、减少筛分机的台数。本设计中的矿石的性质含泥量少，属中硬矿石，过粉碎量小，可以不计。故本次设计的流程中，粗中碎前均不设筛分作业，只在细碎前设置预先检查筛分作业，由于圆振动筛结构新颖、强度高、耐疲劳、寿命长、维修简单、振动参数合理、噪音小、筛分效率高、生产安全可靠且易于维护等优点，广泛用于各种粒度物料的筛分。故本设计采用圆振动筛。

（1）原始指标：

$$Q_4 = 883.6\text{t/h}$$

（2）预先选择筛子的型号。根据《中国选矿设备手册》，预先选择YA2448圆振动筛。

（3）计算预选设备生产能力，公式如下：

$$Q = \psi k_1 k_2 k_3 k_4 k_5 k_6 F \gamma q$$

式中 Q——振动筛的生产能力，t/(台·h)；

ψ——振动筛的有效筛分面积系数，单层筛或者双层筛的上层筛面 $\psi = 0.8 \sim 0.9$，双层筛作单层筛使用时，下层筛面 $\psi = 0.6 \sim 0.7$；作双层筛使用时，下层筛面 $\psi = 0.65 \sim 0.7$，本设计取 $\psi = 0.8$；

F——振动筛几何面积，m^2/台；

γ——筛分物料松散密度，t/m^3，取 $\gamma = 1.86$；

q——振动筛单位面积的平均容积生产能力，$\text{m}^3/(\text{m}^2 \cdot \text{h})$；查《选矿厂设计》表5-11，取 $q = 20.1$，$\text{m}^3/(\text{m}^2 \cdot \text{h})$；

$k_1 \sim k_6$——修正系数，查《选矿厂设计》表5-12，取 $k_1 = 0.6$，$k_2 = 1.30$，$k_3 = 4.38$，$k_4 = 1.0$，$k_5 = 1.0$，$k_6 = 1.0$。

故 $$F = \frac{Q}{\Psi k_1 k_2 k_3 k_4 k_5 k_6 \gamma q} = \frac{883.60}{0.8 \times 20.1 \times 1.86 \times 0.6 \times 1.3 \times 4.38 \times 1.0 \times 1.0 \times 1.0} = 8.64\text{m}^2$$

（4）设备台数计算，公式如下：

$$n = \frac{F}{F_0}$$

故 $$n = \frac{F}{F_0} = \frac{8.64}{11.5} = 0.75，取1台$$

（5）确定破碎机负荷，公式如下：

$$\eta = \frac{F}{nF_0} \times 100\% = \frac{8.64}{1 \times 11.5} \times 100\% = 75.13\%$$

同理可计算选用其他型号的设备，计算结果见表4-65。

表4-65 筛分设备方案比较

方 案	型号规格	台数	生产量/$\text{t} \cdot \text{h}^{-1}$	负荷/%
Ⅰ	YAH2448	1	11.5	75.13
Ⅱ	YAH2460	1	14.4	60.00

因此方案Ⅱ的YAH2448圆振动筛的负荷率较为合理，选用YAH2448圆振动筛1台。

4.2.4.3 磨矿设备的选择与计算

目前，选矿厂使用的磨矿设备主要是棒磨机、格子型球磨机和溢流型球磨机。棒磨机主要用于钨等脆性矿石的磨矿，但由于排矿粒度较粗，一般只用于重选或磁选厂，当用于细磨或浮选前磨矿时，不如球磨机，故本设计采用球磨机。

本设计为二段磨矿，一段磨矿产品粒度-200 目占 50%，给矿粒度为 0~10mm，二段磨矿产品粒度-200 目占 80%。

格子型球磨机的优点是低水平排矿，排矿筛的矿浆面低，加快了排矿速度，合格产品能及时排出，减少了矿石过粉碎和泥化情况，提高了磨矿效率；由于排矿端矿浆面较低，球的冲击力受到矿浆层的阻力较小，增加了破碎的作用，磨矿机的排矿端没有格子板，磨矿机内不仅能装大球，也能装小球，可以合理地装球。而溢流型球磨机的优点是构造简单，管理维修容易，磨矿产品粒度细，适用于二段磨矿流程。

故本设计一段采用格子型球磨机，二段采用溢流型球磨机。

A 一段磨矿设备的选择与计算

（1）预选球磨机类型。根据《中国选矿设备手册》，预选 MQG3200×3600，MQG3200×4500 这二种球磨机方案进行比较。

（2）计算预选球磨机的生产能力。

1）q 值计算，公式如下：

$$q = k_1 k_2 k_3 k_4 q_0$$

式中 q——设计磨矿机按新生成计算级别的单位生产能力，t/(m³·h)；

q_0——现场生产磨矿机按新生成计算级别的单位生产能力，选作比较标准的现场生产磨机规格为 3.2×3.1 格子型球磨机，给矿粒度为 0~20mm，其中-0.074mm级别占 6%，磨矿产物中-0.074mm 级别的含量为 44%，生产率 Q_0=72t/(台·h)：

$$q_0 = \frac{Q_0(\beta_{排} - \beta_{给})}{V} = 1.24\text{t/(m}^3\cdot\text{h)}$$

本设计取 q_0=1.24t/(m³·h)；

k_1——被磨矿石的磨矿难易度系数，查《选矿厂设计》表 5-13，取 k_1=1.0；

k_2——磨矿机直径校正系数，查《选矿厂设计》表 5-15，取 k_2=1.07；

k_3——设计磨矿机的形式校正系数，查《选矿厂设计》表 5-16，取 k_3=1.0；

k_4——设计与生产磨矿机给矿粒度，产品粒度差异系数，查《选矿厂设计》表 5-17，取 k_4=1.14；

故，q=1.12×1.07×1.0×1.0×1.24=1.49t/(m³·h)。

2）磨矿机生产能力计算，公式如下：

$$Q = \frac{qV}{\beta_2 - \beta_1}$$

式中 Q——设计磨矿机的生产能力，t/(台·h)；

q——设计磨矿机按新生成计算级别的单位容积生产能力，

$$q_1 = q_2 = q_3 = 1.49\text{t/(m}^3\cdot\text{h)};$$

V——设计磨矿机的有效容积，V_1=26.2m³，V_2=31m³；

β_1——设计磨矿机给矿中小于计算级别的含量，查《选矿厂设计》表 4-8，取 β_1=10%；

β_2——设计磨矿机排矿中小于计算级别的含量，取$\beta_2=50\%$。

故
$$V_{实际}=187.5\times\frac{0.5-0.1}{1.49}=50.34\text{t/(台}\cdot\text{h)}$$

3）磨矿机台数的计算，公式如下：

$$n=\frac{V_{实际}}{V}$$

式中 n——设计磨矿机需要的台数，台；

$V_{实际}$——设计磨矿中需要磨矿的矿量；

V——设计磨矿机的生产能力。

故
$$n_{\text{I}}=\frac{50.34}{26.2}=1.92\text{，取2台}$$
$$n_{\text{II}}=\frac{50.34}{31}=1.65\text{，取2台}$$

4）磨矿机负荷系数的计算，公式如下：

$$\eta=\frac{V_{实际}}{nV}\times100\%$$

故
$$\eta_{\text{I}}=\frac{50.34}{26.2\times2}\times100\%=96\%$$
$$\eta_{\text{II}}=\frac{50.34}{31\times2}\times100\%=73.3\%$$

5）方案的比较与设备的取定，结果见表4-66。

表4-66 磨矿设备方案比较表

方案	型号规格	台数	生产量/t·h^{-1}	负荷/%
Ⅰ	MQG3200×3600	2	26.2	96
Ⅱ	MQG3200×4500	2	31	73.3

由上表可知，方案Ⅱ球磨机负荷率过低，因此选择方案Ⅰ，即两台MQG3200×3600。

B 二段磨矿设备的选择与计算

（1）预选球磨机类型。根据《中国选矿设备手册》，预选MQY3200×4500，MQY2700×3600，球磨机二种方案进行比较。

（2）计算预选球磨机的生产能力。

1）q值计算，公式如下：

$$q=k_1k_2k_3k_4q_0$$

式中 q——设计磨矿机按新生成计算级别的单位生产能力，t/(m^3·h)；

q_0——现场生产磨矿机按新生成计算级别的单位生产能力，选作比较标准的现场生产磨机规格为3.2×3.1格子型球磨机，给矿中-0.074mm级别占48%，溢流产物中-0.074mm级别的含量为70%，生产率$Q_0=72$t/(台·h)，$V=22\text{m}^3$。

$$q_0=\frac{Q_0(\beta_{排}-\beta_{给})}{V}=0.88\text{t/(m}^3\cdot\text{h)}$$

本设计取$q_0=1.24$t/(m^3·h)；

本设计取 $q_0=0.88\text{t}/(\text{m}^3\cdot\text{h})$；

k_1——被磨矿石的磨矿难易度系数，查《选矿厂设计》表5-13，取 $k_1=1.0$；

k_2——磨矿机直径校正系数，查《选矿厂设计》表5-15，取 $k_2=1.19$；

k_3——设计磨矿机的形式校正系数，查《选矿厂设计》表5-16，取 $k_3=0.9$；

k_4——设计与生产磨矿机给矿粒度，产品粒度差异系数，查《选矿厂设计》表5-17，取 $k_4=0.985$；

故

$$q=1.0\times1.19\times0.8\times0.985\times0.88=0.928\text{t}/(\text{m}^3\cdot\text{h})$$

2）磨矿机生产能力计算，公式如下：

$$Q=\frac{qV}{\beta_2-\beta_1}$$

式中 Q——设计磨矿机的生产能力，t/(台·h)；

V——设计磨机的有效容积，$V_1=32.8\text{m}^3$，$V_2=18.5\text{m}^3$；

q——设计磨矿机按新生成计算级别的单位容积生产能力，$q=0.928\text{t}/(\text{m}^3\cdot\text{h})$；

β_1——设计磨矿机给矿中小于计算级别的含量，查《选矿厂设计》表4-8，取 $\beta_1=50\%$；

β_2——设计磨矿机排矿中小于计算级别的含量，取 $\beta_2=80\%$。

故

$$V=185.16\times\frac{0.80-0.50}{0.88}=63.12\text{t}/(台\cdot\text{h})$$

3）磨矿机台数计算，公式如下：

$$n=\frac{V_{实际}}{V}$$

式中 n——设计磨矿机需要的台数，台；

$V_{实际}$——设计磨矿中需要磨矿的矿量；

V——设计磨矿机的生产能力。

故

$$n_{\text{I}}=\frac{63.12}{32.8}=1.82，取2台$$

$$n_{\text{II}}=\frac{63.12}{18.5}=3.3，取4台$$

4）磨矿机负荷系数计算，公式如下：

$$\eta=\frac{V_{实际}}{nV}\times100\%$$

故

$$\eta_{\text{I}}=\frac{63.12}{32.8\times2}\times100\%=91.00\%$$

$$\eta_{\text{II}}=\frac{63.12}{18.5\times4}\times100\%=82.2\%$$

5）方案的比较与设备的取定，结果见表4-67。

由表4-67可知，方案Ⅱ的球磨机负荷率过低，且磨机数量过多。因此选择方案Ⅰ，即1台MQY3200×4500。

表 4-67 磨矿设备方案比较表

方案	型号规格	台数	生产量/t·h^{-1}	负荷/%
Ⅰ	MQY3200×4500	2	32.8	91.00
Ⅱ	MQY2700×3600	4	18.5	82.20

4.2.4.4 分级设备的选择与计算

选矿厂常用的分级设备主要有螺旋分级机、水力旋流器、细筛，其各自特点为：

螺旋分级机构造简单，工作可靠，操作方便，能与大型磨矿机自流连接构成闭路。

水力旋流器结构简单，造价低，生产能力大，占地面积小，设备本身无运动部件，容易维护。

细筛是最近才发展起来用作细粒物料分级的设备。筛孔一般小于1mm，分级效率比螺旋分级机高得多，机械振动细筛的单位面积生产能力比固定细筛高3~5倍，分级效率高一倍。对于钨、锡、钽、铌矿选矿厂，细筛可以代替螺旋分级机、旋流器分级，或与它们组合分级，既控制了入选粒度，又有效地解决了脆性的、大密度的已单体解离有用矿物在沉砂中反富集而导致过磨的问题，可显著降低有用矿物过粉碎，提高选矿效率，使回收率提高8%~15%。

综合其各自特点，本设计一段分级设备采用直线筛进行分级，二段设备因处理量较大，而高频振动细筛的处理量较小，故采用水力旋流器。

A 一段分级设备的选择与计算

（1）原始指标。

$$Q_4 = 740.625\text{t/h}$$

（2）预先选择筛子的型号。根据《中国选矿设备手册》，预先选择DSZ3080直线振动筛。

（3）计算预选设备的生产能力，公式如下：

$$Q = \Psi k_1 k_2 k_3 k_4 k_5 k_6 F \gamma q$$

式中 Q——振动筛的生产能力，t/(台·h)；

Ψ——振动筛的有效筛分面积系数，单层筛或者双层筛的上层筛面 $\psi = 0.8\sim0.9$，双层筛作单层筛使用时，下层筛面 $\psi = 0.6\sim0.7$；作双层筛使用时，下层筛面 $\psi = 0.65\sim0.7$，本设计取 $\psi = 0.85$；

F——振动筛几何面积，m^2/台；

γ——筛分物料松散密度，t/m^3，取 $\gamma = 1.86$；

q——振动筛单位面积的平均容积生产能力，m^3/(m^2·h)，查《选矿厂设计》表5-11，取 $q = 3.2\text{m}^3/(\text{m}^2\cdot\text{h})$；

$k_1\sim k_6$——修正系数，查《选矿厂设计》表5-12，取 $k_1 = 1.2$，$k_2 = 0.97$，$k_3 = 2.5$，$k_4 = 1.0$，$k_5 = 0.8$，$k_6 = 1.3$。

故
$$F = \frac{Q}{\psi k_1 k_2 k_3 k_4 k_5 k_6 \gamma q} = 36.72\text{m}^2$$

（4）设备台数的计算，公式如下：

$$n=\frac{F}{F_0}$$

故 $$n=\frac{F}{F_0}=\frac{36.72}{24}=1.53\text{，取 2 台}$$

（5）确定破碎机的负荷，公式如下：

$$\eta=\frac{F}{nF_0}\times 100\%=\frac{36.72}{2\times 24}\times 100\%=76.6\%$$

同理可计算选用其他型号的设备，计算结果见表 4-68。

表 4-68　筛分设备方案比较表

方　案	型号规格	台　数	生产量/$t\cdot h^{-1}$	负荷/%
Ⅰ	DZS3080	2	24	76.6
Ⅱ	ZKX2460	3	14	87.5

因此方案Ⅰ的 DZS3080 直线振动筛的负荷率较为合理，选用 DZS3080 直线振动筛二台。

B　二段分级设备的选择与计算

（1）水力旋流器的溢流粒度，公式如下：

$$d_{max}=(1.5\sim 2)d$$

式中　d_{max}——溢流粒度，μm；本设计为 0.15mm；

d——分离粒度，μm。

故，$d=0.1$mm。

（2）验证溢流粒度：

$$d_{max}=1.5\sqrt{\frac{Dd_c\beta}{d_hK_DP^{0.5}(\delta-\delta_0)}}$$

式中　D——水力旋流器直径，cm，查《选矿厂设计手册》，本设计 $D=50$cm；

d_c——水力旋流器溢流口直径，cm，本设计 $d_c=(0.2\sim 0.3)$，$D=12$cm；

β——给矿中固固体的含量,%，本设计 $\beta=57\%$；

d_h——水力旋流器沉沙口直径，cm，本设计 $d_h=0.07\sim 0.10$，$D=0.1\times 50=5$cm；

K_D——水力旋流器直径修正系数，$K_D=0.8+\dfrac{1.2}{1+0.1D}$，本设计 $K_D=0.8+\dfrac{1.2}{1+0.1\times 50}=1.0$；

P——水力旋流器进口压力，MPa，本设计由 $d=0.1$mm，查《选矿厂设计手册》，取 $P=0.1$MPa；

δ——矿石密度，t/m^3，$\delta=3.14t/m^3$；

δ_0——水的密度，t/m^3，$\delta_0=1t/m^3$。

故 $$d_{max}=1.5\times\sqrt{\frac{50\times 12\times 0.57}{5\times 1.0\times 0.14^{0.5}\times(3.1-1)}}=140.31\mu m<150\mu m$$

验证计算的溢流粒度略小于计算粒度，所以此粒度满足要求。

（3）计算水力旋流器处理量：

$$V = 3K_{\alpha}K_{D}d_{n}d_{c}\sqrt{P}$$

式中 V——按给矿矿浆体积计算的处理量，$m^3/(h·台)$；

K_{α}——锥角修正系数。$K_{\alpha}=0.799+\dfrac{0.044}{0.0397+\tan\dfrac{\alpha}{2}}=1.01$；

d_n——水力旋流器给矿口直径，cm。本设计 $d_n=0.15\sim0.25$，$D=12$cm；

故 $$V=3\times1.01\times1.07\times12\times12\times\sqrt{0.14}=174.68m^3/(h·台)$$

（4）计算水力旋流器所需台数：

$$n=\frac{V_0}{V}$$

式中 V_0——按给矿矿浆体积计的设计处理量，m^3/h。

故 $$n=\frac{V_0}{V}=\frac{1161.47}{174.68}=7.2$$

所以选8台水力旋流器机组并备用4台。根据《中国选矿设备手册》，选取12台FX-500型水力旋流器。

4.2.4.5 选别设备的选择与计算

A 浮选机的选择与计算

（1）浮选机的选择。黑白钨优先浮选浮选机的选择：

根据原矿性质，一段磨矿溢流的最大粒度为0.5mm，故应选择粗粒浮选机，本设计选择XCFⅡ-KYFⅡ。其特点是能量消耗少；空气分散好；叶轮起离心泵作用，使固体在槽内保持悬浮状态；磨损轻，维修保养费用低；带负荷启动；药剂消耗少；结构简单，维修容易；U形槽体，减少短路循环；先进的矿浆液面控制系统，操作管理方便。该浮选机设计有吸浆槽，使浮选作业间水平配置，省去了泡沫泵。

黑白钨混浮浮选机选择：

根据设计原矿性质和处理矿量，本设计选用JJFⅡ型浮选机。北矿院研制的JJF-Ⅱ型浮选机，具有吸气量大、作业可以水平配置、而且不需要泡沫泵、操作维修方便、能耗少、磨损较轻，维护费用较低等优势，选择JJF-Ⅱ系列浮选机是适宜的。

黑白钨分离与黑钨细泥浮选机的选择：

根据处理矿量，本设计选用北矿院的BF型浮选机。其特点是叶轮由双截闭式锥体组成，可产生强的矿浆下循环；吸气量大，功耗低；每槽兼有吸气，吸浆和浮选三重功能，自成浮选回路，不需要任何辅助设备，水平配置便于流程的变更；矿浆循环合理，能最大限度地减少粗砂沉淀；设有矿浆液面电控和自控装置，调节方便。

（2）浮选机的计算。

1）浮选时间的确定，由生产实践可知，粗选时间：10min；精选时间：8min；扫选时间：5min。

计算结果见表4-69。

表 4-69 浮选设备的选择和计算结果

序号	作业名称	矿浆体积	浮选时间	浮选机	
		总体积/$m^3 \cdot min^{-1}$		设计型号	实际安装槽数
黑白钨优先浮选					
1	黑白钨优先浮选粗选	6.76	10	XCFⅡ-KYFⅡ20	4
2	黑白钨优先浮选精Ⅰ	0.74	5	XCFⅡ-KYFⅡ1	6
3	黑白钨优先浮选精Ⅱ	0.32	8	XCFⅡ-KYFⅡ1	4
4	黑白钨优先浮选扫Ⅰ	6.49	5	XCFⅡ-KYFⅡ20	2
黑白钨混浮					
1	黑白钨混浮粗选	6.19	10	JJFⅡ16	4
2	黑白钨混浮精Ⅰ	1.67	8	JJFⅡ8	2
3	黑白钨混浮精Ⅱ	0.80	8	JJFⅡ4	2
4	黑白钨混浮扫选粗选	7.49	5	JJFⅡ10	4
5	黑白钨混浮扫选扫Ⅰ	6.48	5	JJFⅡ10	4
6	黑白钨混浮扫选精Ⅰ	1.55	8	JJFⅡ8	2
黑白钨分离浮选					
1	黑白钨分离浮选粗选	0.45	10	BF-1.2	4
2	黑白钨分离浮选精Ⅰ	0.14	8	BF-0.37	4
3	黑白钨分离浮选精Ⅱ	0.11	8	BF-0.37	4
4	黑白钨分离浮选精Ⅲ	0.08	8	BF-0.37	2
5	黑白钨分离浮选扫Ⅰ	0.40	5	BF-1.2	2
6	黑白钨分离浮选扫Ⅱ	0.37	5	BF-1.2	2
7	黑白钨分离浮选扫Ⅲ	0.46	5	BF-1.2	2
黑钨细泥浮选					
1	黑钨细泥浮选粗选	0.27	10	BF-2.0	4
2	黑钨细泥浮选精Ⅰ	0.03	8	BF-0.37	2
3	黑钨细泥浮选精Ⅱ	0.028	8	BF-0.37	2
4	黑钨细泥浮选精Ⅲ	0.03	8	BF-0.37	2
5	黑钨细泥浮选精Ⅳ	0.02	8	BF-0.37	2
6	黑钨细泥浮选扫Ⅰ	0.51	5	BF-2.0	2
7	黑钨细泥浮选扫Ⅱ	0.65	5	BF-2.0	2
8	黑钨细泥浮选扫Ⅲ	0.39	6	BF-2.0	2

2）浮选机槽数的计算。

浮选矿浆体积的计算公式为：

$$V=\frac{K_1Q\left(R+\frac{1}{\delta}\right)}{60}$$

式中 V——进入作业（如粗选）的矿浆体积，m^3/min；

K_1——给矿不均匀系数，当浮选前为球磨时，$K_1=1.0$，当浮选前为湿式自磨时，$K_1=1.3$；

Q——进入作业的矿石量，t/h；

R——矿浆液固比；

δ——矿石密度，t/m^3。

计算结果见表4-69。

浮选机槽数计算公式为：

$$n=\frac{Vt}{V_0k_v}$$

式中 n——浮选机计算槽数；

V——计算矿浆体积，数据见表4-69，m^3/min；

t——浮选时间，数据见表4-69，min；

V_0——选用浮选机几何容积，m^3；

k_v——浮选槽有效容积和几何容积之比，$k_v=0.75\sim0.85$，本设计取$k_v=0.8$，然后利用公式$t=\frac{nV_0k_v}{V}$反算时间，计算结果见表4-69。

B 搅拌槽的选择与计算

浮选作业为了使药剂和矿浆充分接触、混匀以取得良好的选别指标，通常设计采用搅拌槽，此外搅拌槽还有缓冲矿浆的作用。本设计分别在黑白钨优先浮选、黑白钨混合浮选、黑白钨分离浮选、钨细泥浮选四个地方设置搅拌槽。

搅拌槽的选择和计算，搅拌槽容积计算公式：

$$V=\frac{k_1Qt\left(R+\frac{1}{\delta}\right)}{60}$$

式中 V——搅拌槽容积，m^3；

Q——给入搅拌槽的矿量，t/h；

R——矿浆液固比；

δ——矿石密度，本设计$\delta=3.1t/m^3$；

k_1——处理量不均匀系数，本设计取$k_1=1.0$；

t——搅拌时间一般为4~10min，本设计$t=4$min，黑白钨分离取60min。

根据《中国选矿设备手册》，搅拌槽型号计算、选择结果见表4-70。

C 重选设备的选择与计算

重选设备的选择。摇床是重选厂最常用的选别设备之一，尽管摇床单位面积处理量低，但其有效选别粒度下限可达0.037mm，且床面分带明显，容易操作。

表 4-70 搅拌设备的选择和计算结果

序号	作业名称	设备规格/mm×mm	台数	矿浆体积/$m^3 \cdot min^{-1}$	搅拌时间/min
1	黑白钨优先浮选粗选	ϕ3000 × 3500	2	19.23	4
2	黑白钨混合浮选粗选	ϕ3000 × 3500	2	18.16	4
3	黑白钨分离浮选粗选	ϕ2000（加温）	2	13.99	60
4	黑钨细泥浮选粗选	1500 × 1500（高浓度）	2	1.25	4

本设计中，重选的粒度为-200 目 80%，且钨矿较容易过粉碎，导致钨矿的粒度较小。所以本设计选择摇床作为重选设备。第一段主要回收部分粗粒级的钨矿，第二段主要回收细粒级的钨矿，因此，第一段选择粗砂摇床，第二段选择细砂摇床。

摇床处理量的计算公式为：

$$Q = 0.1\rho\left(Fd_{c_p}\frac{\rho_1 - 1}{\rho_2 - 1}\right)^{0.6}$$

式中 Q——摇床的处理量，t/h；

ρ——矿石密度，g/m^3；

F——床面面积，m^2；

d_{c_p}——选别物料的平均矿粒直径，mm；

ρ_1——重矿物密度，g/m^3；

ρ_2——脉石矿物密度，g/m^3。

根据《中国选矿设备手册》，选择摇床结果见表 4-71。

表 4-71 重选设备的选择和计算结果

序号	型号	处理量/$t \cdot h^{-1}$	负荷率/%	台数	备 注
1	YT-CA	40	84.38	6	粗砂摇床
2	6-S	1	82.43	10	细砂摇床

4.2.4.6 脱水设备的选择与计算

A 浓缩机的选择与计算

（1）浓缩机的选择。为了使浮选浓度和精矿产品含水满足要求，钨精矿要进行过滤脱水，并便于袋装，因为精矿浓度较低而且精矿量偏少，得先浓缩再用板框压滤机过滤。虽然普通浓缩机占地面积大，但由于自由沉降，动力消耗又有旋转耙帮助排矿，可以在底面坡度较小的情况下，保证沉淀产品的连续排出，产品浓度高，整个设备高度不大，运转可靠，因而仍然是主要的浓缩设备，可达到浓缩效率高，经济效益好的结果。因此本次设计选用普通的浓缩机即可。

（2）浓缩机的计算。

1）面积的计算公式为：

$$F = Q/q$$

式中 F——需要的浓缩机的面积，m^2；

Q——给入浓缩机的固体量，t/h；

q——单位面积生产能力，$t/(h \cdot m^2)$。

2）直径的计算公式为：

$$D = 1.13\sqrt{F}$$

式中 D——需要的浓缩机的直径，m。

根据《中国选矿设备手册》，浓缩机选择结果见表4-72。

表4-72 浓缩设备的选择和计算结果

序号	作业名称	给料粒度/mm	规格与数量		
			形式	面积/m^2	台数/台
1	黑白钨优先浮选尾矿浓缩	<0.1	NZS-24	452	1
2	白钨精矿浓缩	<0.1	NZS-6	28.3	1
3	黑钨精矿浓缩	<0.1	NZS-6	28.3	1
4	摇床重选尾矿浓缩	<0.1	KMLZ50/55	11.6	2

B 干燥机的选择与计算

（1）干燥机的选择。本设计用于黑白精矿的干燥，可采用面积较小，易于修整的干燥机，所以本设计采用圆筒干燥机。

（2）干燥机的计算，其容积计算公式：

$$V_0 = W_0/A$$

式中 V_0——干燥机的总容积，m^3；

W_0——干燥过程汽化的水量，kg/h；

A——干燥机汽化强度，kg/(m^3·h)。

干燥机数量计算公式：

$$n = V_0/V$$

式中 n——干燥机的台数，台；

V_0——干燥机的总容积，m^3；

V——选用的干燥机总容积，m^3；

根据《选矿设计手册》，干燥机选择结果见表4-73。

表4-73 干燥设备的选择和计算结果

序号	作业名称	进料湿度/%	出料湿度/%	规格与数量	
				型号	台数/台
1	白钨精矿干燥	30	<4	ϕ0.6×5	1
2	黑钨精矿干燥	30	<4	ϕ0.6×5	1

4.2.5 辅助设备的选择与计算

4.2.5.1 给矿设备的选择与计算

（1）原矿仓给矿机的选择与计算。原矿仓给矿机一般选用板式给矿机，它装在矿仓底部，直接承受矿仓中矿柱的压力，该种给矿机给矿均匀，工作可靠。本设计根据给矿粒度和承受矿柱的压力，选择重型板式给矿机。

原矿最大粒度550mm，板式给矿机铁板宽度的选择一般以原矿最大粒度的2~2.5倍取定，据此选择宽度为 1800mm 的重型板式给矿机。又根据矿仓底部排矿口长度选取重型板式给矿机的型号为：GBZ240-4

计算公式：

$$Q_t = 3600kbhrv$$

式中 Q_t ——生产量，t/h；

k ——充满系数，一般 k=0. 8；

b ——矿仓排料漏斗口宽，一般为链板宽的 0. 9 倍，m；

h ——物料厚度，m；

γ ——矿石松散密度，t/m^3；

v ——带速，m/s。

故 V=143. 94<400；满足要求。

所以本设计选择一台 GBZ240-4 重型板式给矿机即满足设计要求。

（2）磨矿仓底部给矿机的选择与计算。圆盘给料机广泛用于磨矿矿仓下的排矿，该机适用于小块物料，给矿粒度一般为 0~50mm，能均匀、连续地给料，操作方便，本设计采用圆盘给矿机作为磨矿机的给矿设备。

计算公式：

$$Q = 60\,\frac{\pi hnr}{tg\rho}\left(\frac{D}{2} + \frac{h}{3tg\rho}\right)$$

式中 h ——套筒离圆盘高度，m；

n ——圆盘转速，r/min；

D ——直径，m；

ρ ——物料堆积角，(°)；

γ ——矿石松散密度，本设计 γ=1. 86t/m^3。

根据《中国选矿设备手册》，选用圆盘给料机 KR17 取 4 台。

（3）旋回破碎机底部给矿机的选择与计算。本设计选用电磁振动给矿机作为筛分之前缓冲仓的给矿设备，此设备是一种新型的给矿设备，它结构简单，体积小，适用粒度范围广，给矿均匀，给矿量调节方便，广泛运用于生产。据此本设计选择 1 台 GZ_8 下振型电磁振动给矿机。

计算公式：

$$Q = 3600\psi bh\gamma v$$

式中 b ——槽宽，本设计 b=1. 3m；

H ——槽内料层高度，h=0. 25m；

v ——输送速度，本设计取 v=0. 20m/s；

ψ ——充填系数，本设计取 ψ=0. 90；

γ ——矿石松散密度，本设计 γ=1. 86t/m^3。

故，Q=391. 72 > 375t/h，满足要求。所以本设计选择 1 台 GZ_8 下振型电磁振动给矿机即满足设计要求。

（4）细碎破碎机缓冲矿仓给矿机的选择与计算。本设计选用电磁振动给矿机作为筛分之前缓冲仓的给矿设备，此设备是一种新型的给矿设备，它结构简单，体积小，适用粒度范围广，给矿均匀，给矿量调节方便，广泛运用于生产。据此本设计选择一台GZ_6下振型电磁振动给矿机。

计算公式：

$$Q = 3600\psi bh\gamma v$$

式中 ψ——充填系数，本设计取$\psi=0.9$；

b——槽宽，本设计$b=900mm=0.9m$；

H——槽内料层高度，$h=0.3m$；

γ——矿石松散密度，本设计$\gamma=1.86t/m^3$；

v——输送速度，本设计取$v=0.2m/s$。

故，$Q=325.43 > 254.3t/h$，满足要求。所以本设计选择两台GZ_6下振型电磁振动给矿机即满足设计要求。

4.2.5.2 皮带运输机的选择与计算

以1号皮带（粗碎产品运出皮带）进行计算，其余列表。

（1）原始指标：

$$Q=375t/h,\ d=0\sim183mm,\ \delta=3.14t/m^3$$

（2）皮带的计算。

1）皮带宽B的计算，计算公式：

$$B = \sqrt{\frac{Q}{k\gamma vc\xi}}$$

式中 B——带宽，m；

Q——运输量，t/h；

k——断面系数，根据《选矿厂设计手册》选择槽形皮带，本设计$k=355$；

γ——矿石的松散密度，本设计$\gamma=1.86t/m^3$；

v——带速，根据《选矿厂设计手册》，本设计$v=1.25m/s$；

c——倾角系数，根据《选矿厂设计手册》，本设计$c=0.94$，10°；

ξ——速度系数，根据《选矿厂设计手册》，本设计$\xi=1.0$。

得 $B = \sqrt{\frac{375}{355 \times 1.86 \times 1.25 \times 0.94 \times 1.0}} = 830mm$，取$B=1000mm$

验算：$B \geqslant 2\times183+200=566mm$，满足最大块要求。

2）传动滚筒轴功率的计算，计算公式：

$$N_0 = (K_1L_hV + K_2QL_h \pm 0.0273QH)K_3K_4 + \Sigma N'$$

式中 N_0——传动滚筒轴功率，kW；

L_h——输送段水平段投影长度，m，取25m；

K_1——输送带及托辊传动部件运输功率系数，根据《选矿厂设计手册》，取$K_1=0.0137$；

K_2——物料水平运动功率系数，根据《选矿厂设计手册》，取$K_2=6.82\times10^{-5}$；

K_3——附加功率系数，根据《选矿厂设计生产》，取$K_3=1.22$；

K_4——运输带改向功率系数，本设计取$K_4=1.1$；

K_5——犁式卸料器，清扫器，导料拦板的功率系数，本设计取 $K_5=1.57$；

Q——运输量，本设计 $Q=375\text{t/h}$；

H——提升高度，m，本设计 $H=10\text{m}$；

N'——犁式卸料器和导料拦板长度超过 4 m 时的附加功率。

故，$N_0=9.42\text{kW}$。

3）电动机功率的计算，计算公式：

$$N=\frac{N_0K}{\eta}$$

式中 N——电动机的传动功率，kW；

N_0——传动滚筒轴功率，kW；

K——功率安全和满载起动系数，本设计 $K=1.4$；

η——传动效率，ZL 型减速器，$\eta=0.94$，IZHLR 型减速器，$\eta=0.85$。

故，$N=15.52\text{kW}$。

选定电动机功率 18.5kW，即可选用 Y160L-2。

选矿厂各车间皮带运输机选择计算结果见表 4-74。

表 4-74 选厂各车间皮带运输机计算结果表

编号	安装地点	Q 矿量	型号	带长/m	倾角/(°)	传动电动机			数量
						型号	功率/kW	电压/V	
1	粗碎—中碎	375	TD75—1000	39	10	Y160L-2	18.5	380	1
2	中细碎—筛子	883.6	TD75-1200	86	15	Y350-7	55	380	1
3	筛子—细碎	508.6	TD75-1200	82	18	Y350-7	55	380	1
4	筛子—矿仓	375	TD75-1000	77	10	Y160L-2	18.5	380	1
5	矿仓 1-1 系列	187.5	TD75-500	16	0	Y200S-4	22	380	1
6	矿仓 2-2 系列	187.5	TD75-500	16	0	Y200S-4	22	380	1
7	筛子—细碎Ⅰ系列	254.3	TD75-1000	9	0	Y350-7	18.5	380	1
8	筛子—细碎Ⅱ系列	254.3	TD75-1000	9	0	Y350-7	18.5	380	1

4.2.5.3 起重设备的选择与计算

选厂各车间起重设备选择结果见表 4-75。

表 4-75 起重设备一览表

车间名称	型号规格	起重量/t	台数/台	跨度/m	起吊高度/m
粗碎车间	电动双梁桥式起重机	30/5	1	16.5	13.35
中—细碎车间	电动双梁桥式起重机	20/5	1	13.5	14
筛分车间	电动单梁起重机	5	1	17	16
磨浮车间	电动双梁桥式起重机	30/5	1	22.5	11.46
	电动单梁起重机	10	1	11	11.08
	电动单梁起重机	5	1	17	9.00

4.2.5.4 砂泵的选择与计算

A 砂泵的计算

以黑白钨优先浮选砂泵扬送高度为例计算，其余见列表。

（1）原始指标：

$$V=331.976m^3/h,\ \delta=3.14t/m^3,\ R=2.59$$

（2）砂泵的工艺计算。

1）砂泵管径的计算，计算公式：

$$d=\sqrt{\frac{4KV}{\pi v}}$$

式中 d——砂泵出口管径，m；

K——矿浆波动系数，一般取1.1~1.2，本设计取1.15；

V——所需输送的矿浆量，m^3/s；

v——矿浆临界流速，m/s，根据《选矿厂设计手册》，取1.2m/s。

故，$d=0.25m$。

2）矿浆压力输送的总扬程计算，计算公式：

$$H_0=H_x+h+i\ L_a$$

式中 H_0——需要的总扬程，m；

H_x——需要的几何扬程，m，本设计$H_x=20m$；

h——剩余扬程，m，一般为2m左右；

i——管道清水阻力损失，本设计$i=0.015$；

L_a——包管直管，弯头等阻力损失折合直管的总长度，m；本设计$L_a=10m$。

故，$H_0=39.4m$。

3）需要的矿浆总扬程折合为清水的总扬程，计算公式：

$$H=H_0\delta$$

式中 H_0——输送矿浆需要的总扬程，m；

H——输送矿浆折合为清水的总扬程，m；

δ——矿浆密度，本设计$\delta=1.25$。

故，$H=49.25m$。

4）砂泵的轴功率计算，计算公式：

$$N_0=\frac{VH\delta_p}{102\eta}$$

式中：N_0——砂泵的轴功率，kW；

V——扬送的矿浆量，L/s；

H——总扬程，m；

δ_p——矿浆的密度，t/m^3；本设计为1.25；

η——泵的总效率，本设计中取0.65。

故，$N_0=132.65kW$。

5）选用电动机的功率计算，计算公式：

$$N=\frac{KN_0}{\eta}$$

式中 N——电动机的功率，kW；

K——安全系数，按泵的轴功率定为 1.1；

N_0——泵的轴功率，kW；

η——传动效率，本设计取 0.98。

故，$N = \dfrac{KN_0}{\eta} = 148.89\text{kW}$。

根据《中国选矿设备手册》，选用 1 台 8SV—AF 型砂泵，且备用 1 台。

B 选厂各车间砂泵的选择计算结果

选厂各车间砂泵的选择计算结果见表 4-76。

表 4-76 各车间砂泵一览表

砂泵安装地点	型 号	台数	电动机		备 注
			型 号	功率/kW	
尾矿扬送	8SV—AF	2	Z4-250-11	110	备用 1 台
磨机—水力旋流器	8SV—AF	4	Z4-250-11	110	备用 2 台
优先浮选尾矿浓密	8SV—AF	2	Z4-250-11	110	备用 2 台
输送钨摇床尾矿	80ZJL—36	2	Y225M-445kWV1	0.93	备用 1 台
输送白钨精矿	80ZJL—36	2	Y225M-445kWV1	0.93	备用 1 台
输送黑钨精矿	80ZJL—36	2	Y225M-445kWV1	0.93	备用 1 台

4.2.6 矿仓及堆栈业务

4.2.6.1 *矿仓的用途*

选矿厂设置矿仓，主要是用来调节选矿厂与采矿场之间，产品运输以及选矿厂各车间作业之间的生产过程中给矿和受矿的不平衡情况，以保证选矿厂的生产均衡连续的进行，提高设备的作业率。

4.2.6.2 *矿仓的选择与计算*

A 原矿受矿仓的选择和计算

（1）原始数据：

$Q = 375\text{t/h}$，$\delta = 1.86\text{t/m}^3$，储矿时间 2h。

（2）矿仓形式选择。一般采用三面倾斜的矩形仓，底部排矿，如图 4-49 所示。

（3）矿仓几何容积的计算，计算公式：

$$V = \frac{Qt}{\xi\delta}$$

式中 V——矿仓几何容积，m^3；

t——贮矿时间，h；

ξ——充填系数，本设计 $\xi = 0.9$；

δ——矿石的松散密度，本设计 $\delta = 1.93\text{t/m}^3$。

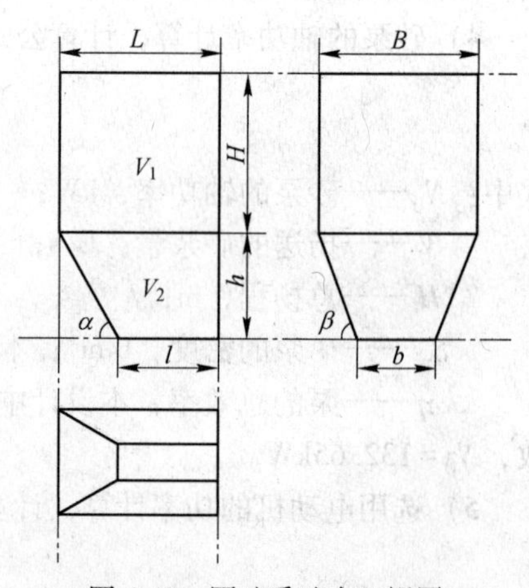

图 4-49 原矿受矿仓三视图

故，$V=378.02\text{m}^3$。

（4）矿仓几何尺寸的计算。

本设计取：$L=6.0\text{m}$，$H=4\text{m}$，$b=1.5\text{m}$，$l=1.5\text{m}$，$B=10\text{m}$，$h=7\text{m}$。

故，$V_1=BLH$，$V_2=\dfrac{h}{b}[BL+(B+b)(L+l)+bl]$。

$V=V_1+V_2=425>378.02\text{m}^3$，满足设计要求。

B 细碎前缓冲矿仓的选择和计算

缓冲矿仓的作用，主要是为了解决相邻作业的均衡作业的生产能力，对于大块较多的矿石多采用槽型矿仓，本设计取为槽型矿仓，设计数量为2个。

（1）原始数据：

$Q=508.6\text{t/h}$，$\delta=1.86\text{t/m}^3$，储矿时间0.5h。

（2）矿仓形式选择。一般采用槽型平底仓，底部排矿，如图4-50所示。

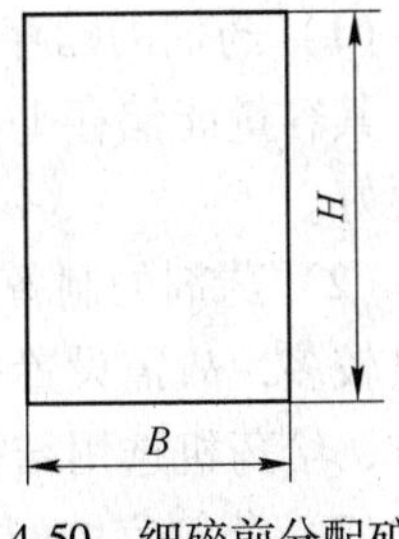

图4-50 细碎前分配矿仓

（3）矿仓几何容积的计算。计算公式：

$$V=\frac{Qt}{\xi\delta}$$

故，$V=68.36\text{m}^3$。

（4）矿仓几何尺寸的计算。

本设计取：$B=5.8\text{m}$，$L=4.5\text{m}$，$H=6\text{m}$。

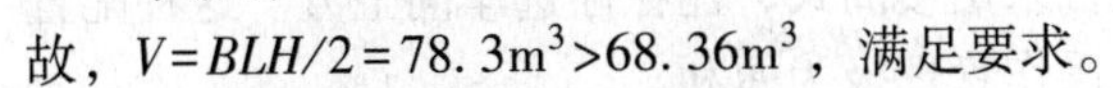
故，$V=BLH/2=78.3\text{m}^3>68.36\text{m}^3$，满足要求。

C 粉矿仓的选择和计算

（1）原始数据：

$Q=375\text{t/h}$，$\delta=1.86\text{t/m}^3$，储矿时间30h。

（2）矿仓形式选择。本设计粉矿仓为圆形平底矿仓，如图4-51所示。

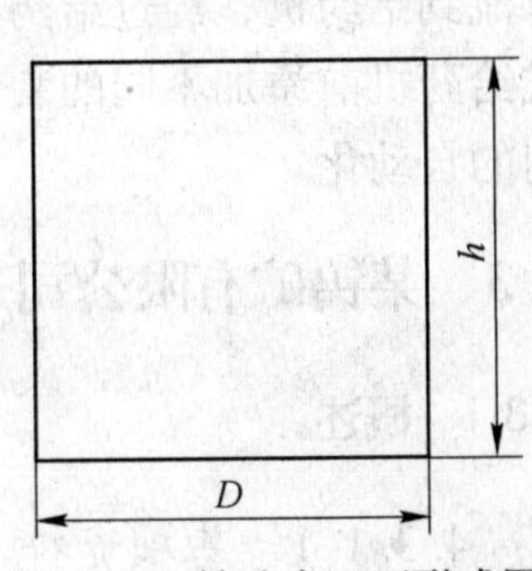

图4-51 粉矿仓正面形式图

（3）矿仓几何容积的计算，计算公式：

$$V=\frac{Qt}{\xi\delta}$$

式中 V——矿仓几何容积，m^3；

t——贮矿时间，h；

ξ——充填系数，本设计$\xi=0.9$；

δ——矿石的松散密度，本设计$\delta=1.86\ \text{t/m}^3$。

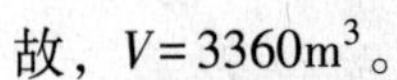
故，$V=3360\text{m}^3$。

（4）矿仓的计算。本设计采用两个粉矿仓，故每个矿仓$V=1680\text{m}^3=\pi R^2h$。

当$h=24\text{m}$时，$D=10\text{m}$。

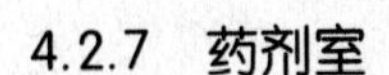
4.2.7 药剂室

4.2.7.1 药剂的种类及用途

本设计浮选车间用的药剂有9种，浮选过程中采用水玻璃、硫酸铝、氟硅酸钠作为的抑制剂；GYB、GYR、硝酸铅作为捕收剂；BK-205 作为起泡剂；硫化钠、烧碱作为调整剂。药剂用量见表 4-77 所示。

表 4-77 药剂用量

药剂的种类	药剂用量/g·t^{-1}	药剂的种类	药剂用量/g·t^{-1}
水玻璃	61050.00	GYB	1678.00
硫酸铝	1610.00	GYR	590.00
硝酸铅	2210.00	烧碱	500.00
BK-205	400.00	氟硅酸钠	1200.00
硫化钠	4440.00	活性炭	2600.00

4.2.7.2 药剂的管理及运输

（1）药剂的贮存。药剂主要是为主厂房服务，为方便起见，药剂仓库建在主厂房附近，其容量能储存 1~10 周药剂用量。药剂进货方便，配有专人管理，药剂仓库的通风条件要好。

（2）药剂的制备。药剂的制备是浮选厂生产的主要环节，由于本设计用药剂种类及数量较多，故需设置一个制备室。各种药剂的制备采用集中制备。给药室位于浮选车间的上方，给药机选用结构简单的虹吸式给药机。

（3）药剂室的配置。本设计主厂房有两个选别系列，选厂规模不是很大，故药剂车间用集中给药方式，以便于操作管理。给药台采用楼阁式，建在浮选车间上方。这种配置方式，药剂的自流条件好，占地面积不大，操作管理极为便利。

虹吸式给药机的结构简单，操作方便，工作稳定性好，是目前选厂广泛采用的给药装置，本设计有 50 个 $\phi400\times800$ 虹吸式给药机，10 个 $\phi1500$ 的药剂搅拌桶。药剂经搅拌后，自流到给药机，经过给药机调整，输送到给药点，为生产服务。假如需要，也可以在虹吸式给药机前添加不同的装置，如微机控制的加药装置，负压加药装置等，即可实现药剂控制的自动化。

4.3 某钨矿有限公司选矿厂设计

4.3.1 概述

4.3.1.1 基础资料

（1）《×××钨矿原生矿选矿试验报告》，2005 年 5 月。

（2）《×××钨矿风化矿选矿试验报告》，2005 年 5 月。

（3）《×××钨矿初步设计（地质、采矿、厂址部分）》，2005 年 3 月。

（4）×××钨矿有限公司 2005 年 6 月 13 日给某设计院的函，明确了下列原则：

1）采剥计划合理安排，在项目投产前两年或三年集中处理风化矿；

2）以试验研究单位推荐的重浮工艺流程作为设计依据；

3）钨精矿产品要求含水率≤4%；

4）钨精矿价格按成本加微利测算；

5）设备选择要求性能先进、质量可靠，关键设备可选取进口或中外合资企业的先进产品。

4.3.1.2 选矿厂厂址及特征

选矿厂厂址（山外厂址）距采场境界边缘约2km左右，原矿运输采用汽车—溜井—电机车方案，汽车运距0.45km。电机车运距2.345km（0.3%重车下坡）。厂址具有如下特点：

（1）自然地形坡度20.2°，适合台阶式建厂。

（2）离外部水源、电源较近。

（3）场地地质环境条件适宜建厂。

（4）扩建余地大。

4.3.2 原矿

×××钨矿为全国少有的巨大型钨矿床。矿体产于燕山早期黑云母花岗岩岩株体中，少部分矿体位于花岗岩岩株的外接触带的变质，含长石石英砂岩、粉砂岩中。矿床主体为细脉型矿石，少量为石英大脉型矿石类型，浅表部分为风化带矿石类型。细脉型矿石为本次主要开采设计对象。赋存于矿体浅表部位的风化带矿石可选性虽不及下部原生矿石，但经选矿试验研究表明仍是可利用的，因此也纳入设计开采范围。根据×××钨矿有限公司提出的设计原则，合理安排采剥计划，使得项目投产前三年主要处理风化矿，原生矿仅占少数。从第4年开始，风化矿逐渐减少，至第5年基本消失，此后全部是原生矿。

4.3.2.1 原矿性质

原生矿多元素分析、钨物相分析见表4-78和表4-79。风化矿多元素分析、钨物相分析见表4-80和表4-81。

表4-78 原生矿多元素分析结果

元素	$w(WO_3)$	$w(Mo)$	$w(Bi)$	$w(Cu)$	$w(Pb)$	$w(Zn)$	$w(Au)$	$w(Ag)$	$w(As)$	$w(S)$
含量(质量分数)/%	0.23	0.018	0.02	0.013	0.01	0.06	0.13g/t	—	0.016	0.17
元素	$w(CaCO_3)$	$w(CaF_2)$	$w(MgO)$	$w(Al_2O_3)$	$w(SiO_2)$	$w(P_2O_5)$	$w(K_2O)$	$w(Na_2O)$	$w(Fe_2O_3)$	$w(Mn)$
含量(质量分数)/%	2.18	0.74	2.68	12.45	73.78	0.066	4.41	1.19	2.57	0.1

表4-79 原生矿钨物相分析结果

相别	钨华	白钨矿	黑钨矿	合计
WO_3品位/%	0.002	0.119	0.119	0.240
占有率/%	0.80	49.60	49.60	100.00

表4-80 风化矿多元素分析结果

元素	$w(WO_3)$	$w(Mo)$	$w(Cu)$	$w(Bi)$	$w(Pb)$	$w(Zn)$	$w(Au)$	$w(Ag)$	$w(As)$	$w(Mn)$
含量(质量分数)/%	0.207	0.007	0.008	0.02	0.01	0.037	0.05g/t	—	0.004	0.06
元素	$w(CaO)$	$w(MgO)$	$w(Al_2O_3)$	$w(SiO_2)$	$w(P_2O_5)$	$w(K_2O)$	$w(Na_2O)$	$w(Fe_2O_3)$	$w(S)$	
含量(质量分数)/%	0.32	1.00	12.17	77.67	0.022	4.24	0.2	1.35	0.013	

表 4-81 风化矿钨物相分析结果

相 别	钨华	白钨矿	黑钨矿	合 计
品位 WO_3/%	0.003	0.068	0.136	0.207
占有率/%	1.45	32.85	65.70	100.00

从上述各表可见，原生矿除主要回收钨元素外，钼也可综合回收，而风化矿仅能回收钨；原生矿黑白钨占有率相当，风化矿黑钨矿占有率二倍于白钨矿。

4.3.2.2 *矿物工艺学研究*

（1）矿物组成。原生矿主要矿物相对含量见表 4-82，风化矿主要矿物相对含量见表 4-83。

表 4-82 原生矿矿物相对含量

矿 物	含量（质量分数）/%	矿 物	含量(质量分数）/%	矿 物	含量（质量分数）/%
黑钨矿	0.150	磷灰石	0.257	白云母、绢云母	10.654
白钨矿	0.146	绿帘石	0.002	石英	52.860
辉钼矿	0.027	萤石	0.787	长石	25.336
辉铋矿	0.009	铁白云石 菱铁矿	1.467	高岭石	0.089
黄铁矿	0.351			锆石	0.006
毒砂	0.031	褐铁矿	0.073	绿泥石	1.478
黄铜矿	0.036	黑云母	6.241	合计	100.00

表 4-83 风化矿矿物相对含量

矿 物	含量（质量分数）/%	矿 物	含量（质量分数）/%	矿 物	含量（质量分数）/%
黑钨矿	0.195	磷灰石	0.001	白云母	11.682
白钨矿	0.092	磁铁矿	0.031	石英、长石	73.870
钨华、钨铋矿	0.018	萤石	0.060	黑云母	2.571
辉铋矿、方铅矿	0.002	白云石 菱铁矿	0.004	高岭石、绢云母	9.155
黄铁矿	0.021			锆石	0.006
闪锌矿	0.004	褐铁矿	2.302	绿帘石	0.001
黄铜矿	0.002	赤铁矿	0.004	合计	100.00

从上述两表可见，原生矿和风化矿矿物组成基本相近，金属矿物主要为黑钨矿和白钨矿，主要脉石矿物为石英、长石、白云母，但风化矿中硫化物总量不足 0.05%，不见辉钼矿，高岭石、绢云母数量大为增加。

（2）矿石结构构造。原生矿矿石结构主要为自形晶、半自形晶结构，主要构造为块状、脉状、条带状、晶洞构造等。

风化矿矿石主要结构构造与原生矿差别不大，但由于矿石处于风化壳，经历表生作用，矿石具有一些氧化矿石特有的特征，主要结构为自形晶、半自形晶结构，淋滤孔洞结构，被膜结构，主要构造为残余花岗构造、脉状、条带状等。

(3) 钨矿物嵌布粒度和解离度。原生矿白钨矿、黑钨矿嵌布粒度和解离度测定结果分析见表4-84~表4-86，风化矿的嵌布粒度和解离度测定结果分析见表4-87~表4-89。

表4-84 原生矿白钨矿粒度测定结果

粒级/mm	含量（质量分数）/%	累积含量/%
+1.28	1.53	1.53
-1.28+0.64	8.30	9.83
-0.64+0.32	12.29	22.12
+0.32+0.16	18.43	40.55
-0.16+0.08	20.48	61.03
-0.08+0.04	22.02	83.05
-0.04+0.02	12.03	95.08
-0.02+0.01	4.86	99.94
-0.01	0.06	100.00

表4-85 原生矿黑钨矿粒度（短径）测定结果

粒级/mm	含量（质量分数）/%	累积含量（质量分数）/%
+1.28	0.76	0.76
-1.28+0.64	4.16	4.92
-0.64+0.32	6.91	11.83
+0.32+0.16	7.01	18.84
-0.16+0.08	15.56	34.40
-0.08+0.04	25.07	59.47
-0.04+0.02	26.37	85.84
-0.02+0.01	13.61	99.45
-0.01	0.55	100.00

表4-86 原生矿-1.7mm原矿解离度测定结果

粒度/mm	产率/%	WO_3品位/%	粒级解离度/%
-1.7+1.2	22.01	0.13	12.92
-1.2+1.0	11.51	0.16	22.29
-1.0+0.8	8.01	0.18	36.12
-0.8+0.5	18.01	0.20	47.05
-0.5+0.2	16.06	0.20	66.37
-0.2	24.40	0.28	87.23
合　计	100	0.2002	总解离度56.20

表 4-87 −1.7mm 风化矿解离度测定结果

粒度/mm	产率/%	WO_3品位/%	粒级解离度/%
-1.7	15.68	0.12	31.29
-1.7+1.2	8.62	0.15	40.36
-1.2+0.8	7.84	0.13	66.83
-0.8+0.5	19.60	0.15	71.41
-0.5+0.2	24.70	0.20	87.86
-0.2	23.56	0.36	94.51
合 计	100	0.24	总解离度 79.04

表 4-88 风化矿白钨矿粒度测定结果

粒级/mm	含量(质量分数)/%	累积含量(质量分数)/%
+1.28	0	0
-1.28+0.64	1.24	1.24
-0.64+0.32	2.82	4.06
-0.32+0.16	3.89	7.95
-0.16+0.08	13.27	21.22
-0.08+0.04	39.80	61.02
-0.04+0.02	36.49	97.51
-0.02+0.01	1.66	99.17
-0.01	0.83	100.00

表 4-89 风化矿黑钨矿粒度测结果

粒级/mm	含量(质量分数)/%	累积含量(质量分数)/%
+1.28	1.84	1.84
-1.28+0.64	8.38	10.22
-0.64+0.32	13.34	23.56
-0.32+0.16	15.57	39.13
-0.16+0.08	18.90	58.03
-0.08+0.04	22.24	80.27
-0.04+0.02	12.23	92.50
-0.02+0.01	6.81	99.31
-0.01	0.69	100.00

由钨矿物嵌布粒度测定结果表明：原生矿中钨矿物的嵌布粒度分布范围比较广，白钨矿的粒度主要分布在0.02~1.28mm，黑钨矿的短径粒度主要分布在0.01~1.28mm，钨矿物的嵌布粒度极不均匀，白钨矿的嵌布粒度粗于黑钨矿；而风化矿中白钨矿粒度范围主要在0.02~0.16mm之间，白钨矿的嵌布粒度范围较窄，黑钨矿的主要嵌布粒度在0.02~1.28mm之间，明显粗于白钨矿，白钨矿的嵌布粒度虽细，但却比较均匀，有利于解离。

（4）钨矿物的嵌布特征。原生矿中黑钨矿多见与黑云母连生，其次与石英连生，少量与长石连生。在花岗岩中，黑钨矿呈厚板状或薄板状嵌布于黑云母或石英中，并可见黑钨矿与白钨矿连生，两者嵌布于石英中。黑钨矿板晶长径一般为0.1~3mm，短径粒度一般0.01~1mm，粒度大小极不均匀。白钨矿呈粒状、数粒、单粒或自形晶粒零星分布在石英、长石中，有时与黑钨矿连生，嵌布粒度极不均匀，一般粒度在0.02~1.28mm之间。

风化矿中黑钨矿呈厚板状或薄板状，主要嵌布于黑云母中，其次出现于石英中，板晶长径一般为0.2~2mm，短径粒度一般为0.02~1mm，粒度分布极不均匀。白钨矿多呈不规则粒状，数粒、单粒或自形晶粒状零星分布在石英、长石中。一般粒度在0.02~1.16mm之间，嵌布粒度极不均匀。

（5）钨在矿石中的赋存状态。钨在原生矿、风化矿矿石中的赋存状态分别见表4-90和表4-91。

表4-90 钨在原生矿中的平衡分配

矿 物	含量(质量分数)/%	$w(WO_3)$/%	分配量/%	分配率/%
黑钨矿	0.15	75.86	0.1138	47.54
白钨矿	0.146	78.35	0.1144	47.79
硫化物	0.454	0.28	0.0013	0.54
脉石	99.250	0.001	0.0099	4.13
合 计	100.000	0.24	0.2394	100.00

从表4-90可以看出，原生矿中钨主要以黑钨矿和白钨矿矿物形式存在，二者比例近似1∶1，分散于硫化物和脉石中的钨很少，不足5%，钨的理论回收率可达95%。

表4-91 钨在风化矿中的平衡分配

矿 物	含量(质量分数)/%	$w(WO_3)$/%	分配量/%	分配率/%
黑钨矿	0.163	70.56	0.1150	58.91
白钨矿	0.077	74.77	0.0576	29.51
钨铋矿、钨华	0.018	17.25	0.0031	1.59
褐铁矿	2.302	0	0	0
脉石和矿泥	97.440	0.020	0.0195	9.99
合 计	100.000	0.20	0.1952	100.00

注：钨铋矿、钨华数量少，而且泥化严重，无法富集单矿物，含钨量采用能谱测试平均值。矿泥中含有部分无法分离的黑钨矿、白钨矿、钨华和钨铋矿。

从表4-91可以看出，风化矿中钨主要以黑钨矿和白钨矿矿物形式存在，钨的理论回收率约为90%左右。黑钨矿和白钨矿矿物比例近2∶1，钨的分配率也接近2∶1。矿泥中含有部分无法分离、极细的黑钨矿、白钨矿、钨华和钨铋矿，将影响钨的回收。

（6）钼在原生矿石中的赋存状态。钼的平衡分配结果表明90%以上的钼以辉钼矿形式存在，见表4-92。

表 4-92 钼在原生矿中的平衡分配

矿 物	含量(质量分数)/%	$w(WO_3)$/%	分配量/%	分配率/%
黑钨矿	0.150	0.03	0.000045	0.26
白钨矿	0.146	0.1	0.000175	1.03
辉钼矿	0.027	58.52	0.015800	92.87
其他硫化物	0.427	—	—	0
脉石	99.250	0.001	0.000993	5.84
合 计	100.000	0.017	0.017013	100.00

(7) 脉石矿物。本矿石钨的成矿岩体为花岗岩，主要脉石矿物为石英、长石、黑云母、白云母、绢云母和少量的萤石、磷灰石、绿帘石等。石英、长石、白云母、绢云母等密度小，对重选富集钨矿物影响不大，而部分厚片状黑云母、细粒磷灰石、萤石、铁白云石、绿帘石等密度大于 $3g/cm^3$，作为重选介质矿物，部分进入重选精矿。

风化矿的脉石矿物与原生矿的种类相同，但萤石、磷灰石的数量大为减少，而长石风化产物绢云母、高岭石的含量大大增加，增加了矿石泥化。

4.3.2.3 供矿条件及工作制度

原矿采用 14t 架线电机车双机牵引 9 辆 $10m^3$ 底侧卸矿车运输，每列车有效装载量约 129t，卸矿时间为 3min/列，每小时有 2 列车卸矿。其中：

(1) 原矿块度：≤800mm。

(2) 矿石密度：$2.61t/m^3$，松散系数 1.65。

(3) 供矿工作制度：年工作 330 天，每天 3 班，每班 6.5h，全天 19.5h 供矿。

4.3.3 选矿试验

4.3.3.1 试样及其试验结果

选矿试验样包括原生矿试样、风化矿试样各一个。原生矿试验样品质量共 6t，根据矿石自然类型分布，品位变化，确定 WO_3品位为 0.241%，采用坑道取样。风化矿试验样品质量共 4t。根据风化程度，品位及不同矿点共设 9 个采样点，地表采样，风化矿样品品位 $WO_3$0.213%。原生矿和风化矿的试验样均由×××钨矿负责采取。

4.3.3.2 试验方案、试验流程及试验结果

对于原生矿，采用重浮工艺流程和全浮工艺流程两方案，试验结果见表 4-93。对于风化矿，采用与原生矿相同的重选工艺流程和与原生矿一样的全浮工艺流程，试验结果见表 4-94。原生矿重选工艺流程（试验）如图 4-52 所示。

表 4-93 原生矿试验指标表

矿石类型	试验方案		钨精矿		钼粗精矿	
			WO_3品位/%	WO_3 回收率/%	Mo 品位/%	Mo 回收率/%
原生矿	重浮	重选	63.54	70.11	2.31	50.54
		浮选	35.22	10.48		
		合计	57.53	80.59		
	全 浮		63.31	86.64	2.59	66.19

表 4-94 风化矿试验指标表

矿石类型	试验方案	钨精矿		
		产率/%	WO_3品位/%	WO_3 回收率/%
风化矿	重选	0.195	56.71	58.72
	全浮	0.25	48.83	65.50

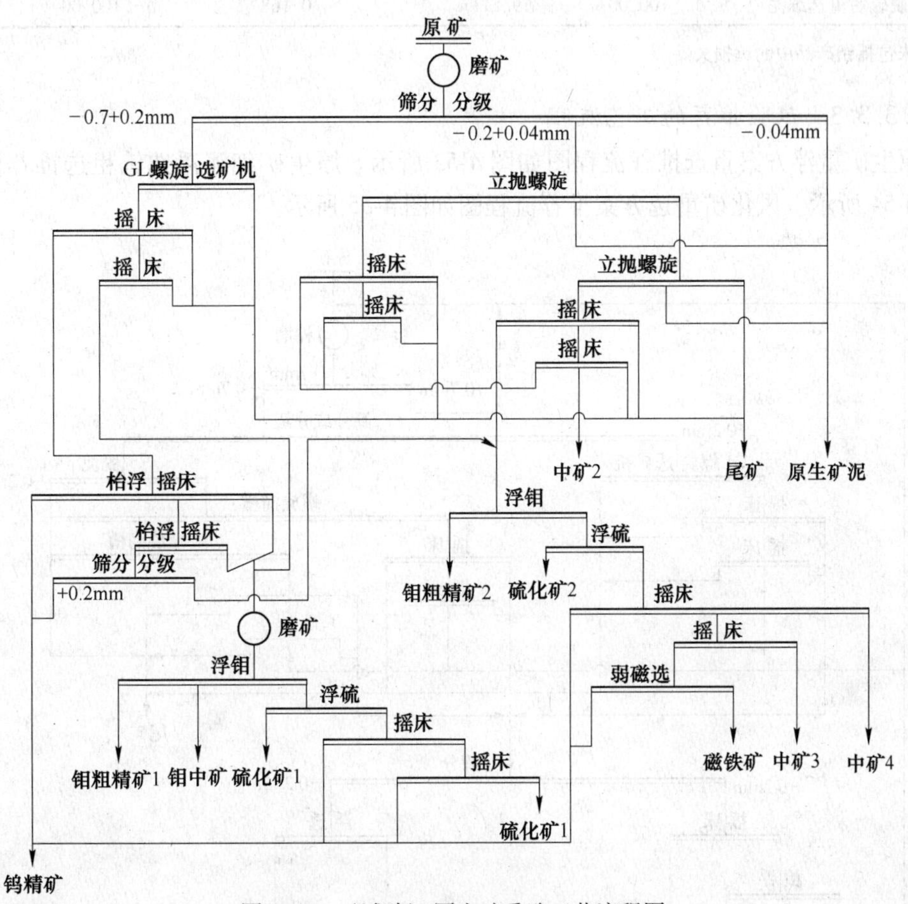

图 4-52 （试验）原生矿重选工艺流程图

此外，对原生矿重选尾矿进行了浮钼试验，对重选细泥进行了浮选试验。重选尾矿浮钼试验为探索性，流程采用一粗一扫，试验指标见表 4-95。重选细泥浮选试验，试验依次选钼、选硫、最终选钨，试验工作流程选钼为一粗一精一扫（开路），选钨为一粗一精三扫（闭路），试验指标见表 4-96。

表 4-95 原生矿重选尾矿钼浮选试验结果

产品名称	产率/%		Mo 品位/%	Mo 回收率/%	
	作业	对原矿		作业	对原矿
重选尾矿钼粗精矿	0.317	0.248	1.41	64.50	16.13
最终尾矿	99.683	78.117	0.0025	35.50	8.88
重选尾矿	100.00	78.365	0.007	100.00	25.01

表 4-96 原生矿细泥钨粗选试验结果

产品名称	产率/%		WO_3品位/%	WO_3 回收率/%	
	作业	对原矿		作业	对原矿
钨粗精矿	6.77	1.321	2.26	91.11	13.68
钨粗选尾矿	93.23	18.190	0.016	8.89	1.34
脱硫后重选细泥	100.00	19.511	0.168	100.00	15.02

注：未包括钼产品中的钨损失。

4.3.3.3 试验推荐的工艺流程

原生矿重浮方案重选推荐流程图如图 4-53 所示。原生矿细泥浮选钨粗选推荐流程图如图 4-54 所示。风化矿重选方案推荐流程图如图 4-55 所示。

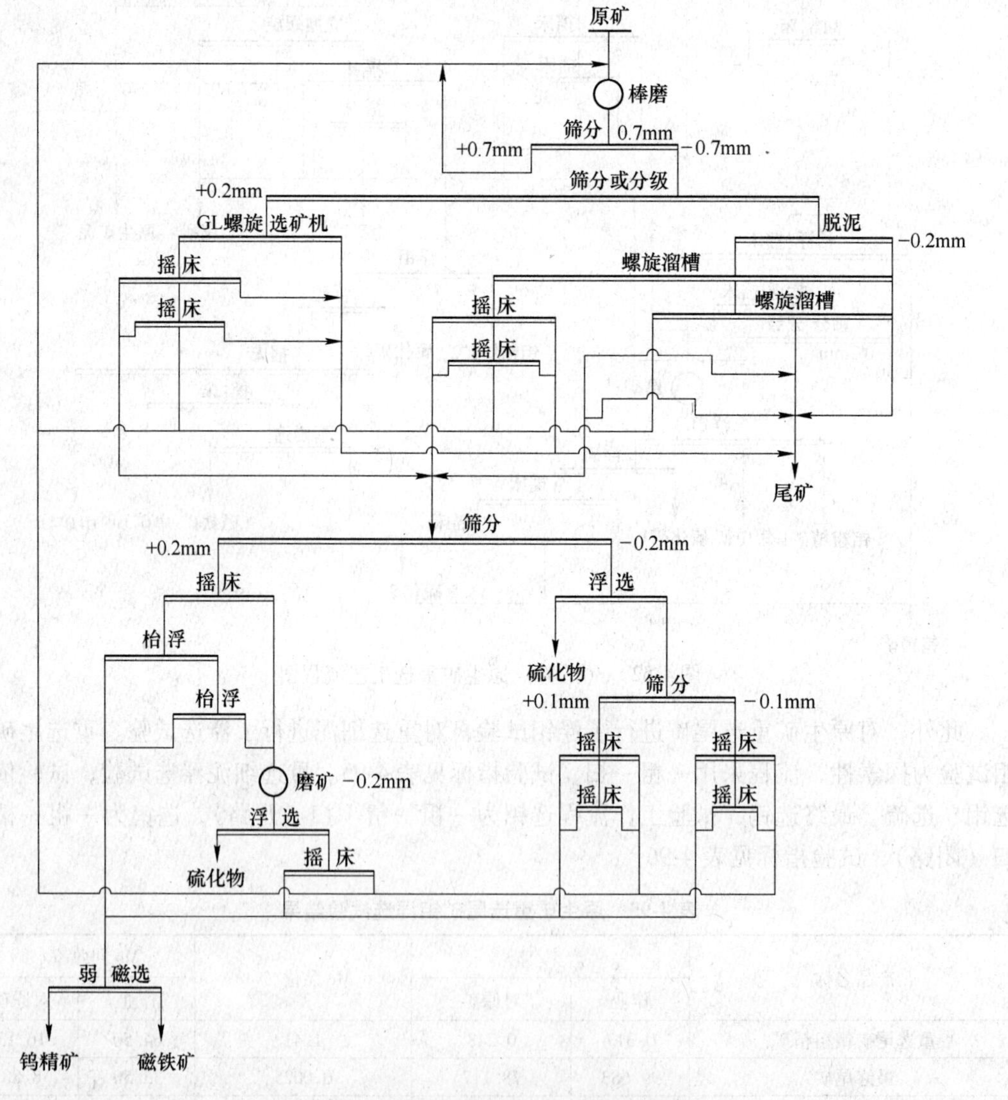

图 4-53 原生矿重浮方案重选推荐流程图

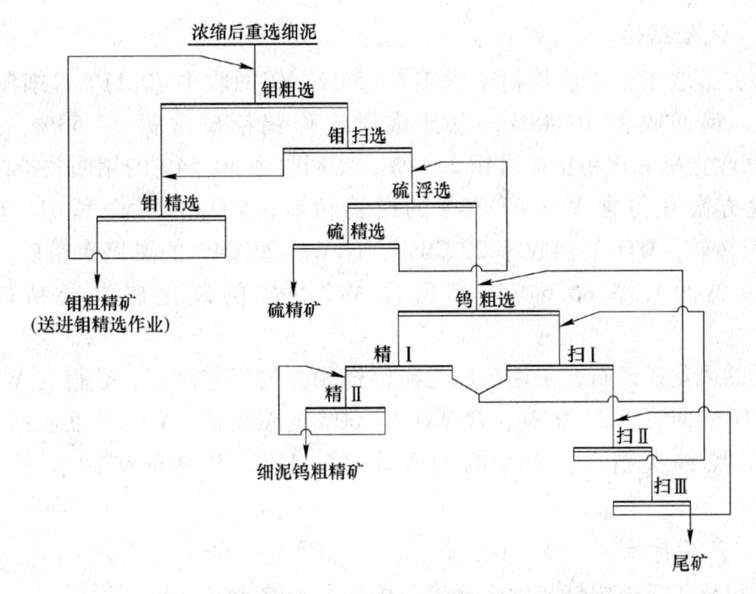

图 4-54 原生矿细泥浮选钨粗选推荐流程图

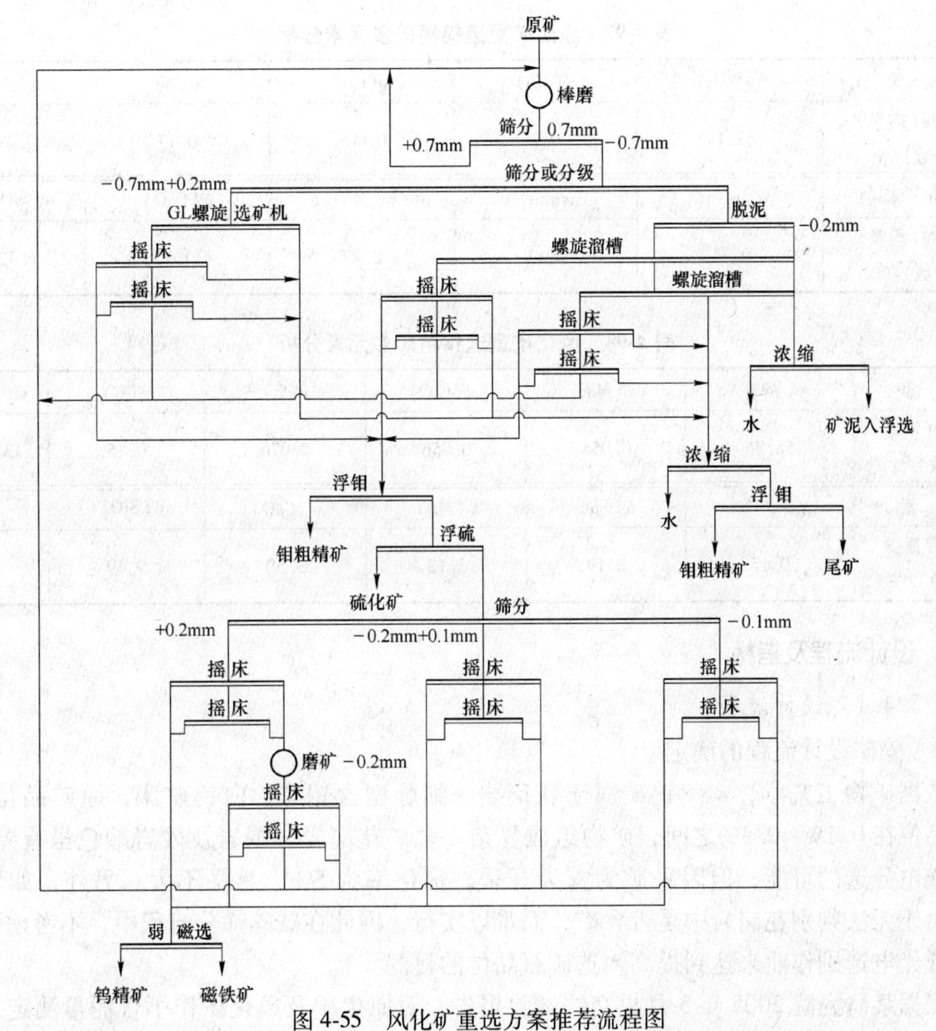

图 4-55 风化矿重选方案推荐流程图

4.3.3.4 试验结论

重浮试验方案取得了重选钨精矿含钨 63.54%，钨回收率 70.11%，细泥浮选钨精矿含钨 35.22%，钨回收率 10.48%，总计重浮流程钨精矿含钨 57.53%，总钨回收率 80.59%的钨回收指标和钼粗精矿含钼 2.31%，钼回收率 50.54%的钼回收指标。

全浮试验方案获得含 WO_3 67.36%的白钨精矿，WO_3的回收率 61.71%、含 WO_3 65.70%的黑钨精矿，WO_3的回收率 22.30%、含 WO_3 23.24%的黑钨次精矿，WO_3的回收率 2.63%，钨总回收率 86.64%。产出含 Mo2.59%的硫化矿混合精矿，Mo 回收率 66.19%。

对脱泥后的风化矿矿石，采用与原生矿浮选相同的工艺流程，获得含 WO_3 66.79%的白钨精矿，WO_3的回收率 23.04%、含 WO_3 67.00%的黑精矿，WO_3的回收率 30.05%、含 WO_3 22.65%的黑钨次精矿，WO_3的回收率 12.41%，钨总精矿回收率 65.50%，品位 48.83%。

4.3.3.5 产品特性

原生矿和风化矿重选钨精矿的多元素分析见表 4-97 和表 4-98。

表 4-97 原生矿重选钨精矿多元素分析

元 素	$w(WO_3)$	$w(Mo)$	$w(Cu)$	$w(S)$	$w(P)$
含量(质量分数)/%	62.14	0.1	0.008	0.17	0.29
元 素	Au/g · t^{-1}	$w(Sn)$	$w(Mn)$	$w(CaO)$	$w(SiO_2)$
含量(质量分数)/%	0.31	0.11	2.27	11.75	6.12

表 4-98 风化矿重选钨精矿多元素分析

元 素	$w(WO_3)$	$w(Mo)$	$w(Cu)$	$w(S)$	$w(P)$	$w(Fe)$
含量(质量分数)/%	58.86	0.058	0.056	0.070	0.15	13.83
元 素	Au/g · t^{-1}	$w(Sn)$	$w(Mn)$	$w(CaO)$	$w(SiO_2)$	
含量(质量分数)/%	0.15	0.19	3.13	3.50	9.49	

4.3.4 设计流程及指标

4.3.4.1 设计流程

A 碎矿设计流程的确定

依据矿物工艺学，×××钨矿属于花岗岩—细脉型含钼黑、白钨矿床，原矿品位低，WO_3品位在 0.1%~0.3%之间，矿物组成复杂。含矿花岗岩与围岩及砂岩颜色虽有差异，有用光电分选的可能，但因采矿为露天开采，贫化率为 5%，意义不大。另外，如用手选，由于无法判别花岗岩中是否含矿，而难以实行，因此在破碎筛分流程中，不考虑采用手选或光电选别作业来达到提高入选矿石品位的目的。

根据某研究院 2005 年 5 月提交的试验报告，对原生矿及风化矿作了含泥量测定，原生矿-12mm 粒度筛分析结果中-0.074mm 占 3.72%，风化矿-12mm 粒度筛分结果中-0.074mm 占 6.83%，可见×××钨矿矿石含泥量不高，没必要设置洗矿作业。由于前三年主要集中处理风化矿，又是露天开采，鉴于碎矿流程优化的考虑，于中碎前设预先筛分作业，直接筛出-12mm 的合格产品。

基于上述两点原因，为使各段破碎比适中，碎矿筛分流程最终确定采用三段一闭路、中碎前预先筛分的流程。为了降低能耗，力求“多碎少磨”，采用引进的细碎机，将最终碎矿产物的粒度控制在-12mm 以下。

B 选别设计流程的确定

由某研究院提交的原生矿和风化矿两份试验报告，均分别提出了原生矿和风化矿推荐流程，两个推荐流程不完全相同，经仔细分析其推荐流程虽不一样，但风化矿的实际试验流程，尤其是试验所得技术指标均是采用与原生矿一样的试验流程得到的。此外，根据×××钨矿有限公司意见和采剥进度计划的安排，处理风化矿主要集中在前三年，并且这三年中还混有部分原生矿，风化矿处理完后将全部是原生矿，为此，鉴于上述原因，选别流程原则上采用原生矿推荐流程。仅在-0.2+0.04mm 的螺旋溜槽粗选后增加了一次螺旋溜槽精选作业。

4.3.4.2 设计指标及产品方案

由于试验推荐流程没有数质量和矿浆等指标，设计指标仅能依其实际试验流程的指标，并结合类似矿山的设计经验进行推算，因此可能会存在一定的不确定性。选矿主要设计指标见表 4-99~表 4-101。

表 4-99 重选部分设计指标

产品名称	产率/%	品位(WO_3)/%	回收率/%
钨精矿	0.278	62	67
钼粗精矿	0.27	1.215	1.276
硫化矿	0.21	0.624	0.51
细泥	19.0	0.183	13.564
磁铁矿	0.006	0.257	0.006
尾矿	79.736	0.054	16.644
原矿	100.00	0.257	100.00

注：该指标为一期工程服务年限内的平均指标。投产前几年因处理含有较大量的风化矿的原矿，其钨精矿指标将低于上述指标。

表 4-100 细泥设计指标

产品名称	产率/%	品位(WO_3)/%	回收率/%
细泥钨粗精矿	1.25	2.26	11.0
钼粗精矿	0.227	0.2	0.177
硫粗精矿	1.4	0.037	0.2
尾矿	16.123	0.035	2.187
细泥原矿	19.0	0.183	13.564

表 4-101 钼粗精矿设计指标

产品名称	产率/%	品位（MO）/%	回收率(对原矿)/%
重选尾矿钼粗精矿	0.25	1.28	16
细泥浮选钼粗精矿	0.227	1.76	20
重选钼粗精矿	0.02	8.0	13

产品方案：由于产出的钼粗精矿、细泥钨粗精矿及硫粗精矿品位低，均为中间产品，因此，最终产品方案确定为只产出合格的重选钨精矿。

4.3.4.3 工艺过程

A 碎矿工艺过程描述

原矿由 14t 电机车双机同步牵引 $10m^3$ 底侧卸矿车运至选厂，经卸载曲轨卸入粗碎原矿仓，原矿石最大块度为 800mm。

原矿仓下设振动棒条给料机，矿石被给入 PA1000×1200 颚式破碎机破碎，破碎后产品与棒条筛下产物一起由 1 号胶带输送机运往中细碎车间中碎机前的预先筛分作业，筛上产品给入 S240BC 中碎机中碎，中碎产品排至 2 号胶带输送机，运至筛分车间的分配矿仓，分配矿仓下设有振动给料机，通过它给入 2 台 YA2460 圆振动筛，中碎产品在此被分成筛上、筛下两部分。筛上产物经 3 号和 4 号胶带输送机返回至中细碎车间细碎机前的缓冲矿仓，再经缓冲矿仓下的振动给料机给入细碎机细碎，细碎产品卸入 2 号胶带机随同中碎产品一道运至筛分车间筛分，从而构成闭路碎矿。预先筛分的筛下产物经 5、6 号胶带机转运至筛分车间，与筛分车间的筛下产物合并，经 7 号胶带输送机运至磨矿粗选车间的粉矿仓。

B 磨矿粗选工艺过程描述

粉矿仓下设多台摆式给料机，粉矿仓内的矿石经摆式给料机排至设于其下的胶带输送机，再经胶带输送机转运一次后进入 ϕ3.2×4.0m 棒磨机磨矿。磨矿排矿经泵扬至 2SG48-60R-5STK 高频细筛进行筛分分级，筛上产物返回棒磨机以实现闭路磨矿，筛下产物自流至 2SG48-60R-5STK 高频细筛分级。进入高频细筛的物料在此被分成+0.2mm 和-0.2mm 两部分，并分别流至各自泵池，+0.2mm 物料由泵扬至设于本车间 CD 跨上的矿浆分配器，-0.2mm 部分也用泵扬至细粒粗选车间旋流器进行分级。+0.2mm 物料进入矿浆分配器后，自流给入螺旋选矿机进行选别，得到螺旋选矿机精矿和尾矿，螺旋选矿机精矿自流给入粗选摇床选别，得到粗选摇床精矿，中矿和尾矿，粗选摇床中矿复选后得到复选摇床精矿、中矿和尾矿。粗选摇床精矿、复选摇床精矿经泵扬入精选车间 ϕ6m 浓缩机，复选摇床中矿返回棒磨机，螺旋选矿机尾矿、粗、复选摇床尾矿均自流进入厂外 ϕ30m 浓缩机，浓缩后进入选钼车间。

C 细粒粗选工艺过程描述

进入旋流器的-0.2mm 矿浆，被旋流器分成+0.04mm 沉砂和-0.04mm 溢流，沉砂先经螺旋溜槽选别，得到粗选螺溜精矿、中矿、尾矿和溢流。

粗选螺溜精矿再经螺溜精选、得到螺溜精矿和螺溜尾矿，螺溜精矿再经摇床选别，得到粗选摇床精矿，摇床中矿复选。粗选、复选摇床精矿均由泵扬入 ϕ6m 浓缩机而进入精选车间，粗选、复选摇床尾矿自流入 ϕ30m 浓缩机浓缩后进入选钼车间，复选摇床的中矿返回棒磨机。

粗选螺溜中矿，经螺溜再选，也分别得再选螺溜精矿、中矿和溢流，再选螺溜精矿经摇床粗选、复选，得到摇床精矿，粗选、复选尾矿和复选中矿。

粗选螺溜溢流，再选螺溜溢流，旋流器溢流自流入 ϕ53m 浓缩机浓缩后进入细泥车间。

再选螺溜中矿、粗选、复选摇床尾矿均自流进入 ϕ30m 浓缩机浓缩后进入选钼车间。

以上所有粗、复选摇床精矿均由泵扬入 ϕ6m 浓缩机浓缩后进入精选车间。

D 精选工艺过程描述

磨矿粗选车间和细粒粗选车间所有粗、复选摇床精矿进入精选车间 ϕ6m 浓缩机，溢流返回利用，沉砂进浮选，依次选得钼粗精矿和硫化矿及浮选尾矿。

钼粗精矿和硫化矿分别自流入设于本车间旁的钼粗精矿池和硫化矿池，除去部分水分再用抓斗、汽车外运至露天临时堆场贮存。

浮选尾矿（即为钨粗精矿）先经水力分级机分成+0.2mm、-0.2+0.1mm、-0.1mm 三级，分别入选。

+0.2mm 经摇床选别、摇床中矿经摇床再复选得到精矿，摇床尾矿经螺旋脱水，返砂进行开路磨矿，磨矿产品再经摇床选别，摇床中矿复选，得复选精矿和摇床尾矿，摇床尾矿（即中矿）返回磨矿。

-0.2mm+0.1mm 和+0.1mm 两粒级分别进入各自的摇床选别系统得到精矿和尾矿返回磨矿。这两粒级的流程差别在于-0.1mm 在进入摇床选别之前需先进浓泥斗脱水。

所有摇床精矿集中给入弱磁选，以除去磁性铁，再脱水（干燥），所得产品即为本次设计的最终产品—钨精矿。

E 细泥工艺过程描述

进入 ϕ53m 浓缩机的细泥，分出溢流后，沉砂自流进入选钼循环系统（一粗一扫一精）、选硫循环系统（一粗一精）和选钨循环系统（一粗二精三扫）、依次选得钼粗精矿、硫粗精矿、细泥钨粗精矿和尾矿。

钼粗精矿、硫粗精矿、细泥钨粗精矿前期分别进入各自沉淀池，自然脱水后用前装机、汽车运至露天临时堆场贮存。

精选浮选机规格型号为 XCF/KYF11-2、粗扫选则为 XCF/KYF11-16 型。

F 选钼工艺描述

给入 ϕ30m 浓缩机的重选尾矿，分出溢流后，沉砂自流进入浮选选钼系统、选钼工艺暂定一粗一扫，选得钼粗精矿和尾矿。

钼粗精矿需先进入设于附近的沉淀池，用前装机、汽车运至露天临时堆场贮存。

浮选机选用 CLF-16m^{3}型。

4.3.5 生产能力与工作制度

选矿厂规模确定为 5000t/d，各车间的生产能力与工作制度见表 4-102。

表 4-102 车间生产能力与工作制度

车间名称	生产能力/t · h^{-1}	工作制度		
		年工作天数	天工作班数	班工作时数
粗碎车间	277.8	330	3	6
中细碎车间	277.8	330	3	6
筛分车间	277.8	330	3	6
磨矿粗选车间	208.33	330	3	8
细粒粗选车间	122.71	330	3	8
精选车间	5.93	330	3	8
细泥车间	39.6	330	3	8
选钼车间	166.64	300	3	8

4.3.6 主要设备选择

4.3.6.1 主要设备选择的原则

(1) 所选设备必须是性能先进、质量可靠、高效节能、便于维修、关键设备可选择进口或中外合资企业的先进产品。

(2) 设备能力与规模相适应，尽量减少台数、设备计算以选矿工艺数质量流程为基本依据、兼顾上下工序及配置特点，所用设备负荷率相对均衡。

(3) 同一作业设备型号规格相同，设备台数与系列数相适应。

4.3.6.2 主要设备选择及计算

A 破碎设备选择的方案比较

(1) 粗碎设备：根据设备选型原则，主要对北京矿冶研究总院华诺维科技发展有限公司（简称北矿院）、上海多灵-沃森机械设备有限公司（简称上海多灵）、美卓矿机、山特维克四家生产的破碎机进行了比较，比较结果见表 4-103。

表 4-103 粗碎机选择方案比较表

作业名称	技术参数	设备厂家			
		北矿院	上海多灵	美卓	山特维克
粗碎	设备型号	PA100120	PE-900×1200	C125	JM1211HD
	设备数量	1	1	1	1
	进料口尺寸/mm×mm	1000×1200	900×1200	950×1250	1100×1200
	最大进料粒度/mm	850	850	850	850
	排料口调整范围/mm	150~250	120~240	100~250	125~250
	设备处理能力/t · (h · 台)$^{-1}$	346.5	294	466	535
	设计处理量/t · h^{-1}	278	278	278	278
	单机功率/kW	110	110~160	160	132
	设备负荷率/%	80.3	94.6	59.57	51.96
	设备单价/万元	92.7	78.0	250	228

（2）中碎设备：按选用国产设备考虑，主要对华扬机械有限公司（简称华扬）、上海建设路桥机械设备有限公司（简称上海路桥）、沈阳重型机器有限责任公司、上海多灵四家生产的破碎机进行了比较，比较结果见表4-104。

表4-104 中碎机选择方案比较表

作业名称	技术参数	设备厂家		
		华扬	上海路桥	沈 重
中碎	设备型号	S240BC	PYB2200	PYT-B2235A
	设备数量	1	1	1
	进料口尺寸/mm	300	300	350
	最大进料粒度/mm	280	280	300
	排料口调整范围/mm	25~64	30~60	30~60
	设备处理能力/t·(h·台)$^{-1}$（e=35mm）	438	530	534
	设计处理量/t·h^{-1}	278	278.0	278.0
	单机功率/kW	240	280	280.0
	负荷率/%	63.5	52.0	52.0
	设备单价/万元	128.0	130	130

（3）细碎设备：主要对上海多灵-沃森机械设备有限公司（简称上海多灵）、美卓矿机、山特维克三家生产的破碎机进行了比较，比较结果见表4-105。

表4-105 细碎机选择方案比较表

作业名称	技术参数	设备厂家		
		上海多灵	美卓	山特维克
细碎	设备型号	PYHD-5C	HP400（短头）	H6800-F
	设备数量	2.0	2.0	2.0
	进料口尺寸/mm	95（C型）	92（粗型）	
	最大进料粒度/mm			75（F型）
	排料口调整范围/mm	13（min）	10（最小排矿口）	10~38
	设备处理能力/t·(h·台)$^{-1}$	280	235	237
	设计处理量/t·h^{-1}	341.9	341.9	341.9
	单机功率/kW	400.0	315.0	315.0
	负荷率/%	61.1	72.64	72.1
	设备单价/万元	185.0	380.0	382

根据上述比较，粗碎设备推荐由北矿院研制开发的PA1000×1200颚式破碎机，中碎设备采用华扬机械生产的S240BC标准圆锥破碎机，细碎设备采用美卓HP400破碎机。

B 破碎设备计算

计算结果见表4-106和表4-107。

C 棒磨机选择方案比较

磨机与筛分机闭路、筛孔0.7mm，经计算，磨机可考虑采用下列三种规格，其选择方案比较见表 4-108。

表 4-106　破碎设备表

作业名称	设备名称及规格	台数	设备允许的给矿粒度/mm	设计的给矿粒度/mm	排矿口/mm	最大排矿粒度/mm	设备的处理能力/t·h^{-1}	计算的给矿量/t·h^{-1}	负荷率/%
粗碎	PA100120	1	850	800	150	230	346	278	80.3
中碎	S240BC	1	280	230	35	65	438	278	63.5
细碎	HP400	2	92	65	13	25	235	341.88	72.64

注：粗、中、细碎设备技术参数系厂家提供。

表 4-107　筛分设备表

作业名称	设备名称及规格	台数	筛孔/mm	筛子有效面积/m^2	计算筛子面积/m	计算的给矿量/t·h^{-1}	筛分效率/%	负荷率/%
预先筛分	振动筛 2YAH2448	1	50/14	11.5	8.51	278	80	74.00
闭路筛分	圆振动筛 YA2460	2	14	14.4	22.95	619.66	80	79.44

表 4-108　棒磨机选择方案比较表

方案	设备名称及规格	台数	设备容积/m^3·台$^{-1}$	负荷率/%	设备质量/t·台$^{-1}$	装机功率/kW·台$^{-1}$	设备费用/万元·台$^{-1}$	备注
1	ϕ2700×3600	3	18.5	83.3	70	400	180	
2	ϕ3000×4000	2	25.5	87.5	89	500	250	
3	ϕ3200×4000	2	29.27	74.00	105.5	630	350	

从上表可见：方案 1 设备费最低，但建筑费用大。方案 1 配置上、管理上不如方案 2 和方案 3。方案 3 设备费、装机功率均高于方案 2，但负荷系数低，富余能力大，适应性强，考虑到今后生产的可靠性，因此推荐方案 3。

棒磨机计算结果见表 4-109，与棒磨闭路的细筛及分级细筛计算结果见表 4-110，旋流器计算结果见表 4-111。

表 4-109　磨矿设备表

作业名称	设备名称及规格	台数	给矿粒度/mm	产品粒度/mm	计算指标	设备有效容积/m^3	设计需要有效容积/m^3	设备单位处理量/t·(m^3·h)$^{-1}$	负荷率/%
一段磨矿	湿式棒磨机 ϕ3200×4000	2	12	0.5	0.956	29.27	43.32	1.279	74.0

D　螺旋选矿机

螺旋选矿机国内生产厂家目前主要有二家：一为广州有色金属研究院生产的 GL-600 螺旋选矿机、二为福建康鑫矿山设备公司生产的 XL-ϕ900 螺旋选矿机，二者选择比较见表 4-112，表 4-113。

表 4-110 细筛设备表

作业名称	设备名称及规格	台数	分级粒度/mm	给矿浓度/%	筛上浓度/%	筛下浓度/%	筛孔尺寸/mm	处理量/t·h^{-1}	计算给矿能力/t·h^{-1}	负荷率/%
棒磨闭路	高频细筛（5路重叠）2SG48-60R-5STK	2	0.5	55.0		42.74	0.5	180	318.54	88.5
分级筛分	高频细筛（5路重叠）2SG48-60R-5STK	4	0.2	42.74	96.0	30.21	0.3	115	215	50.0

表 4-111 旋流器计算表

作业名称	旋流器规格/mm	台数（其中备用）	干矿量/t·h^{-1}	水量/m^3·h^{-1}	矿浆量/m^3·h^{-1}	质量浓度/%	体积浓度/%	矿浆密度/t·m^{-3}	给入压力/kPa
旋流器	ϕ250	2组，每组12台（4台）	122.71	283.7	330.5	30.21	14.23	1.23	110

表 4-112 XL-ϕ900 螺旋选矿机

处理量		定额生产能力/t·(台·h)$^{-1}$	台 数		负荷系数
t/d	t/h		计算	设计	
2200	91.67	2.5	36.67	48	76.40

表 4-113 GL-600 螺旋选矿机

处理量		定额生产能力/t·(台·h)$^{-1}$	台 数		负荷系数
t/d	t/h		计算	设计	
2200	91.67	1.6	57.29	70	81.84

从表 4-112，表 4-113 可见，XL-ϕ900 螺旋选矿机单台处理能力大，需要台数少，GL600 螺旋选矿机单台处理能力小，需要台数多，选用 XL-ϕ900 螺旋选矿机台数少，厂房面积小，配置、管理均较简单、且前者设备费用略低于后者。故选用 XL-ϕ900 螺旋选矿机。

E 螺旋溜槽

由于选厂规模大，设计选用目前广泛采用的 ϕ1200 螺旋溜槽，计算结果详见表4-114。

表 4-114 ϕ1200 螺旋溜槽

作业名称	处理量		定额生产能力/t·(台·h)$^{-1}$	台 数		负荷率/%
	t/d	t/h		计算	设计	
粗选	2095	87.29	5	17.46	20	87.3
精选	600	25	4.5	5.56	6	92.67
中矿再选	1425	59.38	5.5	10.80	12	90.0

F　摇床

摇床的设备选型计算结果见表 4-115。

表 4-115　摇床的设备选型计算结果

作业名称					处理量		定额生产能力/t·(台·h)$^{-1}$	台　数		负荷率/%
					t/d	t/h		计算	设计	
磨矿粗选车间	螺旋选矿机精矿			粗选	315.6	13.15	1.2	10.96	12	91.73
				复选	130	5.42	1.2	4.52	6	75.0
细粒粗选车间	螺旋溜槽	精矿		粗选	250	10.42	0.45	23.16	24	96.5
				复选	51.5	2.15	0.45	4.78	6	80.0
		中矿		粗选	175	7.29	0.45	16.2	18	90.0
				复选	60	2.5	0.45	5.56	6	92.67
精选车间	水力分级机	一、二室	磨矿前	粗选	80	3.33	1.2	2.78	3	92.67
				复选	25	1.04	1.2	0.87	1	87.0
			磨矿后	粗选	67.35	2.81	0.45	6.24	6	104.0
				复选	25	1.04	0.45	2.31	3	77.0
		二、四室		粗选	23.25	0.97	0.45	2.16	3	72.0
				复选	8	0.33	0.45	0.73	1	73.0
	浓泥斗			粗选	12.5	0.52	0.45	1.16	1	116.0
				复选	5	0.21	0.45	0.47	1	47.0

G　浮选机

浮选机的设备选型计算结果见表 4-116。

表 4-116　浮选机的设备选型计算结果

车间名称	作业名称	流程矿量及矿浆量			浮选时间/min		浮　选　机			
		矿量/t·h^{-1}	矿浆量/m^3·h^{-1}	矿浆浓度/%	设计	试验	型　号	容积/m^3·槽$^{-1}$	计算的槽数/台	选定槽数/台
细泥车间	钼粗选	44.32	144	28	10	6	XCF/KYFⅡ-16	16	1.875	2
	钼扫选	40.15	130.2	28	6	3	XCF/KYFⅡ-16	16	1.02	2
	钼精选	5.2	19.38	28	10	5	XCF/KYFⅡ-2	2	1.875	2
	硫粗选	61.6	199.8	28	10		XCF/KYFⅡ-16	16	2.6	3
	硫精选	25.42	82.2	28	8		XCF/KYFⅡ-2	2	6.22	6
	钨粗选	47.76	155.4	28	10	6	XCF/KYFⅡ-16	16	2.02	2
	钨扫 1	38.27	124.3	28	10	5	XCF/KYFⅡ-16	16	1.62	2
	钨扫 2	39.5	128.4	28	10	5	XCF/KYFⅡ-16	16	1.67	2
	钨扫 3	35.78	116.4	28	10	5	XCF/KYFⅡ-16	16	1.51	2
	钨精 1	11	35.89	28	8	5	XCF/KYFⅡ-2	2	3	2
	钨精 2	4.58	14.88	28	8	4	XCF/KYFⅡ-2	2	1.24	2

续表 4-116

车间名称	作业名称	流程矿量及矿浆量			浮选时间/min		浮选机			
		矿量/$t \cdot h^{-1}$	矿浆量/$m^3 \cdot h^{-1}$	矿浆浓度/%	设计	试验	型号	容积/$m^3 \cdot 槽^{-1}$	计算的槽数/台	选定槽数/台
选钼车间	钼粗选	166.64	342.6	30	12	6	CLF-16	16	5.35	6
	钼扫选	166.64	342.6	30	8	4	CLF-16	16	3.57	4
精选车间	选钼	5.93	18.9	28.4	10		CGF-2	2	1.64	2
	选硫	5.89	18.7	28.4	10		CGF-2	2	1.6	2

H 浓缩机

重选尾矿和重选细泥分别用浓缩机处理、溢流作回水、沉砂分别进入选钼车间和细泥车间，进行浮选选别。浓密机的选择计算结果见表 4-117。

表 4-117 浓密机的选择计算结果

产品名称	固体处理量/$t \cdot d^{-1}$	给矿浓度/%	给料粒度/mm	底流浓度/%	溢流最大颗粒沉降速度/$mm \cdot s^{-1}$	需要的浓缩机总面积/m^2	浓缩机直径/m	设备规格及数量		
								型号	面积	台数
重选尾矿	3999.3	22.27	0.5	40.21	0.0877	1326.4	30	NT-30	707	2
重选细泥	950.0	5.53	0.04	28	0.0877	2297	53	NT-53	2202	1

4.3.6.3 检测与控制

（1）碎矿系统、一段棒磨给矿系统开停车实行分段及全线连锁，由 PLC 系统控制。设事故紧急开停车，设备可统一开停也可单独开停。

（2）粗碎矿仓、细碎前缓冲矿仓、筛分分配矿仓、粉矿仓均设有料位计及报警装置，纳入 PLC 连锁控制。棒磨机排矿浆池，旋流器给矿泵池均设有液位计及报警装置。

（3）一段棒磨机稳定给矿量控制。检测元件为棒磨机给矿皮带的皮带秤，给矿量的大小通过调节粉矿仓下部摆式给料机的转数(摆幅)来控制，棒磨机的负荷采用功率测量仪进行测量。

（4）棒磨机比例加水。根据棒磨机的给矿量、确定棒磨机的给水量，通过调节给水闸门，使棒磨机内的矿浆浓度基本保持恒定。

（5）旋流器给矿设流量计、压力计，采用气动阀门控制，给矿砂泵安装调速电机，通过调节泵的转数来调节压力，将给矿压力相对稳定在较佳状况。

（6）在进入中、细碎缓冲矿仓的胶带机上设除铁装置，以清除或减少混入矿石中的铁件，保证破碎机安全运转。

（7）选矿各车间设生产联络信号。

（8）浮选机设液位控制。

4.3.6.4 计量和取样

（1）选矿厂生产取样：胶带机人工取样，矿浆取样用矿浆自动取样机或人工取样。

（2）计量：原矿计量在棒磨机给矿胶带机上用皮带秤计量，钨精矿用磅秤计量。

4.3.7 设备配置与厂房布置

4.3.7.1 选矿厂的组成

选矿厂由粗碎车间、中细碎车间、筛分车间、磨矿粗选车间、细粒粗选车间、精选车间、选钼车间（含 ϕ30m 浓缩机两台）、细泥车间（含 ϕ53m 浓缩机一台）组成。

此外，另设有选矿试验室及化验室、机修站、材料库、药剂库等辅助设施。

4.3.7.2 选厂布置与设备配置

厂址选定山外厂址，属山坡建厂。为了减少工程量，节省投资，同时为便于生产管理，进行了总体布置方案和车间内部配置方案的比较选择及优化。布置和配置设计的主要原则如下：

（1）根据业主要求，本设计规模为 5000t/d，留有扩大到 10000 万吨/天的余地。

（2）各车间充分利用山坡地形，尽可能减少土石方工程量。

（3）各车间之间联系方便，检修厂地尽量与外部公路畅通。

（4）设备配置紧凑合理，操作方便，易于检修。

（5）尽可能使矿浆自流，减少用砂泵扬送、减少工艺环节、节省能源。

选厂布置与设备配置方案：

（1）限于已确定的厂址及其范围，碎矿系统与磨选系统厂房的总体布置进行了 I 形与 L 形方案比较，两者在碎矿系统位置相同的情况下，I 形为筛分后的合格矿石（-12mm）直接运至磨矿粉矿仓，L 形则是经转运站转运后运至磨矿粉矿仓。实施 I 形布置时，磨选系统厂房向东偏北方向移动，将粉矿仓放置转运站位置，这在地形上是允许的。I 形无需转运，直接上磨矿粉矿仓，工艺环节少，节省设备和厂房，总体布置相对集中、紧凑，由于节省了厂地，总平面上有利于二期扩建。

（2）磨选系统包含 3 个车间，即磨矿粗选车间、细粒粗选车间、精选车间。按地形条件，这三个厂房顺山坡依次建设，使矿浆尽可能自流，降低能耗，节省经营成本。

（3）粗碎车间根据电机车轨道卸矿要求，在适当位置上设置。

（4）中碎和细碎设置在同一车间，节省吊车，碎矿产品采用同一条集矿胶带机运往筛分车间，可简化配置、实现闭路，而且可将中细碎车间与筛分车间配置在同一等高线上，较适合本厂址地形特点。

（5）磨矿粗选设备原则上按两个系列选择配置。设计上曾考虑过将磨矿粗选车间与细粒粗选车间合并配置，但由于这种配置，从工艺上看，两个系列互换性差，需要泵扬的矿石量大、功耗大；从厂房配置看，车间过长，管理分散，缺点较突出，因而设计选择两个车间单独设置，利用高差台阶式配置的方案。

（6）选钼车间和细泥车间在投产初期均不能生产出合格的精矿产品，只能产出低品位的钨粗精矿和钼粗精矿，为此，在选钼车间和细泥车间的下方向（即预留场地）均设置了临时粗精矿池。鉴于选钼车间、细泥车间投产后到扩建尚需一定时间，设计在不远处又另设了一较大堆场（容量暂定 1 年），以便将粗精矿池的钨粗精矿、钼粗精矿转运此处堆存，而维持正常生产。

此外，选厂厂区公路与各车间相通，主要车间各跨间也通有公路，设备备品备件运输、生产检修及管理均为方便。

4.3.8 辅助设施

4.3.8.1 矿仓容量和贮存时间

矿仓容量和贮存时间见表4-118。

表4-118 矿仓容量和贮存时间

矿仓名称	粗碎原矿仓	细碎前缓冲矿仓	筛分分配矿仓	粉矿仓
矿仓形式	矩形仓	方形仓	方形仓	槽形仓
有效容积/m^3	511	114×2	146	3276
储存时间/h	3.03	0.59	0.35	25.94

4.3.8.2 药剂贮存、制备和添加

根据选矿工艺流程，重选钨粗精矿精选前选钼选硫（作业名称简称1），重选细泥选钼选硫选钨（简称2），重选尾矿选钼（简称3）均采用浮选法，其所需药剂消耗量见表4-119。

表4-119 浮选各作业药剂消耗量

作业名称	单位	药剂名称								
		Na_2S	煤油	2号油	丁基黄药	GYR	GYB	Na_2SiO_3	$Pb(NO_3)_2$	Na_2CO_3
1	kg/d	640	22	20	30					
2	kg/d		100	85		484.5	627	13705	855	2000
3	kg/d		300	450						

上述药剂均贮存在药剂库，分类存放，库内设吊车，以便堆放和取运。药剂贮存量原则上为一个月。

在精选车间DE跨15m平台设有制药室和给药台，用杯式给药机给药。

在选钼车间给药台下，细泥车间①~③柱外墙侧设有药剂制备间，药剂在此制好后，用药剂泵送至位于其上方的给药室，各种药剂用数控给药机加药。

4.3.8.3 试验室、化验室、技术监督站

由于本次设计的选厂规模为5000t/d，建成后将成为目前国内最大的钨矿选厂。选矿工艺流程涵盖重、浮、磁等多种选矿方法，产品除需选出钨精矿外，还需综合回收钼、硫等元素，因此，选矿工艺流程十分复杂，环节长，未来生产中工艺流程的技术革新和改造的试验研究工作将较为繁重，为此试验室、化验室应设有重、浮、磁选试验及岩矿鉴定设备、仪器和工具，以及为满足化验分析所需要的仪器、工具和设备。

选矿试验室的主要任务：

(1) 根据生产过程中矿石性质的变化，进行可选性试验或流程试验，以及综合回收伴生有用矿物的试验研究工作。

（2）根据生产需要，进行全流程，某生产环节或个别作业的查定与研究，为生产提供合理的操作条件，从而改进操作参数，提高选矿指标，降低成本。

（3）结合生产需要，研究采用国内外先进科技成果的可能性及实施办法。

化验室的主要任务：

（1）选厂每班生产样、快速分析样、每日商品样的化验分析。

（2）选矿试验样品，流程考查样品的化验。

（3）配合矿山开采的生产探矿和开采取样的化学分析。

（4）不定期地进行水质、药剂、粉尘及有害气体的化验分析。

根据生产需要，化验室应按三班制操作。

技术监督站负责选厂取样计量化验和其他技术检查工作，所需设备可和试验室共用。其主要任务是：

（1）负责各种生产样品的采取和加工。

（2）对选厂入选原矿和产品的数量，质量检查和监督。

（3）对设备操作，药剂制度及其他技术条件进行检查和监督。

4.3.8.4 检修设施

矿山设维修站，并配有满足生产需要的维修人员，负责日常小修，大、中修外委。

粗碎车间、中细碎车间、筛分车间、磨矿粗选车间、细粒粗选车间、精选车间、选钼车间、细泥车间均留有检修场地并配置有检修吊车。

上述各车间主要跨间均设有公路与外部相通，车间内各台阶设有梯子互通可满足设备运输，人员往来，生产检修及管理的需要。

4.3.9 选矿厂设计图纸

本钨矿有限公司选矿厂设计图纸如图 4-56~图 4-68 所示。

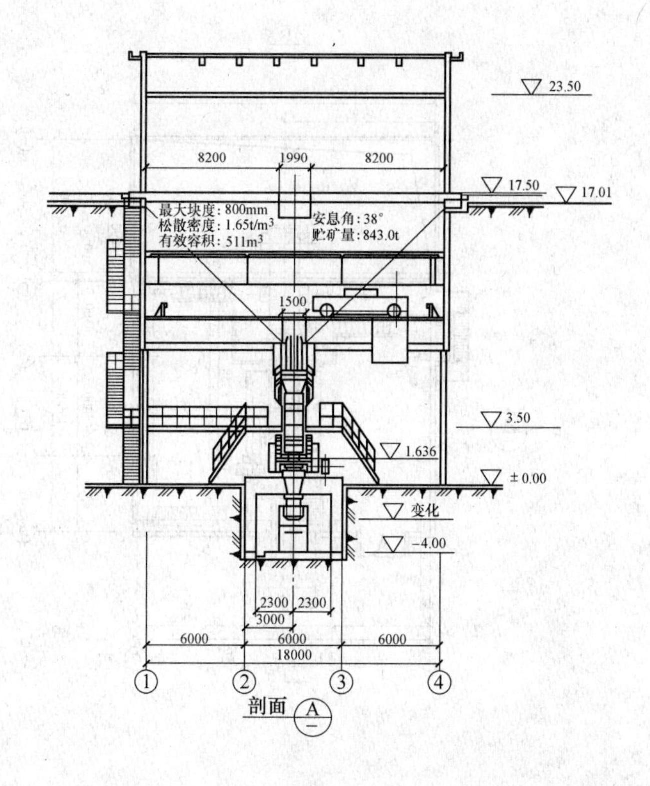

23.50
8200
1990
8200
17.50
17.01
最大块度：800mm
松散密度：1.65t/m3
有效容积：511m3
安息角：38°
贮矿量：843.0t
1500
3.50
1.636
±0.00
变化
−4.00
2300
2300
3000
6000
6000
6000
18000
1
2
3
4

剖面 A/—

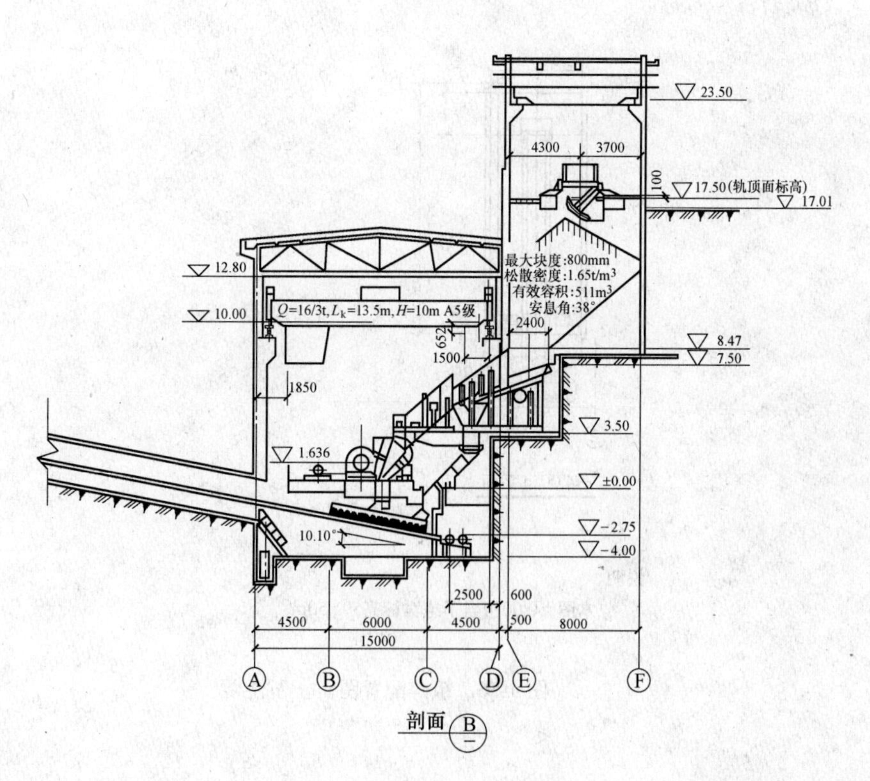

23.50
4300
3700
100
17.50(轨顶面标高)
17.01
12.80
最大块度:800mm
松散密度:1.65t/m3
有效容积:511m3
安息角:38°
10.00
Q=16/3t, Lk=13.5m, H=10m A5级
2400
652
1500
8.47
7.50
1850
3.50
1.636
±0.00
10.10°
−2.75
−4.00
2500
600
500
4500
6000
4500
8000
15000
A
B
C
D
E
F

剖面 B/—

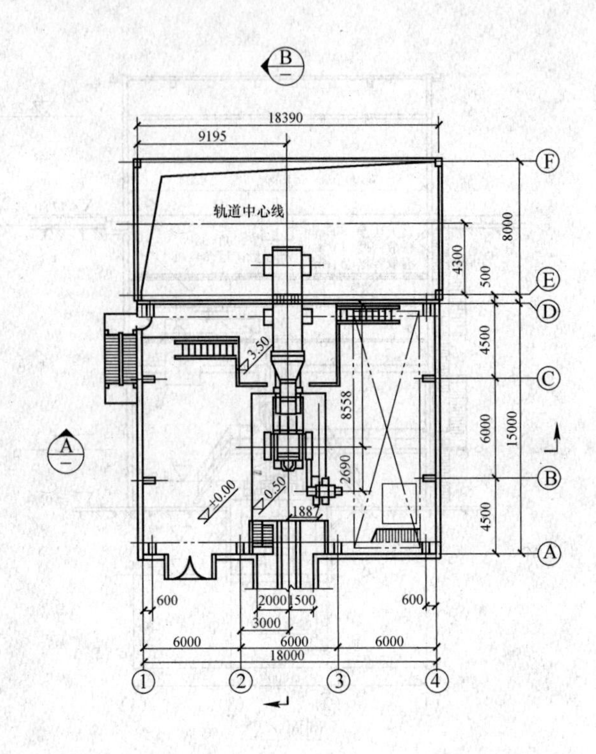

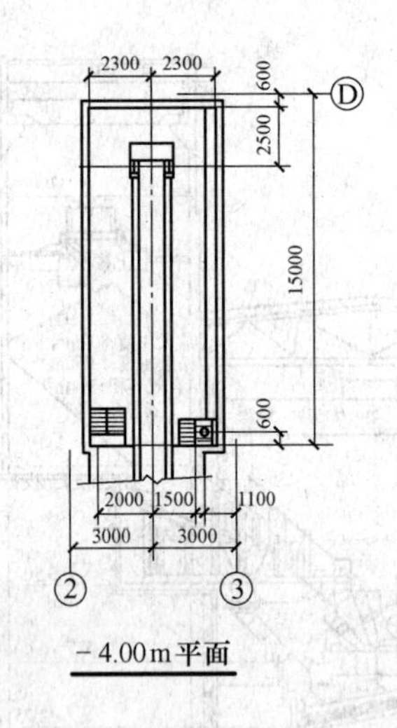

－4.00 m 平面

说明：

本图±0.00相当于绝对标高592.50m

图 4-56　粗碎配置图

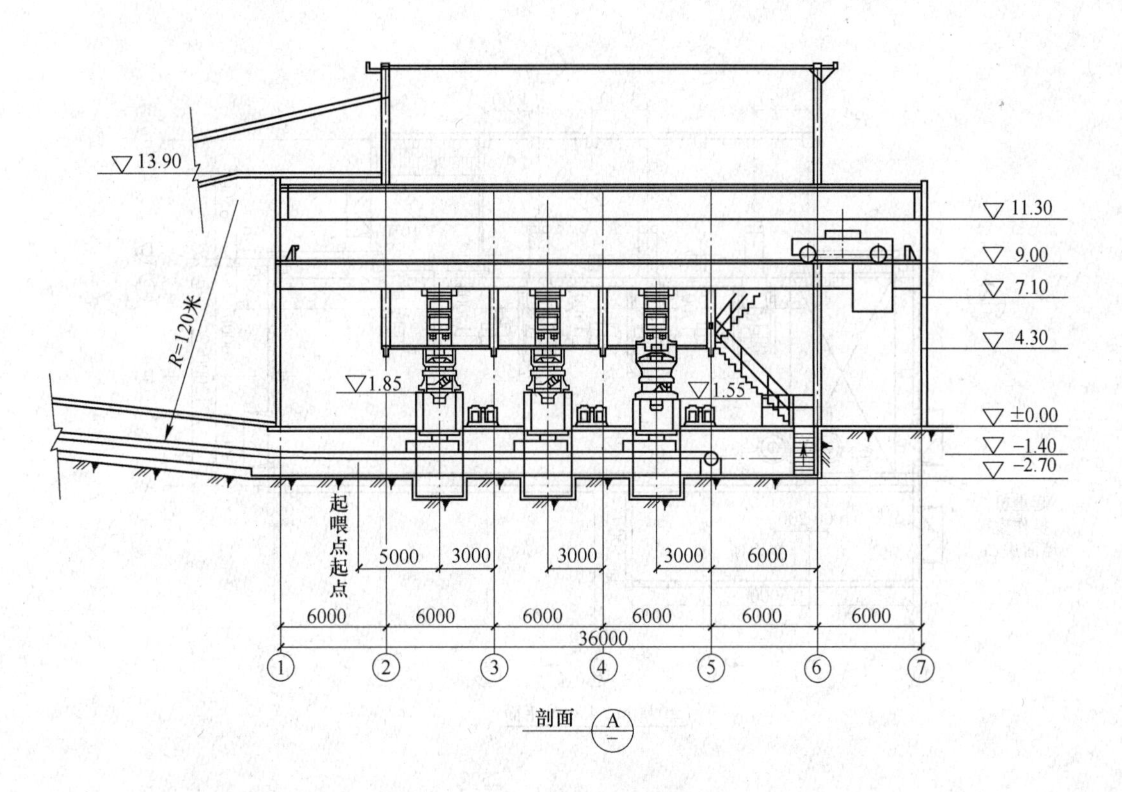

13.90
R=120米
11.30
9.00
7.10
4.30
1.85
1.55
±0.00
−1.40
−2.70
起喂点起点
5000
3000
3000
3000
6000
6000
6000
6000
6000
6000
6000
36000
1
2
3
4
5
6
7

剖面 A

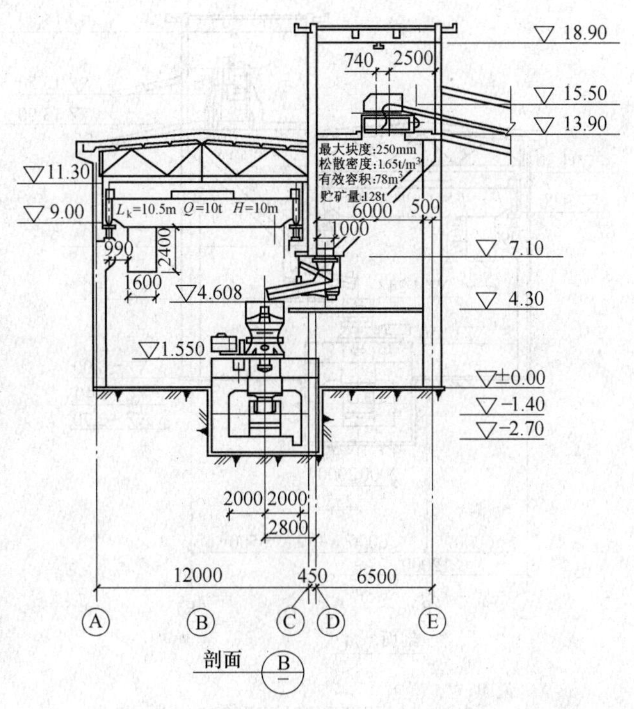

18.90
740
2500
15.50
13.90
最大块度:250mm
松散密度:1.65t/m3
有效容积:78m3
贮矿量:128t
11.30
9.00
Lk=10.5m Q=10t H=10m
6000
500
1000
990
2400
7.10
1600
4.608
4.30
1.550
±0.00
−1.40
−2.70
2000
2000
2800
12000
450
6500
A
B
C
D
E

剖面 B

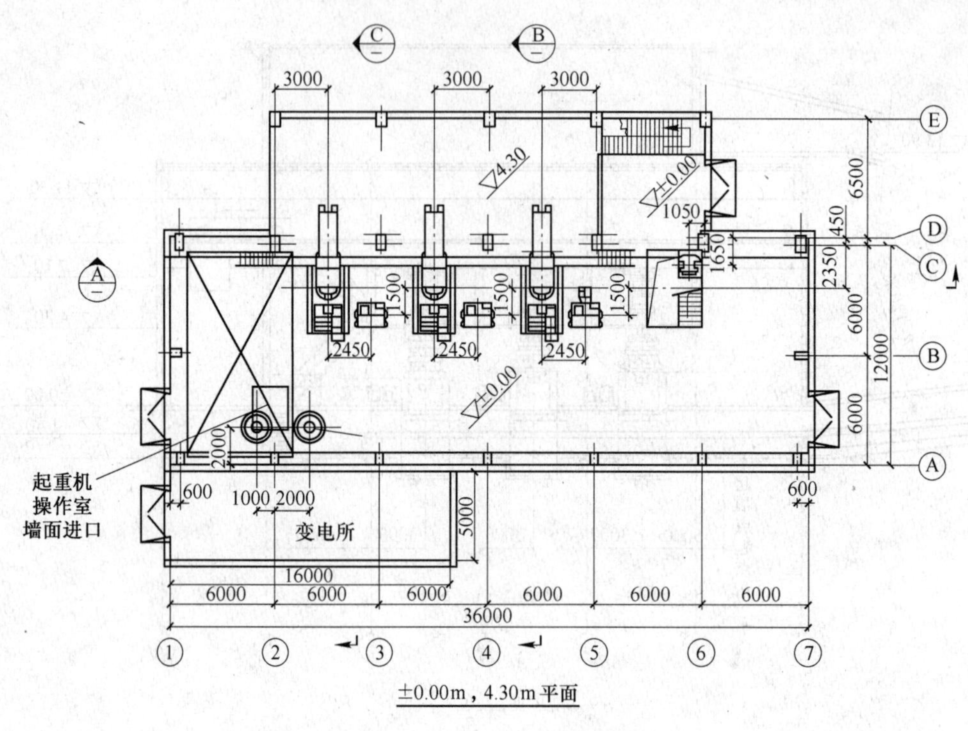

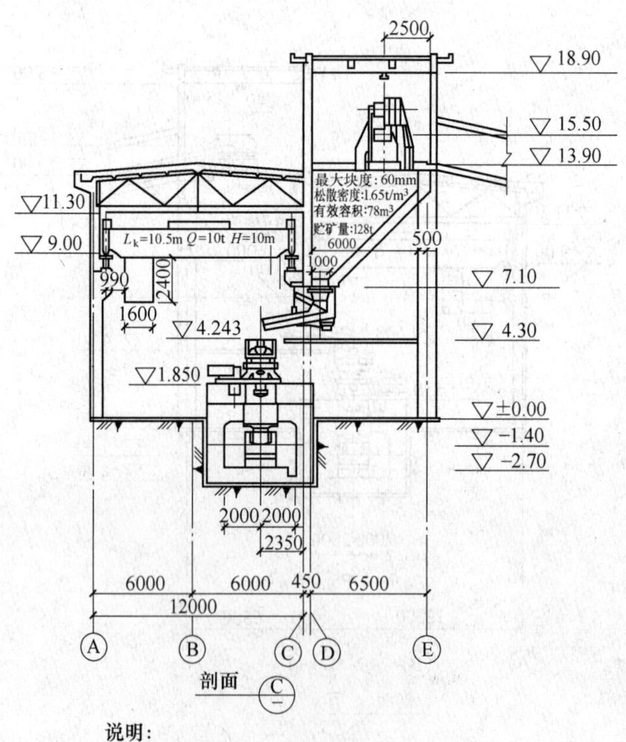

说明：

本图±0.00 相当于绝对标高580.20 m

图 4-57　中细碎车间配置图（一）

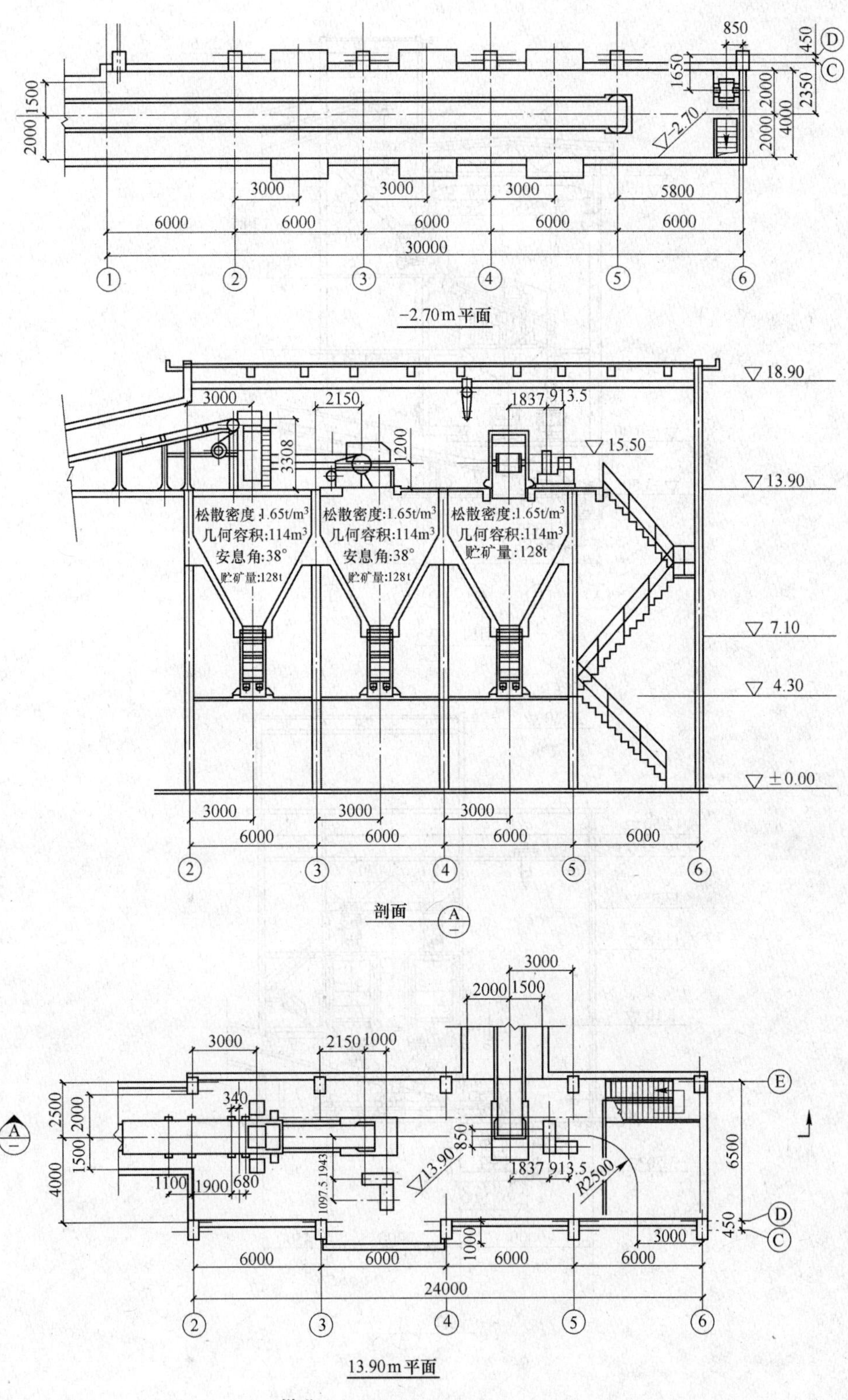

说明：

本图±0.00相当于绝对标高580.20m

图4-58 中细碎车间配置图（二）

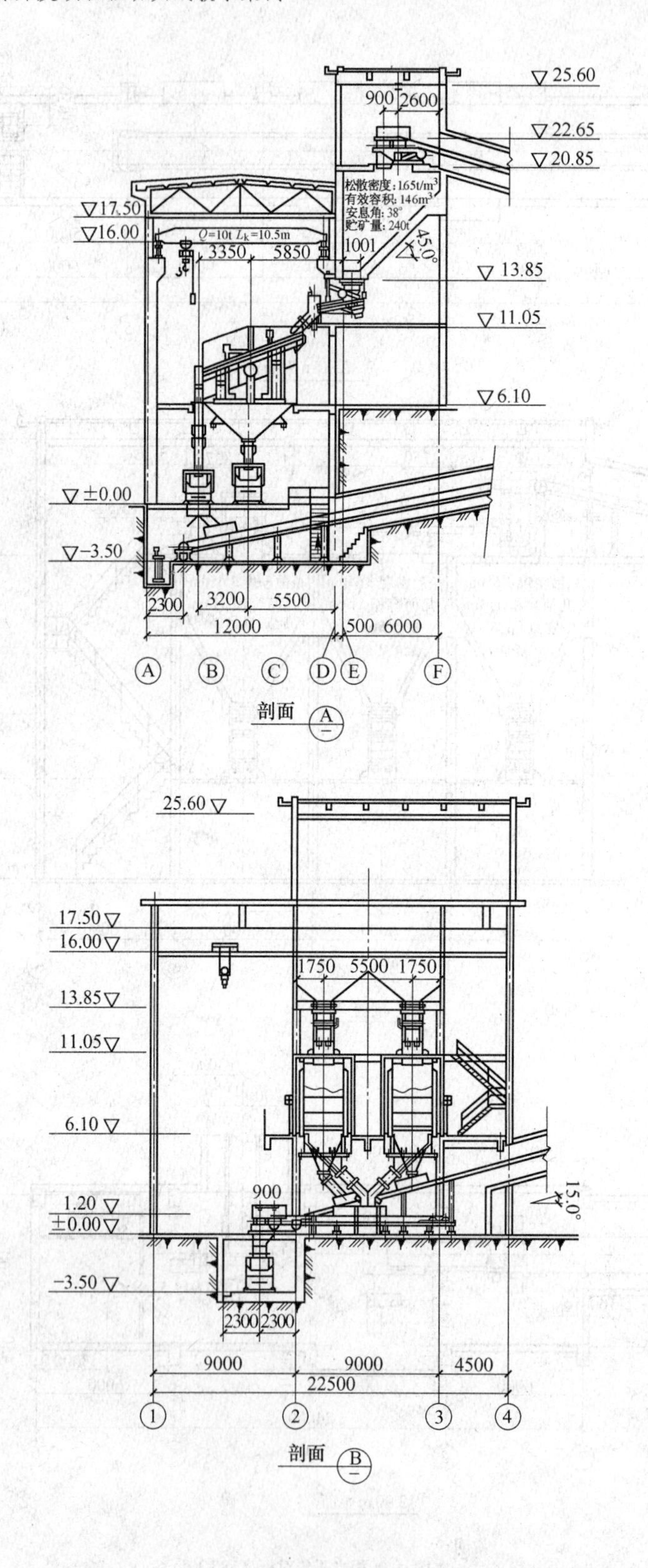
25.60
900
2600
22.65
20.85
松散密度：1.65t/m³
有效容积：146m³
安息角：38°
贮矿量：240t
17.50
16.00
Q=10t Lk=10.5m
3350
5850
1001
45.0°
13.85
11.05
6.10
±0.00
−3.50
2300
3200
5500
12000
500
6000
A
B
C
D
E
F
剖面 A
25.60
17.50
16.00
1750
5500
1750
13.85
11.05
6.10
900
15.0°
1.20
±0.00
−3.50
2300
2300
9000
9000
4500
22500
1
2
3
4
剖面 B

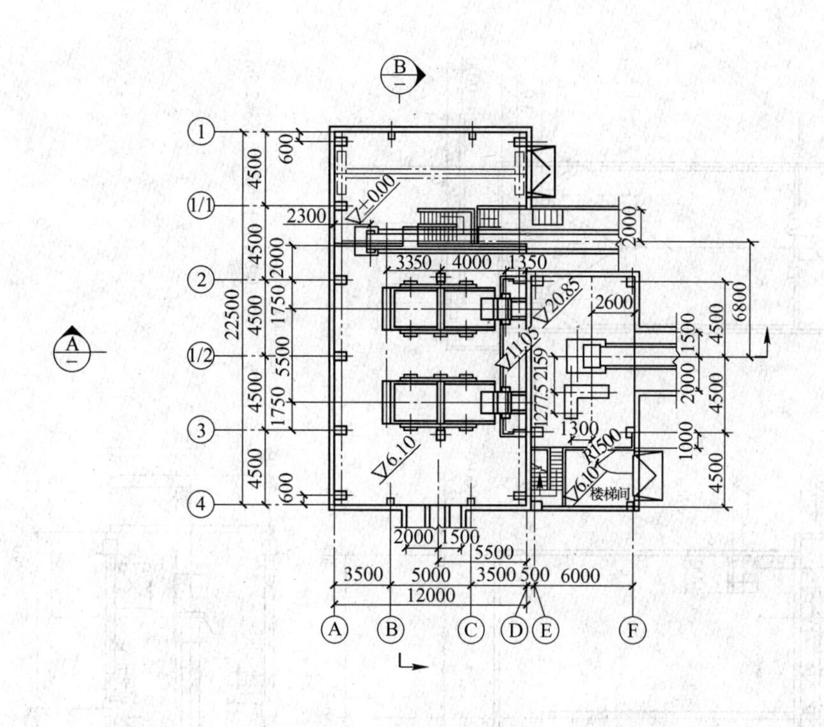

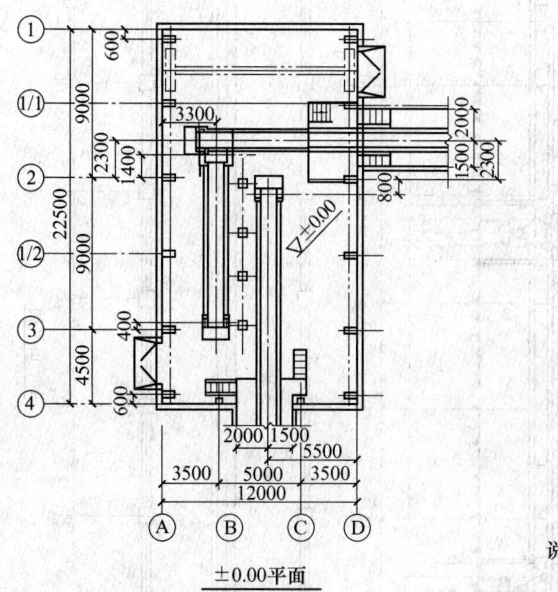

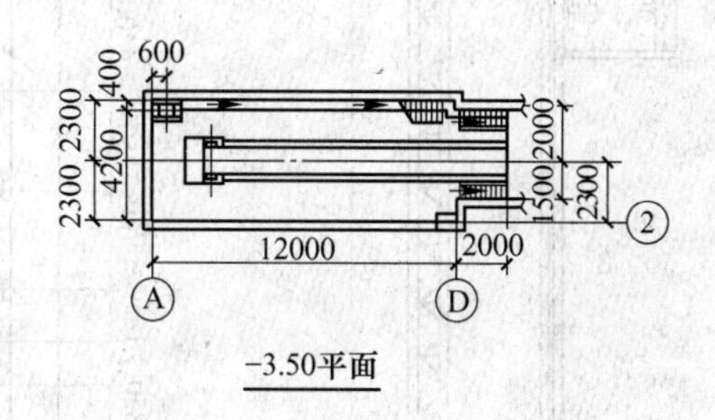

说明：

本图±0.00相当于绝对标高577.70m

图 4-59　筛分车间配置图

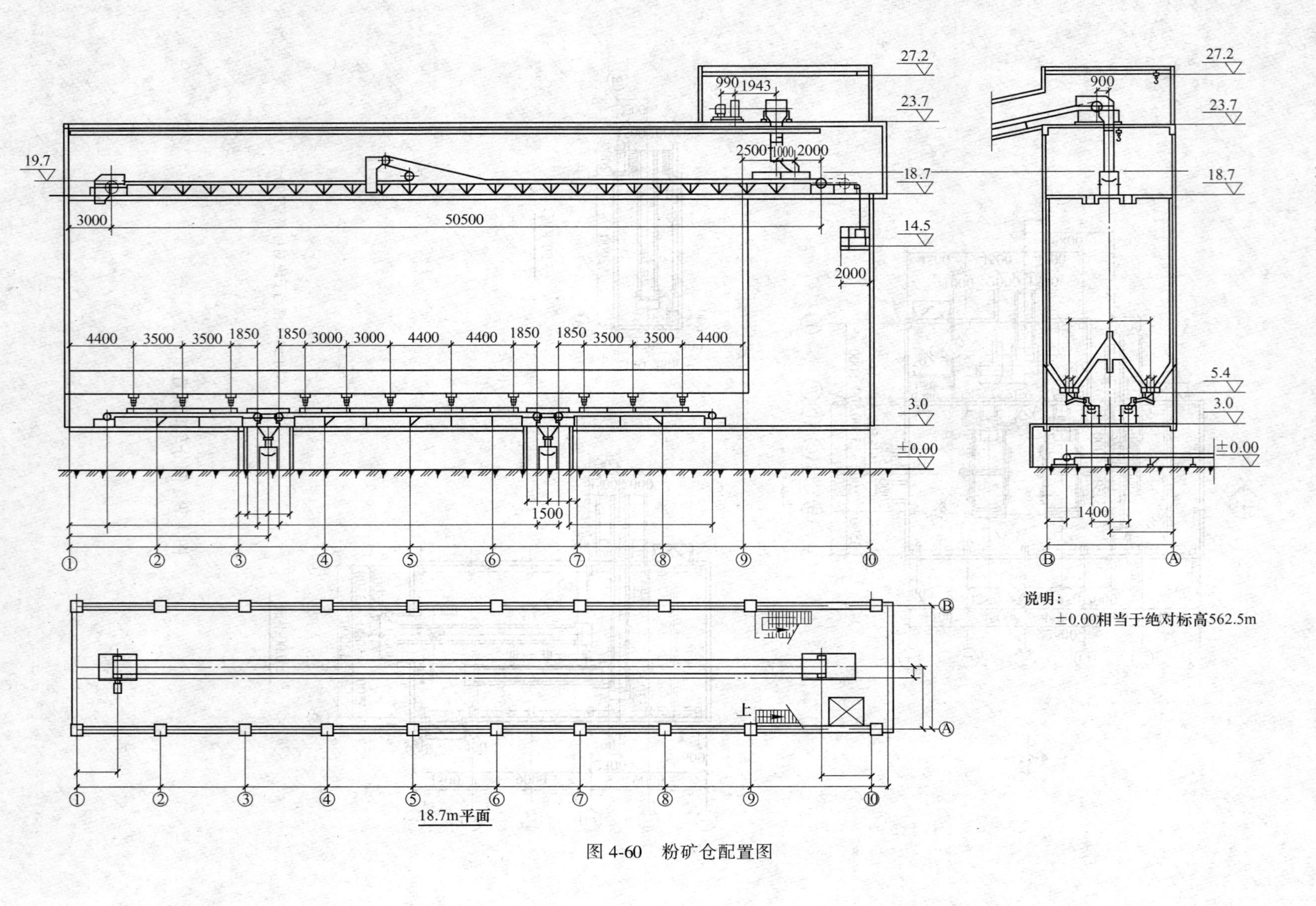
27.2
23.7
18.7
14.5
19.7
3.0
5.4
±0.00
990
1943
900
2500
1000
2000
3000
50500
4400
3500
1850
1500
1400
说明：
±0.00相当于绝对标高562.5m
上
18.7m平面

图 4-60 粉矿仓配置图

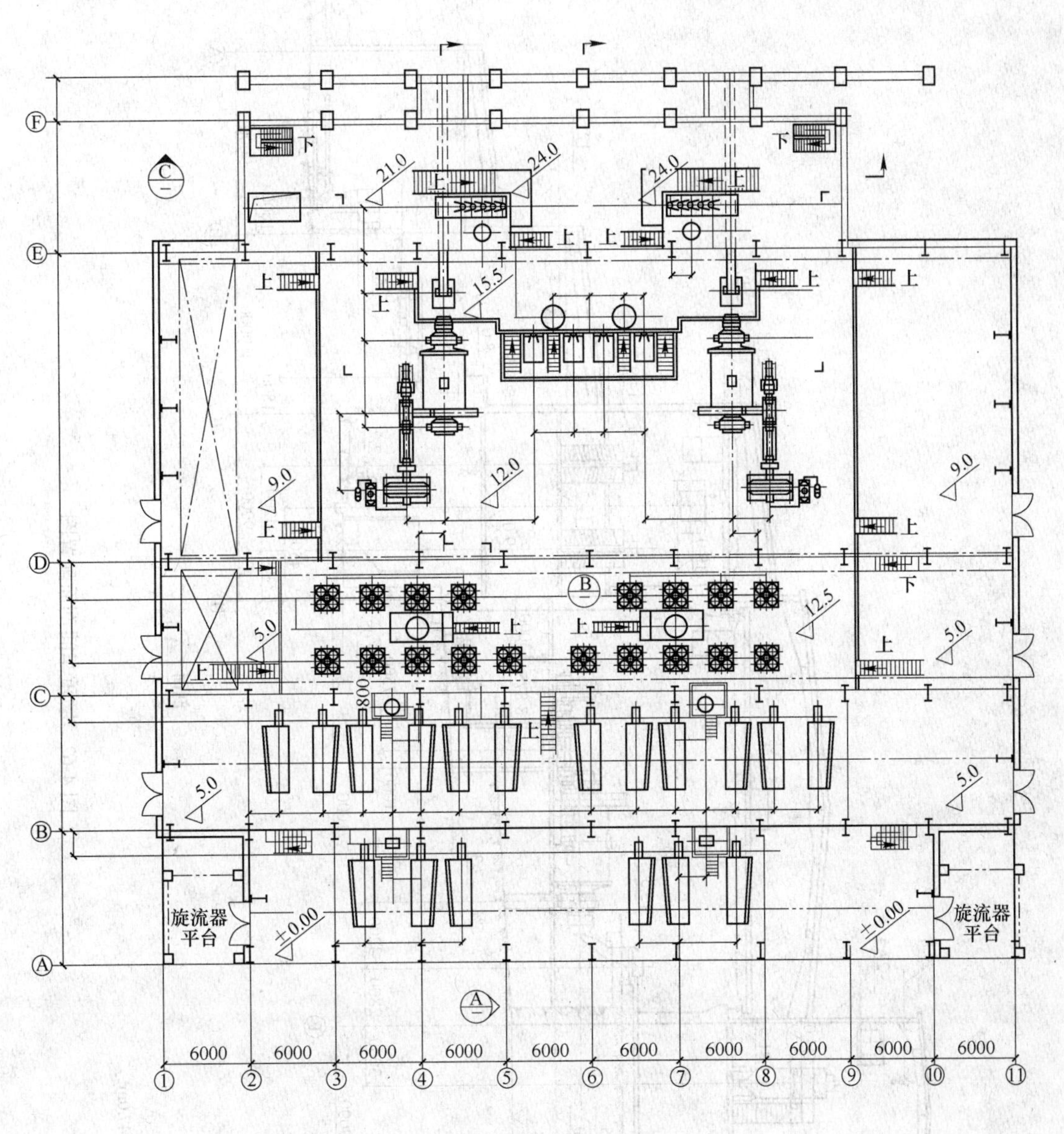

说明：

±0.00相当于绝对标高547.0m

图 4-61　磨重车间平面配置图

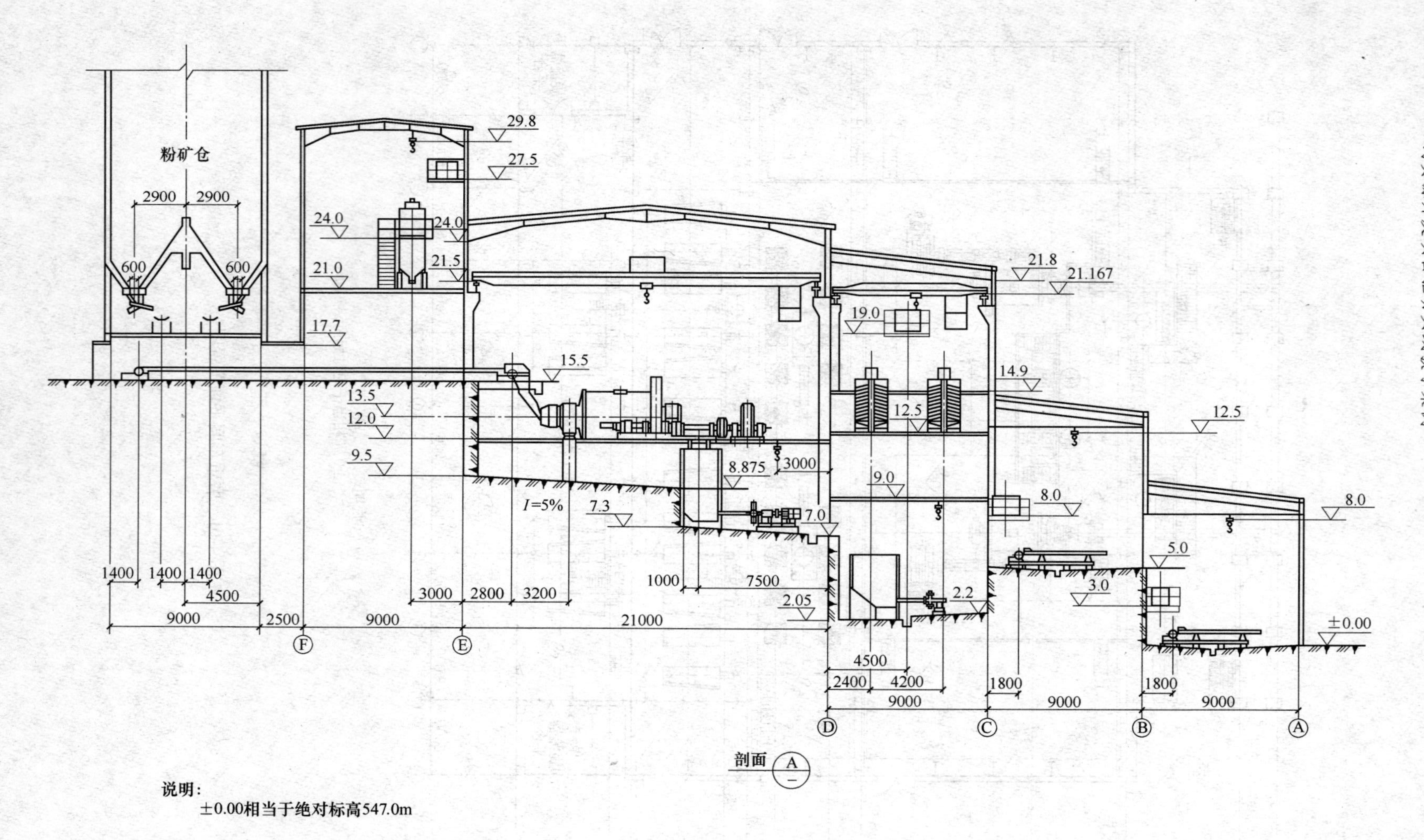

说明：

±0.00相当于绝对标高547.0m

图 4-62 磨重车间剖面配置图

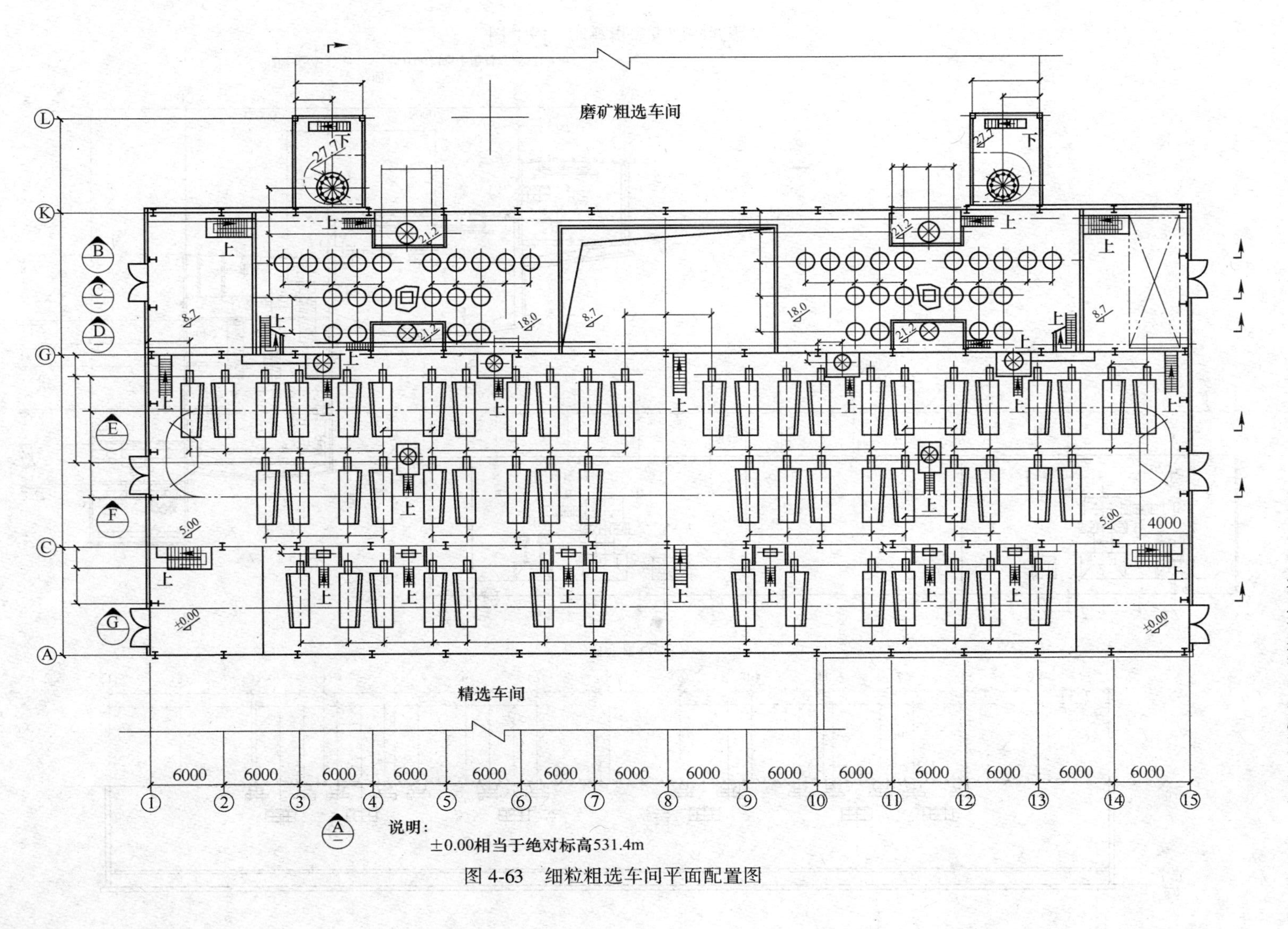

说明：

±0.00相当于绝对标高531.4m

图4-63　细粒粗选车间平面配置图

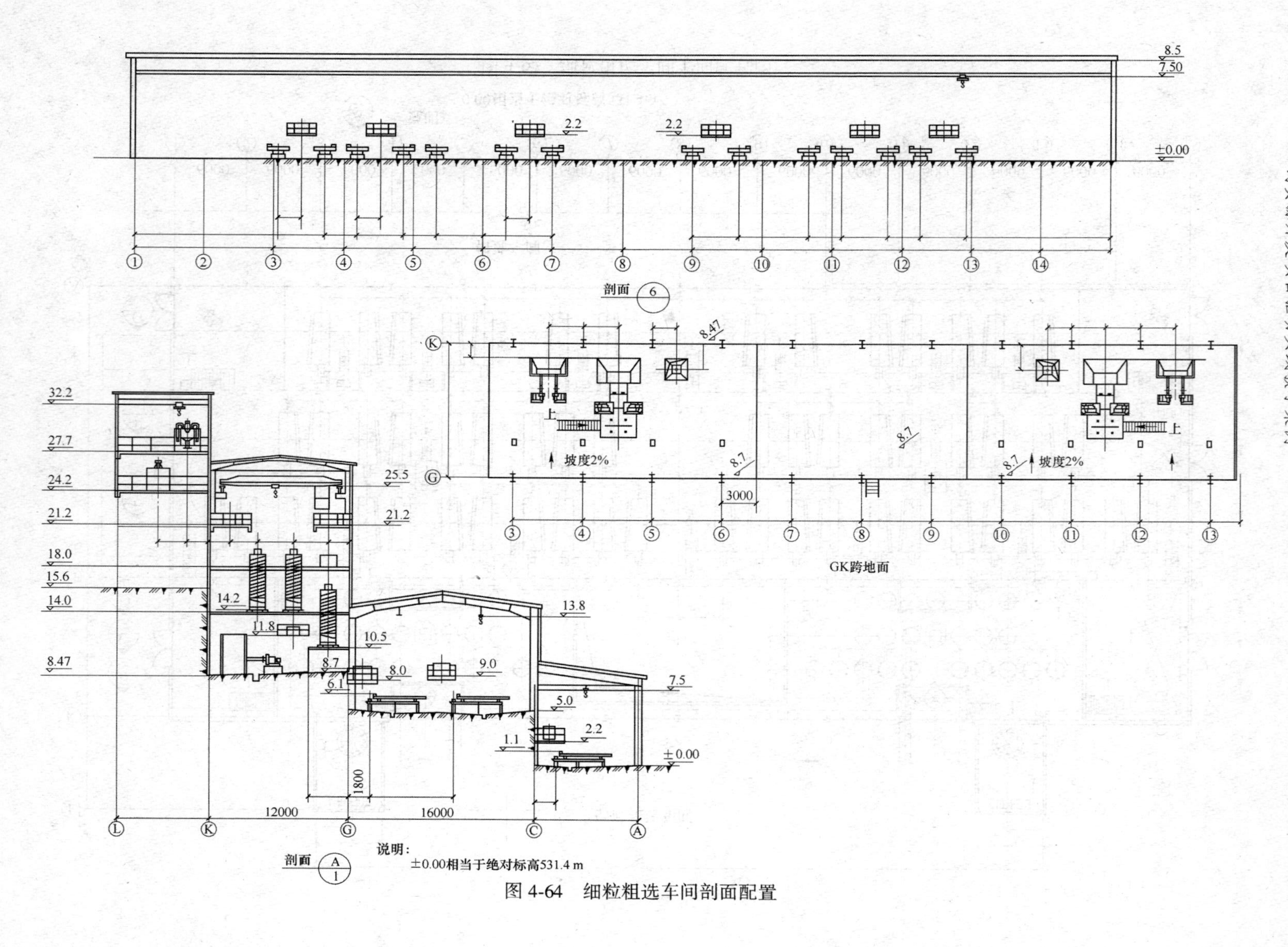

图 4-64 细粒粗选车间剖面配置

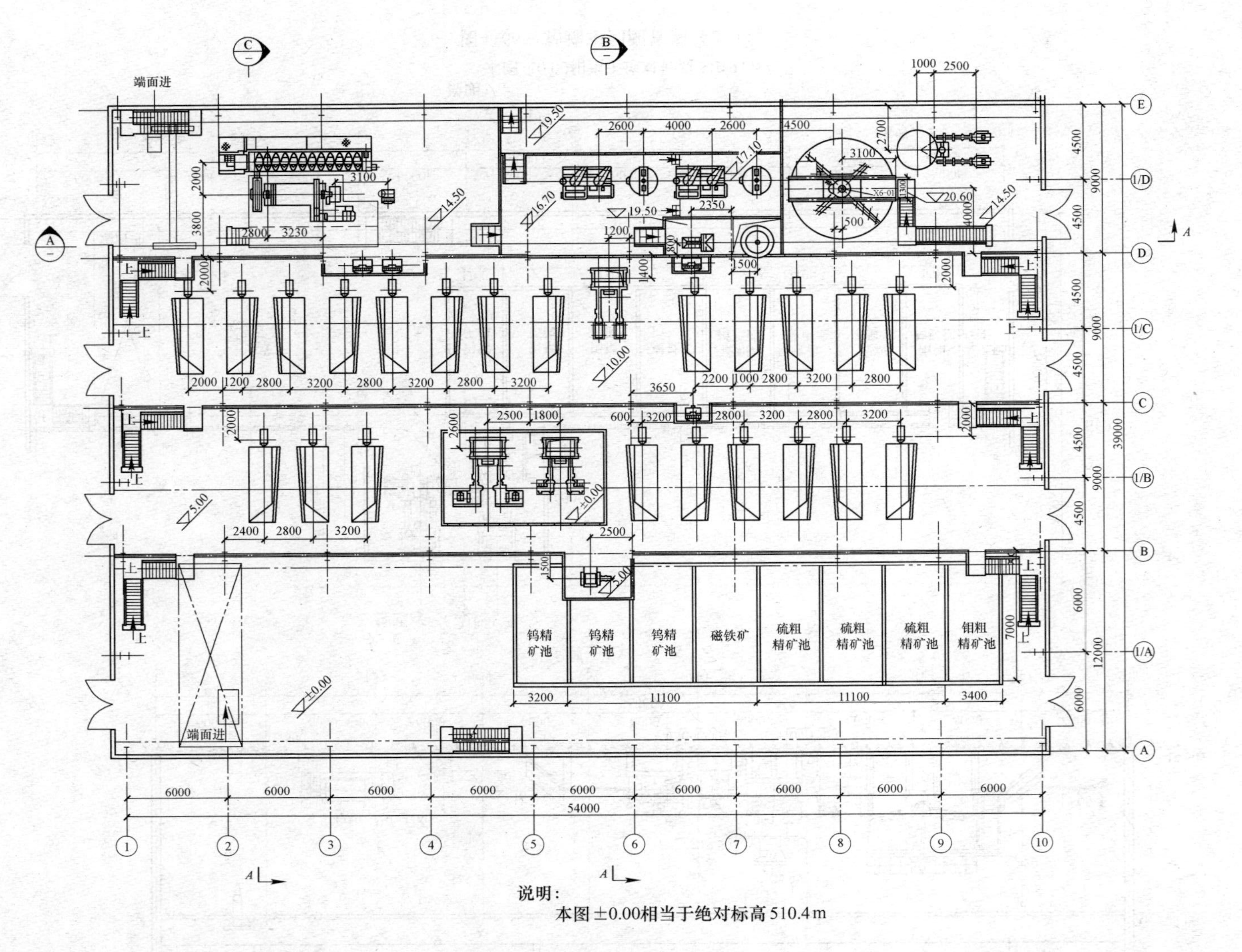

说明：
本图±0.00相当于绝对标高510.4 m

图 4-65 精选车间配置图（一）

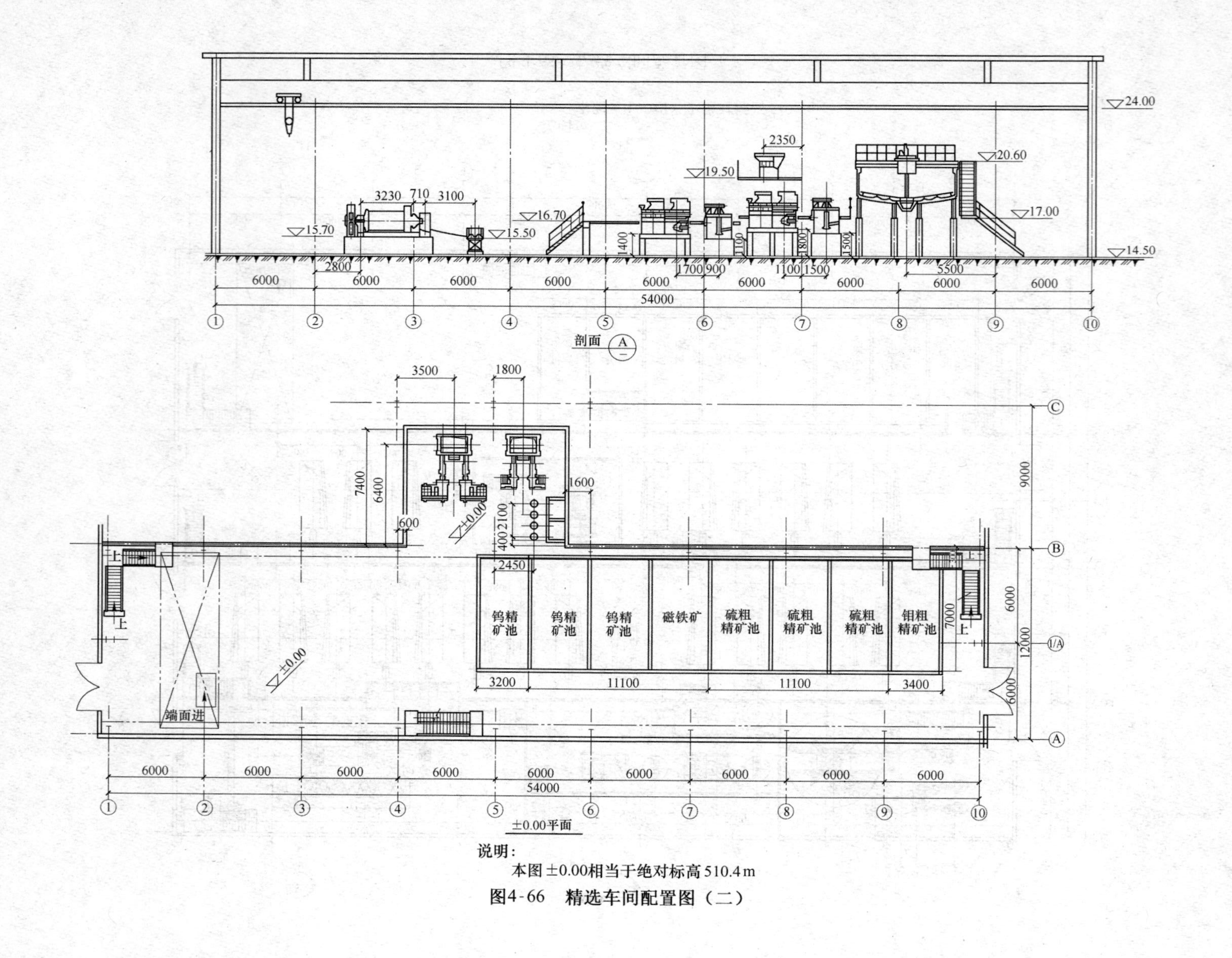

说明：

本图±0.00相当于绝对标高510.4 m

图4-66 精选车间配置图（二）

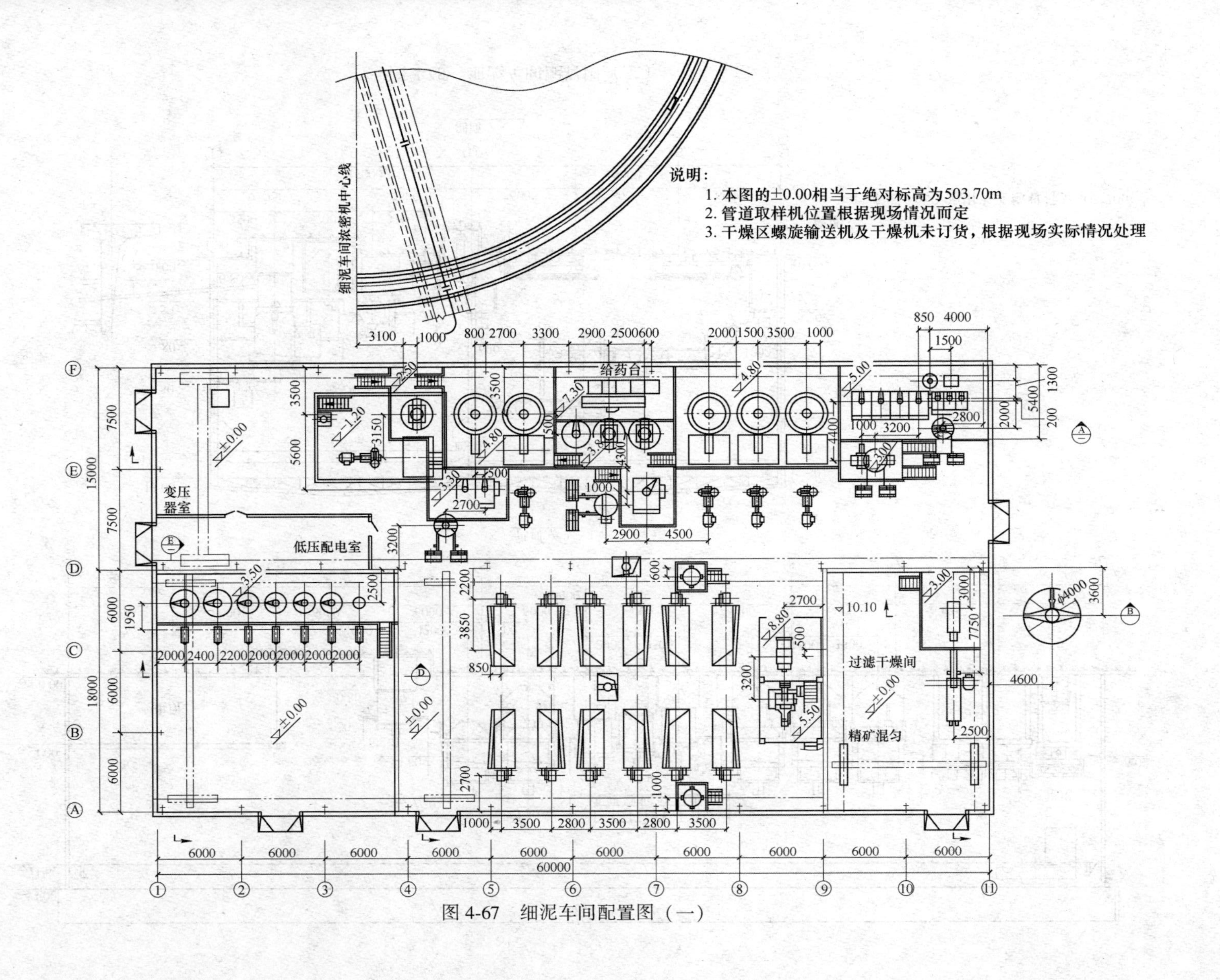

图 4-67 细泥车间配置图（一）

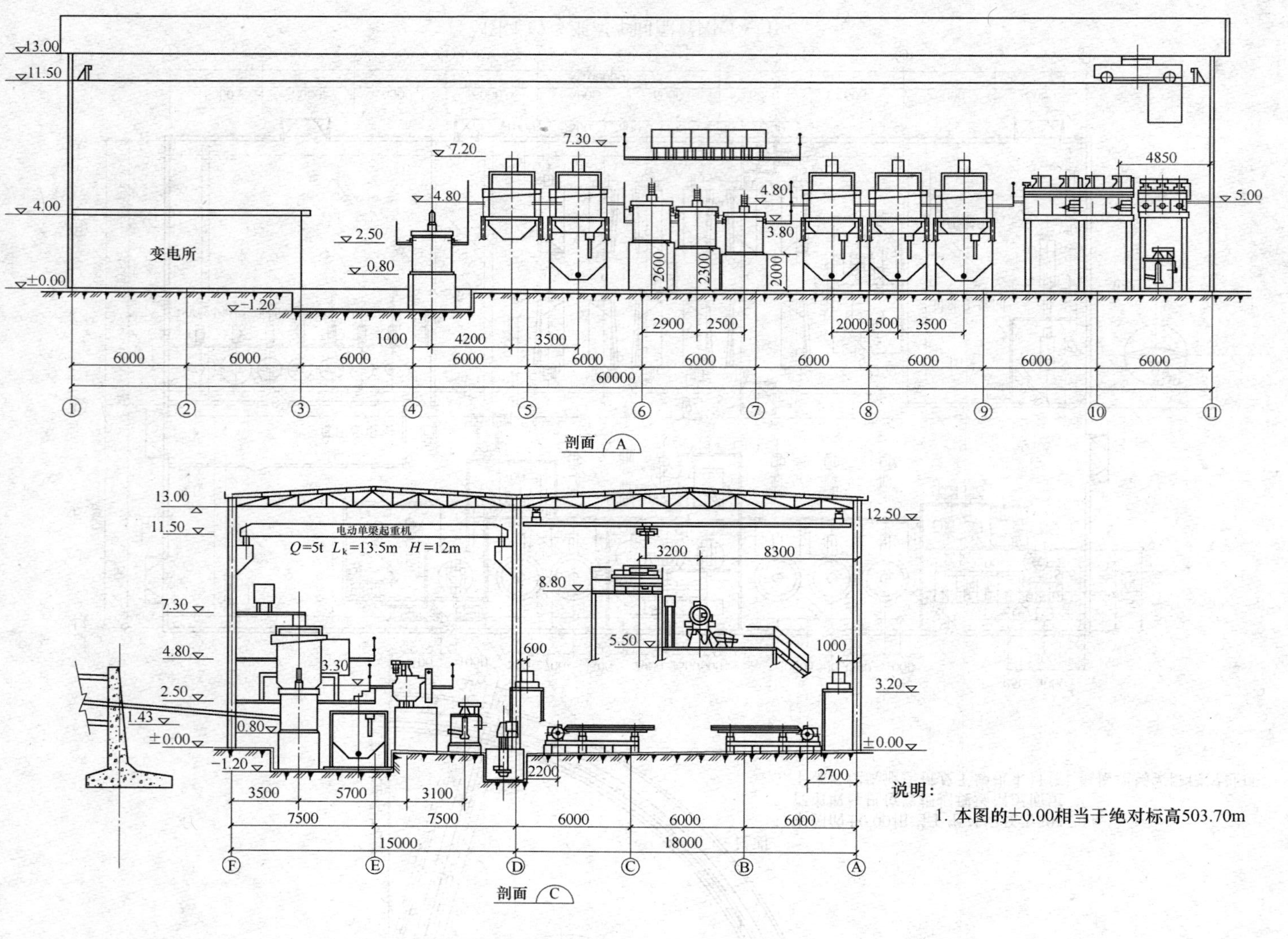

说明：
1. 本图的±0.00相当于绝对标高503.70m

图 4-68　细泥车间配置图（二）

参考文献

[1] 矿产资源综合利用手册编辑委员会．矿产资源综合利用手册［M］. 北京：科学出版社，2000.

[2] 张涛，吴燕，张德会，等．浅析我国钨矿开发利用过程中存在的问题与对策［J］. 资源与产业，2009，11（5）：79~81.

[3] 殷俐娟．我国钨资源现状与政策效应［J］. 中国矿业，2009，18（11）：1~3.

[4] 孔昭庆．论中国钨矿业之可持续发展［J］. 中国钨业，1999，14（5~6）：11~15.

[5] 杨晓峰，刘全军．我国白钨矿的资源分布及选矿的现状和进展［J］. 矿业快报，2008（4）：6~9.

[6] 中国钨业协会秘书处．我国钨产业现状与发展前景［J］. 中国钨业，2004，19（5）：23~32.

[7] 赵磊，邓海波，李仕亮，等．白钨矿浮选研究进展［J］. 现代矿业，2009，25（9）：15~17.

[8] 章国权，戴惠新．云南某白钨矿重选试验研究［J］. 中国钨业，2008，23（5）：23~25.

[9] 林海清．近20年来我国钨选矿技术的进展［J］. 中国钨业，2001，16（11）：69~75.

[10] 王国生，管则皋，等．湖南某白钨矿试验研究［J］. 矿产综合利用，2008（3）：10~13.

[11] 徐晓萍，梁冬云，等．江西某大型白钨矿钨的选矿试验研究［J］. 中国钨业，2007，22（2）：23~26.

[12] 程新潮．钨矿物与含钙脉石矿物浮选分离新方法 CF 法研究［J］. 国外金属矿选矿，2006（6）：21~25.

[13] 叶良忠．荡坪钨矿选矿工艺技术进展［J］. 中国钨业，2000，15（2）：24~26.

[14] 林芳万．大吉山钨矿的跳汰机研究与实践［J］. 中国钨业，1999，14（5）：126~129.

[15] Hu Yuehua. Carrier flotation of ultrafine particle wolframite［J］. Transactions of Nonferrous Metals Socicty of China. 1994，4（4）：10-15.

[16] 郭小飞，袁致涛，冯泉，等．新高梯度磁选机永磁化的研究与进展［J］. 现代矿业，2009，25（4）：8~10.

[17] 李洪潮，张成强，张颖新，等．干式永磁强磁选机在黑钨矿分选中的应用研究［J］. 中国矿业，2008，17（9）：64~66.

[18] 刘鹏，焦红光，陈清如．永磁高梯度磁选机的发展现状及解析［J］. 矿山机械，2009（3）：23~25.

[19] 方珚．湖南钨矿选矿技术研究进展［J］. 矿产保护与利用，2005（12）：36~38.

[20] 龚明光．泡沫浮选矿［M］. 北京：冶金工业出版社，2007.

[21] 张梅英．钨细泥的选别工艺应用与实践［J］. 有色金属（选矿部分），1996（3）：44~45.

[22] 刘辉．江西钨矿细泥选矿技术发展与应用［J］. 中国钨业，2002，17（5）：30~32.

[23] 徐晓萍，等．江西某大型白钨矿钨的选矿试验研究［J］. 中国钨业，2007，22（2）：23~26.

[24] 周菁，朱一民．钨常温浮选脉石矿物抑制剂研究［J］. 有色金属，2008，60（5）：44~46.

[25] 叶雪均．低品位白钨矿石浮选工艺研究［J］. 中国钨业，1994，9（4）：18~21.

[26] 程新潮．白钨常温浮选工艺及药剂研究［J］. 有色金属（选矿部分），2000（3）：35~38.

[27] 吴威孙，等．选矿手册（第八卷）：钨矿选矿［M］. 北京：冶金工业出版社，1990.

[28] 林海清．近20年来我国钨选矿技术的进展［J］. 中国钨业，2001，16（6）：69~75.

[29] 熊大和．SLon磁选机研究与应用新发展［J］. 矿冶工程，2004，24（4）：12~14.

[30] 陈亮亮．提高行洛坑钨矿钨细泥钨回收率的研究与实践［D］. 赣州：江西理工大学，2011.

[31] 钟能．大吉山钨矿选厂细泥处理流程改造的生产实践［J］. 中国钨业，2008，23（6）：12~14.

[32] 邱冠周，胡岳华，王淀佐．颗粒间相互作用与细粒浮选［M］. 长沙：中南工大出版社，1993.

[33] 卢毅屏，钟宏，黄兴华．以聚丙烯酸为絮凝剂的细粒黑钨矿絮团浮选［J］. 矿冶工程，1994，14（1）：31~33.

[34] 刘高庭．钨细泥的选矿实践［J］. 有色金属（选矿部分），1994（6）：7~10.

[35] 贺政权，刘树贻．盘古山钨细泥的脉动高梯度磁选试验［J］. 江西有色金属，2000（4）：32~34.
[36] 邓丽红，周晓彤，罗传胜，等．江西某钨矿钨细泥选矿新工艺应用研究［J］. 矿产综合利用，2010（1）：8~10.
[37] 李平，管建红，李振飞．钨细泥选矿现状及试验研究分析［J］. 中国钨业，2010，25（2）：20~23.
[38] 林培基．铁山垅钨矿钨细泥回收工艺改进及生产实践［J］. 中国钨业，2002，17（6）：27~29.
[39] 周晓彤，邓丽红．黑白钨细泥选矿新工艺的研究［J］. 材料研究与应用，2007，1（4）：303~305.
[40] 王明细．新型整合捕收剂 COBA 浮选黑钨矿的研究［J］. 矿冶工程，2002，22（3）：56~60.
[41] 朱一民，周菁．萘羟肟酸浮选黑钨细泥的试验研究［J］. 矿冶工程，1998，18（4）：33~35.
[42] 戴子林，张秀玲，高玉德．苯甲羟肟酸浮选细粒黑钨矿的研究［J］. 矿冶工程，1995，15（2）：24~27.
[43] 孙伟，胡岳华，覃文庆，等．钨矿浮选药剂研究进展［J］. 矿产保护与利用，2000（3）：42~46.
[44] 方夕辉，钟常明. 组合捕收剂提高钨细泥浮选回收率的试验研究［J］. 中国钨业，2007，22（4）：26~28.
[45] 余军，薛玉兰．新型捕收剂 CKY 浮选黑钨矿、白钨矿的研究［J］. 矿冶工程，1999，19（2）：34~36.
[46] 胡岳华，王淀佐．新型两性捕收剂浮选萤石、重晶石、白钨矿的研究［J］. 有色金属（选矿部分），1989（4）：10~14.
[47] 胡岳华，孙伟，蒋玉仁，等．柠檬酸在白钨矿萤石浮选分离中的抑制作用及机理研究［J］．国外金属选矿，1998（5）：27~29.
[48] 金婷婷．调整剂对白钨矿石浮选的影响试验研究［D］. 赣州：江西理工大学，2010.
[49] 李昤值．用改性水玻璃浮选钼矿石［J］. 有色金属（选矿部分），2003（3）：33~34.
[50] 邱丽娜，戴惠新．白钨矿浮选工艺及药剂现状［J］. 云南冶金，2008，37（5）：26~28.
[51] 陈万雄，叶志平．硝酸铅活化黑钨矿浮选的研究［J］．广东有色金属学报，1999，9（1）：13~17.
[52] 刘亚川，等. 金属离子对浮选药剂作用的影响［J］. 金属矿山，1994（2）：45~47.
[53] 周乐光．矿石学基础［M］. 北京：冶金工业出版社，2007.
[54] 王世辉，叶雪均．某难选铜矿石铜硫浮选分离试验［J］. 有色金属（选矿部分），2007（5）：17~19.
[55] 胡熙庚．有色金属硫化矿选矿［M］. 北京：冶金工业出版社，1987.
[56] 田学达，朱建光．萤石浮选选择性药剂和新工艺研究［J］. 矿冶工程，1997，17（3）：36~38.
[57] 安占涛，罗小娟．钨选矿工艺及其进展［J］. 矿业工程，2005，3（5）：29~31.
[58] 程琼，徐晓萍，曾庆军，等．江西某白钨粗精矿加温精选试验研究［J］. 矿产综合利用，2007（4）：3~6.
[59] 邓丽红，周晓彤．新型捕收剂 R31 浮选低品位白钨矿的研究［J］. 矿产保护与利用，2007（4）：19~22
[60] 王秋林，周菁，刘忠荣，等．高效组合抑制剂 Y88 白钨常温精选工艺研究［J］，湖南有色金属，2003，19（5）：11~12.
[61] 程新潮．钨矿物和含钙矿物分离新方法及药剂作用机理［J］. 国外金属矿选矿，2000（6）：21~25.
[62] 李隆峰，肖庆苏．钨矿物选矿的现状和进展［J］. 国外金属矿选矿，1996（12）：23~31.
[63] 江庆梅．混合脂肪酸在白钨矿与萤石、方解石分离中的作用［D］. 长沙：中南大学，2009.
[64] 孙伟，刘红尾，杨耀辉．F-305 新药剂对钨矿的捕收性能研究［J］. 金属矿山，2009（11）：64~66.
[65] 陈华强．几种无机、有机抑制剂对方解石浮选抑制行为的研究［J］. 四川有色金属，1994（2）：42~45.
[66] 叶雪均．白钨矿常温浮选工艺研究［J］. 中国钨业，1999，14（5/6）：113~117.

[67] 张忠汉．柿竹园多金属矿 GY 法浮钨新工艺研究［J］. 矿冶工程，1999，19（4）：22~25.
[68] 张剑锋，胡岳华．浮选有机抑制剂研究的进展［J］. 有色矿冶，2000，16（2）：14~17.
[69] 李晔，刘奇．淀粉类多糖在方解石和萤石表面吸附特性及作用机理［J］. 有色金属，1996，48（2）：15~30.
[70] 余新阳．矿物加工工程实验指导书［M］. 南昌：江西高校出版社，2012.
[71] 段希祥，肖庆飞．碎矿与磨矿（第三版）［M］. 北京：冶金工业出版社，2012.
[72] 谢广元．选矿学（第二版）［M］. 徐州：中国矿业大学出版社，2005.
[73] 王毓华，王化军．矿物加工工程设计［M］. 长沙：中南大学出版社，2012.